内蒙古自治区土壤肥料工作站站长郑海春（右三）、鄂尔多斯市农牧局副局长金琦（左五）指导配方施肥工作

达拉特旗测土配方施肥技术培训会现场

达拉特旗副旗长黄建军（右二）、农牧局局长郭建军（右三）农情调研

玉米“控肥增效”示范区现场

内蒙古自治区土壤肥料工作站站长
郑海春（右一）指导土样化验

农户调查

土壤样品室内阴干

土样储存

实验室质量控制

土样分析化验

玉米“3414”试验田

试验田调查记载

数据库建设与配方设计

试验测产技术指导

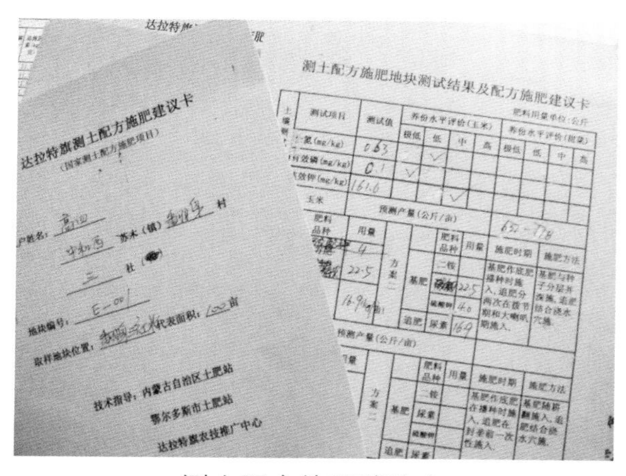

测土配方施肥建议卡

发放施肥建议卡

小麦测产

技术宣传培训

达拉特旗农牧局副局长王勇（左一）督促示范田工作

测土配方施肥宣传报道

达拉特旗耕地与科学施肥

DALATE QI GENGDI YU KEXUE SHIFEI

杜占春　主编

中国农业出版社
北　京

编写人员名单

主　　编： 杜占春

副 主 编： 马　丽　李文连　晋永芬　王　勇　周慧玲　刘虎林　任　艳

编写人员（以姓氏笔画为序）：

马　丽　王　勇　王　敏　王月梅　王伟妮
王丽春　王铁柱　牛燕冰　史英杰　白志刚
邢　俊　吕志军　任　艳　任三小　刘虎林
刘建国　杜占春　李　平　李　军　李　瑞
李文连　杨玉昆　杨铁梅　张　生　张　利
张　娜　张　艳　张　清　张　楠　张兰芳
张贺英　张瑞林　陈　章　范红强　周慧玲
郑兰香　赵　伟　赵永胜　赵有莲　赵兼全
郝　芳　侯小军　晋永芬　贾改琴　徐海峰
高俊英

序

“打鱼划划渡口船，鱼米之乡大树湾，吉格斯太到乌兰，海海漫漫米粮川”，这是昔日达拉特旗作为内蒙古自治区粮食大旗的写照。今日的达拉特，更是发生了翻天覆地的变化，15.01 万 hm^2 耕地平畴沃野，水利等配套设施完善，种植结构趋于合理，粮食产量逐年增加，农业现代化建设步伐进一步加快，达拉特旗农牧业生产呈现出一派生机勃勃、欣欣向荣的景象。在国家“藏粮于地、藏粮于技”的政策指引下，达拉特旗农牧业主管部门按照上级业务部门的部署，全面完成了达拉特旗耕地与科学施肥试验研究工作，形成了科学、实用、利民的研究成果，助力达拉特旗现代农牧业建设，必将产生更大的社会、生态、经济效益。今天，《达拉特旗耕地与科学施肥》一书的付梓出版，凝结了我旗广大农业科技推广人员的辛勤付出和智慧，将为关心、支持、参与我旗农业工作的领导、专家学者、企业个人提供有益的参考借鉴，必将成为广大农业工作者的日常工具书，也必将成为农牧民朋友加强自我地力养护、科学施肥种植的良师益友。

《达拉特旗耕地与科学施肥》全面系统地概述了我旗土壤类型及性质、耕地地力现状、耕地施肥现状，展示了耕地地力评价、主要作物施肥指标体系建立、施肥配方设计与应用效果、主栽作物施肥技术等测土配方施肥工作取得的成果。一是数据量大，内容丰富，可为深化和拓展相关领域研究提供数据支撑；二是调查评价方法科学，浅显易懂，可为开展相关领域的工作提供技术参考；三是从调查与利用的角度进一步审视达拉特旗耕地养护及施肥现状，便于农业科技工作者、学者更直观、全面地了解达拉特旗耕地及施肥条件、利用状况及目标与对策。可以说，该成果可为合理利用土地资源、调整产业结构、发挥区位优势，以及合理施肥、优化施肥配置提供科学依据，也将对达拉特旗今后的耕地保护与建设、科学施肥及农业综合生产能力提升起到重要的指导作用。书中提出的科学施肥、合理利用土地的目标对策对于当前认真贯彻落实“创新、协调、绿色、开放、共享”五大理念具有重要的建设性意义。

值此《达拉特旗耕地与科学施肥》一书正式出版之际，不禁感慨系之，故为之序，希望这部著作的出版能引起社会各界尤其是农业界同仁的关注，并发挥其应有的作用，推动达拉特旗现代农业科学的发展。

达拉特旗农牧局局长：

2019 年 2 月

前言

土壤是由岩石风化而成的矿物质、动植物和微生物残体腐解产生的有机质、土壤生物，以及水分、空气、腐殖质等组成。是人类赖以生存和发展的最根本的物质基础，是一切物质生产最基本的源泉。耕地是土壤的精华，耕地资源数量和质量对农业生产的发展、人类物质生活水平的提高乃至对整个国民经济的发展都有巨大的影响。特别是进入21世纪，调整产业结构，增强农产品竞争力，提高农业生产效益，保持农业和农村经济的可持续发展，迫切需要掌握当前耕地资源的数量、生产性能和耕地土壤的环境质量状况。测土配方施肥试点补贴资金项目是国家落实科学发展观，促进农业节本增效实施的一项重点工程。

达拉特旗于1980年进行了第二次土壤普查，历经3年全面查清了达拉特旗土壤资源的类型、数量、质量和分布，普查成果为当时指导科学施肥、中低产田改良、调整作物布局以及土壤资源的开发利用等做出了重要贡献。第二次土壤普查距今已经30多年，农村经营管理体制、土壤资源利用、农业生产水平和农业化肥的使用等发生了较大变化，第二次土壤普查的成果已不能真实反映现实的耕地质量和土壤肥力状况，而且随着种植业结构的调整，作物品种的更新换代，作物对养分的需求也发生了变化，旧的土壤养分含量指标等已与指导科学施肥的需要不相适应。因此，按照农业部和自治区农牧业厅的总体安排，达拉特旗于2006年春季开始开展耕地地力调查和质量评价与测土配方施肥技术的研究应用，为达拉特旗全面开展耕地质量建设、优化资源配置、保护生态环境、指导科学施肥、促进农业可持续发展提供科学依据。

本次调查充分利用第二次土壤普查成果资料和国土部门的土地详查资料，应用县域耕地资源管理信息系统、地理信息系统（GIS）、全球定位系统（GPS）、遥感（RS）等高新技术及科学的调查和评价方法，对全旗耕地进行了系统的调查和评价，对耕地地力进行了分等定级，建立了全旗耕地资源管理信息系统，建立了测土配方施肥数据库。测土配方施肥技术的研究与应用，在开展了大量的土壤样品测试分析和肥料肥效田间试验的基础上，确立了主栽作物科学施肥指标体系。

为了全面展示主要技术成果，编著了《达拉特旗耕地与科学施肥》一书。全书共分8章，即自然与农业生产概况、耕地土壤类型及性状、耕地地力现状、耕地施肥现状、主要作物施肥指标体系建立、施肥配方设计与应用现状、主要作物施肥技术、耕地土壤改良利用与主要作物高产栽培技术，同时，正文后附有耕地资源数据册、耕地资源图等。书中汇总和展示了大量达拉特旗耕地信息资源数据，可为各级领导决策农牧业发展布局提供数据参考，也为农业生产经营者提供科学的施肥理念和技术。书中同时详细介绍了调查与评价的技术路线、方法和评价成果，供同行们参考。

因该项目技术性强，工作量大，时间紧，任务重，加之编者水平有限，书中错误和不足在所难免，恳请读者批评指正。

编　者

2019年1月

目　录

序
前言

第一章　自然与农业生产概况 …… 1

第一节　地理位置与行政区划 …… 1
第二节　自然条件与土地资源 …… 1
一、自然条件 …… 1
二、土地资源 …… 5
第三节　耕地立地条件 …… 6
一、地形地貌 …… 6
二、自然植被 …… 7
三、成土母质 …… 8
第四节　农村经济及农业生产概况 …… 9
一、农业发展历史 …… 9
二、农业生产现状 …… 10
三、农业生产中存在的问题 …… 11
四、农田基础设施现状 …… 13
第五节　耕地利用与保养管理的简要回顾 …… 14

第二章　耕地土壤类型及性状 …… 17

第一节　耕地土壤类型及分布 …… 17
一、栗钙土 …… 17
二、风沙土 …… 18
三、潮土 …… 19
四、盐土 …… 21
五、沼泽土 …… 21
第二节　耕地土壤养分现状及评价 …… 22
一、调查采样 …… 22
二、样品测试分析与质量控制 …… 23
三、耕地土壤有机质含量现状及评价 …… 24
四、耕地土壤大量元素养分含量现状及评价 …… 27
五、耕地土壤有机质及大量元素养分变化趋势及原因 …… 32
六、耕地土壤中量元素养分含量现状及评价 …… 34
七、耕地土壤微量元素养分含量现状及评价 …… 36

第三节 耕地土壤其他性状 …… 43
一、pH …… 43
二、容重 …… 43
三、质地 …… 44
四、土体构型 …… 44
五、阳离子交换量（CEC） …… 44
六、有效土层厚度 …… 45
七、灌溉保证率 …… 45
八、土壤盐渍化 …… 45

第三章 耕地地力现状 …… 46

第一节 耕地地力评价 …… 46
一、资料收集 …… 46
二、耕地资源管理信息系统的建立 …… 47
三、耕地地力评价方法 …… 50
四、耕地地力评价结果 …… 58
五、归入农业部地力等级体系 …… 58
六、图件的编制和面积量算 …… 59
第二节 各等级耕地基本情况 …… 59
一、一级地 …… 60
二、二级地 …… 61
三、三级地 …… 62
四、四级地 …… 63
五、五级地 …… 63
第三节 各镇（苏木）耕地地力现状 …… 64
一、中和西镇 …… 65
二、恩格贝镇 …… 66
三、昭君镇 …… 67
四、展旦召苏木 …… 68
五、树林召镇 …… 68
六、王爱召镇 …… 69
七、白泥井镇 …… 70
八、吉格斯太镇 …… 71
第四节 耕地环境质量评价 …… 72
一、耕地重金属含量 …… 72
二、耕地水环境状况 …… 73
三、耕地环境质量评价 …… 74

第四章 耕地施肥现状 …… 78

第一节 有机肥施肥现状及施用水平 …… 78
一、有机肥施肥现状 …… 78

二、有机肥施用水平 …… 79
第二节　化肥施肥现状及施用水平 …… 80
一、氮肥施用现状及施用水平 …… 81
二、磷肥施用现状及施用水平 …… 84
三、钾肥施用现状及施用水平 …… 86
四、硼肥施用现状及施用水平 …… 89
五、锌肥施用现状及施用水平 …… 89
第三节　习惯施肥模式及存在的问题 …… 89
一、主要作物习惯施肥组合模式 …… 89
二、习惯施肥模式存在的主要问题 …… 90
第五章　主要作物施肥指标体系的建立 …… 91
第一节　田间试验设计与实施 …… 91
一、试验设计 …… 91
二、取样测试 …… 94
三、收获测产 …… 94
四、试验结果统计分析 …… 94
第二节　肥料肥效分析 …… 95
一、玉米 …… 95
二、小麦 …… 96
三、甜菜 …… 96
四、玉米氮肥施肥时期试验结果分析 …… 97
五、玉米氮肥施肥方式试验结果分析 …… 98
第三节　施肥模型分析 …… 99
一、三元二次肥料效应方程及合理施肥量 …… 99
二、一元二次肥料效应方程及合理施肥量 …… 99
三、土测值与合理施肥量关系函数模型建立 …… 106
四、土壤养分测定值与无肥区产量相关关系 …… 107
五、目标产量与基础产量相关关系 …… 107
第四节　土壤养分丰缺指标及分级划分 …… 108
一、土壤养分丰缺指标及分级划分 …… 108
二、不同土壤养分丰缺指标下经济合理施肥量 …… 110
三、中、微量元素增产效果及丰缺值（临界值） …… 111
第五节　施肥技术参数分析 …… 113
一、单位经济产量养分吸收量 …… 113
二、土壤养分矫正系数 …… 114
三、肥料利用率 …… 115
第六章　施肥配方设计与应用现状 …… 117
第一节　施肥配方设计 …… 117
一、施肥配方设计原则 …… 117

二、建立土壤养分丰缺指标 …… 117
三、不同土壤养分丰缺指标最佳施肥量 …… 118
四、土壤养分测定值面积分布 …… 118
五、配方施肥量确定 …… 119
六、配方计算及建议施肥量 …… 120
七、养分平衡法推荐施肥量确定 …… 121
第二节　测土配方施肥技术推广 …… 123
一、转变传统施肥观念、提高科学施肥水平 …… 123
二、制作发放配方施肥建议卡 …… 123
三、配方肥的生产、销售与推广 …… 126
第三节　应用效果评价 …… 126
一、试验点数量及分布 …… 126
二、试验设计及结果 …… 126
三、试验结果分析 …… 127
四、配方施肥区推荐施肥量准确性矫正结果 …… 129
第七章　主要作物施肥技术 …… 131
第一节　春小麦施肥技术 …… 131
一、小麦需肥特性 …… 131
二、小麦缺素症状 …… 132
三、施肥原则 …… 133
四、推荐施肥技术及方法 …… 133
第二节　玉米施肥技术 …… 134
一、玉米需肥特性 …… 134
二、玉米缺素症状 …… 135
三、施肥原则 …… 136
四、推荐施肥技术及方法 …… 136
第三节　马铃薯施肥技术 …… 136
一、马铃薯需肥特性 …… 137
二、马铃薯缺素症状 …… 137
三、施肥原则 …… 138
四、推荐施肥技术及方法 …… 138
第八章　耕地土壤改良利用与主要作物高产栽培技术 …… 140
第一节　耕地土壤改良利用分区 …… 140
一、河套平原潮土灌溉农业区 …… 140
二、库布齐沙带流动风沙土控牧固沙区 …… 141
三、达拉特南部丘陵栗钙土农牧区 …… 142
第二节　耕地地力评价与改良利用 …… 142
一、耕地利用现状与特点 …… 142
二、耕地地力等级与改良利用 …… 143

三、各分区耕地利用存在的问题及改良利用措施 …… 143
第三节　耕地资源可持续利用对策与建议 …… 148
一、耕地地力建设与土壤改良利用 …… 148
二、耕地污染防治 …… 150
三、耕地资源的合理配置和种植业结构调整 …… 151
四、作物平衡施肥和绿色食品基地建设 …… 151
五、加强耕地质量管理的对策与建议 …… 152
第四节　达拉特旗春小麦每 667m^2 产量 400kg 栽培技术要点 …… 152
一、地块准备 …… 152
二、选用良种，做好种子处理工作 …… 153
三、适时播种，提高播种质量 …… 153
四、田间管理 …… 153
五、收获 …… 153
第五节　达拉特旗玉米每 667m^2 产量 750kg 栽培技术要点 …… 154
一、选地与整地 …… 154
二、播前准备 …… 154
三、适时早播 …… 154
四、施肥管理 …… 154
五、田间管理 …… 155
六、收获 …… 155
第六节　达拉特旗马铃薯栽培技术要点 …… 155
一、选用良种 …… 155
二、种薯处理 …… 155
三、整地施肥 …… 155
四、适时播种、合理密植 …… 155
五、肥水运筹 …… 156
六、适时定苗培土 …… 156
七、病虫害防治 …… 156
八、收获 …… 157
第七节　达拉特旗露地辣（甜）椒高产栽培技术 …… 157
一、品种选择 …… 157
二、育苗 …… 157
三、整地施肥 …… 158
四、定植移栽 …… 158
五、田间管理 …… 158
六、采收 …… 159

参考文献 …… 160

附录 1　耕地资源数据册 …… 161

附表 1　达拉特旗耕地土壤类型面积统计表 …… 161

附表 2　达拉特旗不同土壤类型耕地养分含量统计表 …… 165
附表 3　达拉特旗各镇（苏木）不同土壤类型耕地养分含量统计表 …… 169
附表 4　达拉特旗耕地土壤养分分级面积统计表 …… 185
附表 5　达拉特旗各镇（苏木）耕地土壤养分分级面积统计表 …… 186
附表 6　达拉特旗各等级耕地养分分级面积统计表 …… 194
附表 7　达拉特旗各镇（苏木）不同地力等级耕地理化性状统计表 …… 199

附录 2　耕地资源图

达拉特旗土壤图
达拉特旗土地利用现状图
达拉特旗耕地地力等级分布图
达拉特旗耕地土壤有机质含量分级图
达拉特旗耕地全氮含量分级图
达拉特旗耕地有效磷含量分级图
达拉特旗耕地速效钾含量分级图
达拉特旗耕地有效锌含量分级图
达拉特旗耕地有效硼含量分级图
达拉特旗测土配方施肥农化样点分布图

第一章

自然与农业生产概况

第一节　地理位置与行政区划

达拉特旗行政隶属内蒙古自治区鄂尔多斯市，位于自治区西南部，黄河中游南岸，鄂尔多斯高原北端。与包头市隔河相望，东与准格尔旗接壤，西与杭锦旗毗邻，地处呼和浩特市—包头市—鄂尔多斯市“金三角”腹地，地域横跨东经 109°00′～110°45′，纵贯北纬 40°00′～40°30′，东西长约 133km，南北宽约 56km，总土地面积约为 8 241.07km²。

全旗管辖 7 个镇、1 个苏木。从东到西依次为吉格斯太镇、白泥井镇、王爱召镇、树林召镇、展旦召苏木、昭君镇、恩格贝镇、中和西镇，共 130 个行政村、嘎查。旗政府所在地树林召镇，东距自治区首府呼和浩特市约 160km，北距草原钢城包头市约 20km，是全旗政治、经济、文化、交通中心。包神铁路、包茂高速 210 国道横贯旗境南北，吉巴、解柴、德敖等省级和县、乡级公路将旗境内的各镇、苏木与周边旗、市相连接，形成以树林召镇为中心，纵横交错、四通八达的公路、铁路交通网。

第二节　自然条件与土地资源

一、自然条件

（一）气候条件

达拉特旗地处中温带，属于干旱、半干旱大陆性季风气候类型，大陆度指数 75%。其气候特点是春季干旱多风，夏季炎热多雷阵雨，冬季严寒干燥，四季晴朗少云，全年日照充足，热量资源丰富，极易发生干旱、洪涝、霜冻等自然灾害。

根据气象资料统计，全旗全年日照时数平均为 3 125h，年平均气温 6.8℃，年际变化幅度 6.1～8℃，近 10 年来≥10℃的有效积温平均为 3 563.7℃。据 1989—2013 年的气象资料（图 1-1），达拉特旗≥10℃的有效积温年际变化较大，总体缓慢趋升，尤其近 10 年来的年平均有效积温较 20 世纪 90 年代有明显升高，全年积温大约增加了 300℃，2013 年≥10℃的有效积温平均为 3 717.7℃，创历年来最高。全旗蒸发量较大，年平均蒸发总量为 2 200mm，是年降水量的 7 倍，蒸发最大值在 5～6 月，月平均蒸发量达 375mm 以上。全旗常年初霜日一般出现在 9 月下旬，终霜日结束于 5 月 9～15 日，无霜期平均为 130～140d，最长无霜期 161d（1967 年），最短为 107d（1971 年）。

达拉特旗南北气温条件有一定的差异，气温变化较大，年平均气温北部黄河冲积平原

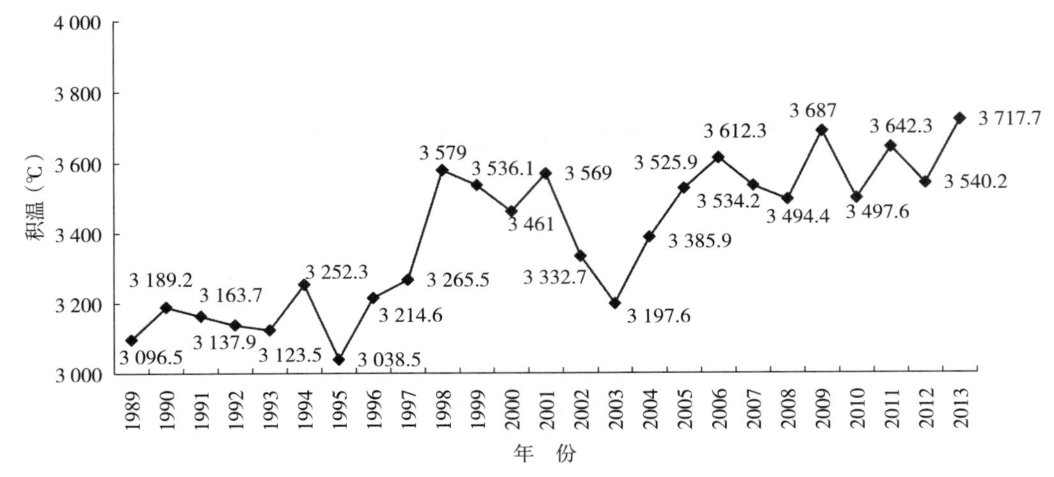

图 1-1　1989—2013 年各年度≥10℃的积温

区低于南部丘陵区。从季节分布来看：冬季北部平原区较南部丘陵区寒冷，盛夏北部平原区较南部丘陵区酷热。不同区域的气温、≥10℃的有效积温、无霜期见表 1-1。

表 1-1　不同区域的气温、≥10℃的有效积温和无霜期

区　域	平均气温（℃）	≥10℃的有效积温（℃）	无霜期（d）
黄河冲积平原区	6.3	3 282.1	138
山前洪积、冲积平原区	6.8	3 457.8	137
库布齐沙漠	7.1	3 477.5	133
南部丘陵山区	7.3	3 524.4	131

全旗全年平均降水量 286.2mm，年际变化幅度较大，一般为 230～360mm，东部较西部降水量多，库布齐沙漠降水量最少，年仅 200mm 左右。历史上最大降水量发生在 1961 年的盐店，降水量达 680mm，最小降水量发生在 1974 年的乌兰乡（今恩格贝镇），只有 102mm。年内降水量的地区分配也极不均匀，一般年份达拉特旗从东南到西北，降水量减少。统计 1989—2013 年的数据，最大降水量年份是 2006 年，达 491.3mm，最小年份是 2005 年，只有 136.5mm，最大降水量是最小降水量的 3.6 倍（图 1-2）。月际降水变化十分明显，主要集中在 7～9 月，占全年降水量的 71.2%，11 月至翌年 3 月以降雪为主，仅占全年降水量的 8.3%（图 1-3）。

综上所述，达拉特旗光能资源丰富，植物光合生产潜力大，热量资源充足，可满足一年一熟制的需要，部分作物通过科学的间套复种，可一年两熟。虽然达拉特旗自然降水量不足，但由于雨热同期，积温和降水的有效性较高，非常有利于作物的干物质积累和生长发育的要求。但与此同时，也由于其大陆性气候显著，因此气象灾害发生也较为频繁，这些气象灾害主要有春季和春夏之交的干旱、伏旱，夏秋的洪涝、冰雹等，此外还有风沙、干热风、霜冻等自然灾害，这些自然灾害不同程度影响达拉特旗耕地的综合生产能力。

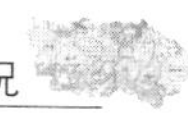

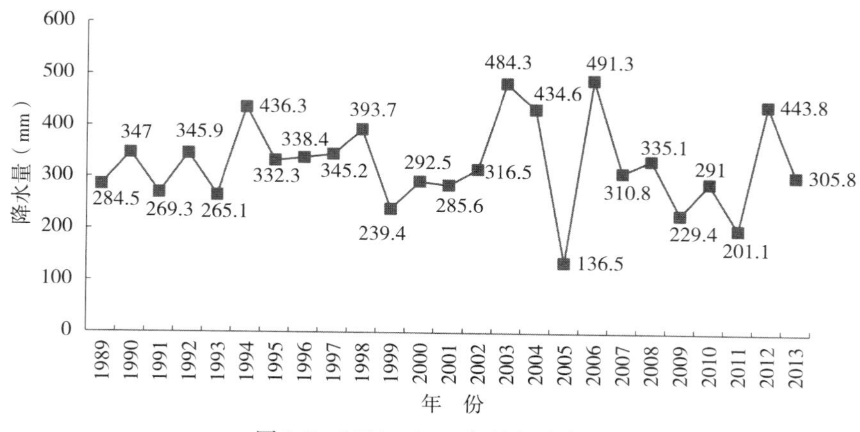

图 1-2　1989—2013 年的年降水量

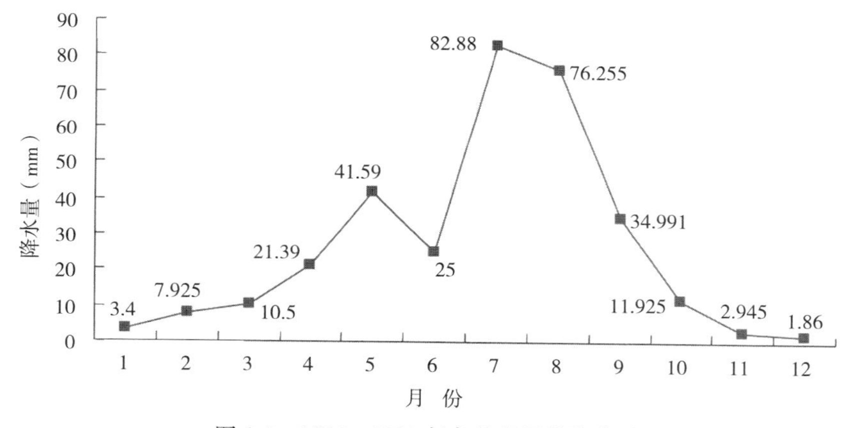

图 1-3　1989—2013 年各月的平均降水量

（二）水文地质条件

1. 地质概况　全旗地质属中生代盆地构造，构造体系上归属于朝中地台的鄂尔多斯中台坳，横跨乌兰格尔隆起和河套断陷盆地，其岩性为中粗砂岩、泥岩、夹薄层煤线。黄河冲积平原区的岩性以粉细沙为主，冲积层较厚，下部属湖相沉积，局部地区含石膏、芒硝，且深厚。山前倾斜平原和南部丘陵区的沟谷中，广泛分布着冲积层，以细沙、砾石为主。南部丘陵地区以泥质砂岩、砾石为主，厚度较大。东部马场壕及西部稽亥图一带以泥岩夹钙质结核层为主，风积层主要分部在库布齐沙漠及其边缘。

2. 水资源概况　达拉特旗耕地灌溉水源为黄河水、井水、截伏流以及大气降水。水资源主要分为地表水和地下水，地表水来源为黄河、季节性河流及大气降水；地下水来源由大气降水、潜水及承压水补给。山前倾斜平原和黄河冲积平原地下水的补给，除大气降水外，还来源于南部山区洪水、潜水和黄河水，其最终排泄于黄河。南部山前倾斜平原的边缘地带是地下水的溢出带，同时又是地下水蒸发消耗的主要地带。

（1）地表水。

①河流：黄河是流经达拉特旗的最大河流，也是达拉特旗与巴彦淖尔市和包头市的

北部界河，于杭锦旗杭锦淖附近进入本旗，西起中和西镇，东至吉格斯太镇，蜿蜒流经全旗8个镇（苏木）的北部边界后，于准格尔旗河头村附近出境，境内长178km，河宽0.2～1.35km，年平均过境径流量310亿m^3，是达拉特旗沿河粮食主产区主要灌溉水源之一。

②季节性河流：达拉特旗境内有十大季节性河流纵贯本旗各镇南北，上游都源于南部丘陵沟壑山区，纵穿库布齐沙漠流经黄河冲积平原区汇入黄河，这些季节性河流俗称十大孔兑。十大孔兑自西至东依次称为毛不拉格孔兑、布日嘎斯太沟、黑赖沟、西柳沟、罕台川、壕庆河、哈什拉川、母哈日沟、东柳沟、呼斯太河，十大孔兑皆属黄河水系一级支流，属季节性河流，流域总面积6 330km^2，占全旗总面积的77.4%。其中产流面积3 800 km^2，年平均径流总量1.6亿m^3。这些沟川河流的上游呈树枝状支沟密布，其特征是地面坡度陡，河床比降大，洪水流速快，由于受季节和雨量的影响流量极不稳定，而且地表侵蚀也较为严重。常年洪水年利用量一般为0.6亿m^3左右。

（2）地下水。达拉特旗境内地下水资源总量约为4.5亿m^3，可采水储量3.15亿m^3，深度30～70m，每667m^2耕地平均占有量201.8m^3，其中地下水资源量占全旗水资源总量的80%以上，而且利用程度较高，地下水开采以农业灌溉为主。境内北部平原区单井出水量可达100～1 000m^3/d，中部库布齐沙漠区为100～600m^3/d，南部丘陵区为50～200m^3/d。

根据境内地下水的储存条件、水理性质和水力特征，地下水分为3种基本类型：松散岩类孔隙水、碎屑岩类裂隙孔隙水和基岩裂隙水。

松散岩类孔隙水按其含水层的水力特性，可分为潜水和承压水，库布齐沙漠北部的山前倾斜平原和黄河冲积平原是达拉特旗粮食主产区，潜水一般比较丰富。山前倾斜平原含水层厚度大、水量大、水质好，补给源充沛；黄河冲积平原含水层水量中等，地下水运动缓慢，与黄河水呈互补关系。承压水含水层埋藏深度一般由几十米到150m不等，主要补给来源于十大孔兑的洪水及南部山区的沟谷潜水。

根据全国第二次土壤普查积累的资料分析，达拉特旗中部吴四圪堵附近隐伏在地下的东西向延伸的乌兰格尔隆起是决定本旗水文地质条件的主要构造因素，隆起本身对承压水起阻流作用，隆起以南地下水逆地形而南流，以北顺地形而北流，到黑赖沟一线可能是由于断裂所致，隆起突然消失，在蓿亥图一带形成东西向与近南北向断裂构造的交汇点，所以，这一带地下水埋藏很深。分布在库布齐沙漠以北的地下水是以松散岩类的潜水或承压水为主，从恩格贝镇至展旦召苏木沿库布齐沙漠北缘，是处于高原台地前倾斜平原地下水的溢出地带，是与黄河冲积平原的交汇地段，这一地段地下水丰富，水质良好；从中和西镇到树林召镇以南一线，是处于高原台地前倾斜平原与黄河冲积平原的过渡地带，潜水水量丰富，水浅质好，易开采；王爱召镇、白泥井镇、吉格斯太镇一带亦属高原台地前倾斜平原地下水溢出带，以承压水为主。

3. 水质及水资源利用现状

（1）地表水水质。根据黄河水资源保护局内蒙古监测站监测结果，黄河多年平均泥沙含量6.0kg/m^3，pH 8.5左右，溶解性固体含量500～600mg/L，矿化度1.0g/L左右，符合农田灌溉的水质标准。达拉特旗境内地表水除降水外大部分来源于十大孔兑的洪水，

洪水含有丰富的氮、磷、钾等元素和有机物质，矿化度均小于1.0g/L，pH 7.0～8.7，适宜灌溉。

（2）地下水水质。达拉特旗地下水水质较好，大部分地区地下水以碳酸钙钠型、碳酸钙镁型为主，矿化度均小于1.0g/L。库布齐沙漠以北到黄河沿岸，潜水化学类型比较复杂，由南向北除山前倾斜平原地下水溢出带水质较好外，一般由南向北水质逐渐变差，但至黄河沿岸形成一个明显的淡化带。其中有3个地带由于严重盐渍化，矿化度升高，如昭君镇以北一带，水化学类型由碳酸盐氯化物镁钠型到碳酸盐氯化物、硫酸盐镁钠型，矿化度1～4g/L，部分地区由于地质构造和沉积因素的影响，水质变差，形成氯化物钠钙型水，矿化度9.2g/L；树林召镇至展旦召苏木的部分地区，水化学类型为碳酸盐氯化物镁钠、碳酸盐氯化物、硫酸盐镁钠到硫酸盐钠型，矿化度1～7g/L；树林召镇、王爱召镇一带承压水分布较广，但水量较为贫缺，矿化度小于1g/L，上部的潜水咸，矿化度10g/L左右，不宜饮用或灌溉，王爱召镇至哈什拉川一线以北，不论是潜水还是承压水，均属于中度到高度矿化水，潜水矿化度3～7g/L，承压水矿化度大多为15g/L以上，属于咸水或卤水，树林召镇以东至榆林子一线以北至黄河沿岸，承压水水质较差，水化学类型为硫酸盐钠型，多数为矿化度大于10g/L的咸水，个别地区为矿化度大于100g/L的盐卤水。黄河沿岸上部承压水受潜水补给而淡化，矿化度略低。王爱召镇、白泥井镇、吉格斯太镇一带亦属高原台地前倾斜平原地下水溢出带，以承压水为主，矿化度多小于1g/L。库布齐沙漠以南的广大地区，水化学类型以碳酸盐钙镁型和碳酸盐钙镁钠型为主，矿化度多小于1g/L，属淡水。承压水分布地区，西部地区水质较好，以碳酸盐钠型或碳酸盐钠镁型为主，矿化度均小于1g/L。

（3）水资源利用现状。达拉特旗农业用水除降水外完全依赖于引黄和提取地下水，枯水期的水资源总量不能完全满足灌溉用水需求。2013年，全旗耕地灌溉面积129 441hm^2。黄河客水是达拉特旗利用量较大的地表水资源（灌溉期黄河4～10月过境径流量183亿m^3）。根据1997—2003年实测资料，多年平均引黄水量为2.1亿m^3；灌区地下水主要依靠黄河水的入渗补给，其次为大气降水入渗和南部高原侧向径流补给，多年的平均补给量为4.9亿m^3，可开采量2.5亿m^3，实际年取水量3.9亿m^3。

可见，达拉特旗水资源虽然并不丰富，但过境黄河水得天独厚，黄灌区通过大力实施灌溉渠道节水衬砌工程，积极争取水权转换项目，科学规划，合理利用，以实现节水高效农业；井灌区以合理调整井位布局，并实施低压管灌、喷灌、滴灌等现代化农田节水工程，减少井数，扩大单井灌溉面积。这些节水灌溉措施对提高耕地的综合生产能力和全旗农业生产的可持续发展具有极其重要意义。

二、土地资源

据国土部门2013年土地利用现状调查资料显示，达拉特旗土地总面积824 107.1hm^2，分为8个一级地类，38个二级地类。一级地类有耕地、园地、林地、草地、城镇村及工矿用地、交通运输用地、水域及其他土地。达拉特旗土地资源利用现状见表1-2。

表 1-2　达拉特旗土地资源利用现状

类型	合计	耕地	园地	林地	草地	城镇村及工矿用地	交通运输用地	水域	其他土地
面积（hm^2）	824 107.1	150 077.14	16.27	174 616.45	321 333.12	21 530.78	8 146.6	40 667.03	107 719.71
比例（%）	—	18.2	—	21.2	39.0	2.6	1.0	4.9	13.1

各类用地中，耕地面积占土地总面积的18.2%，其包括新开发地、休闲地、轮歇地、草田轮作地，以种植农作物为主间有零星树木的土地，耕种3年以上的滩涂以及耕地中小于2m的沟渠、路、田坎。主要集中在山前洪积、冲积平原和黄河冲积平原区。其中：水浇地有水源保证和灌溉设施，在一般年景能正常灌溉，面积为129 441.07hm^2，占耕地总面积的86.2%，集中分布在山前冲洪积平原区和沿河灌区以及梁外沟谷滩地；旱地无灌溉设施，靠天然降水生长作物，包括没有固定灌溉设施，仅靠淤灌的耕地，面积为20 636.07hm^2，占耕地总面积的13.8%，主要分布在梁外山区及山前平原区的局部地段；菜地以种植蔬菜为主，包括温室、塑料大棚、露地蔬菜用地，面积为2 580hm^2，占耕地总面积的1.7%，集中分布在树林召镇及其周边村镇。

第三节　耕地立地条件

一、地形地貌

达拉特旗地处亚洲中部草原向荒漠草原过渡的干旱、半干旱地带。地形南高北低，跌宕起伏。北部黄河冲积平原地势平坦，海拔1 000～1 100m，中部是东西向狭长的库布齐沙漠，海拔1 200～1 400m，南部地形起伏，系沟谷发育的丘陵沟壑山地，海拔1 300～1 500m。平原、沙地和高原镶嵌排列，且有明显带状分布规律，这是达拉特旗地貌结构上最显著的特点。现简述如下：

（一）北部黄河冲积平原区

面积1 966.26km^2，占全旗土地面积的23.9%。地处达拉特旗北缘，间于阴山山地与鄂尔多斯高原之间，是河套平原的一部分，属陷落的地堑盆地地质构造，为厚层细沙及黏土状第四纪冲积、湖积物新覆盖。按地貌类型组合的差异，以昭君柳沟为界，分为东沿河和西沿河两部分。西沿河由于黄河出西山嘴后，沿大青山麓洪积扇群东流，于右岸鄂尔多斯台地之间的地堑式的冲积平原内，发育了极为蜿蜒的河形，形成狭长断续的河漫滩地貌。从中和西镇的乌兰计至昭君镇二狗湾一段内有九道弯曲，二级阶地极为明显；裴家圪旦至柳子圪旦，谭盖木独至刘大圪堵，包钢水源地对岸，这几段的一级阶地都比较高。东沿河的现代地貌河漫滩较开阔，其南缘是罕台川、壕庆河、哈什拉川、东柳沟以及呼斯太河所形成的洪积扇群，地形微有起伏，由于西北风的吹蚀，在李快圪卜、柳林、三顷地和二柜一线形成较大面积的风沙地貌。

（二）中部库布齐沙漠区

面积3 672.61km^2，占全旗土地面积的44.6%。库布齐沙漠的中段处本旗境内，呈东西带状延伸，属现代风沙地貌，地形西高东低，罕台川以西流动沙丘面积约占一半，其中

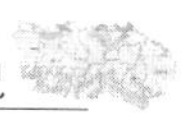

较高的沙丘有银肯沙、黄母花沙、恩格贝沙、五座明沙等，沙丘形态有新月形、链式格状、垄状。东部盐店、马场壕一带多为半固定沙丘，有较开阔的丘间低地和河谷阶地。

（三）南部梁外丘陵沟壑区

面积2 602.2km²，占全旗土地面积的31.6%。地处十大孔兑上游，树枝状水系密布，切割强烈，沟谷地貌发育。纵穿梁外和库布齐沙漠的沟川很多，30～80km长的有6条，90～110km长的有4条，均属外流黄河水系。在沟川阶地上广泛分布着洪淤草甸土或灌淤草甸土，也是本旗梁外的主要耕作土壤。

二、自然植被

不同的植物类型所形成的有机质的性质、数量和积累方式都不同，它们在成土过程中的作用也不同。例如，木本植物的组成以多年生木本植物为主，每年形成的有机质仅以凋落物的形式堆积于土壤表层之上，形成粗有机质层，且不同木本植物类型的有机残体的数量和组成也各有差异。草本植物的组成是以一年生和多年生草本植物为主，每年植株的主体部分都会枯死，大量的有机残体进入土壤，其中残体的根系当年全部进入土壤，因而草原土壤剖面中的腐殖质含量分布自表土向下逐渐减少，如第二次土壤普查在敖包梁石家窑村的采样分析结果为：土层5～15cm有机质含量0.494%；土层65～75cm有机质含量为0.442%；土层80～90cm有机质含量为0.323%。此外，植物根系分泌出的有机酸分解原生矿物，供给植物吸收利用。植被可以改变水热条件，对土壤的形成过程也产生影响。所以，不同的植被类型，对土壤形成的方向起着重要作用。

达拉特旗属于干旱温带草原，草原植被得到充分的发育。草类多以丛生禾本科为主，其次是蒿属和豆科等杂草，草原灌木和半灌木也占较大比重。这与地带性栗钙土土壤的分布相一致。另外，也受非地带性生境条件的影响，出现有沙生植被、草甸植被、盐生植被和沼泽植被，它们往往与地带性植被相间分布。按照草原群落在结构上的差异性，植被地境一致、优势种基本相同的共同性，以及植被与相似的生态经济类群，将全旗植被分为草甸草原植被、半干旱草原植被和干草原沙生植被三大类型区。

（一）草甸草原植被

这类植被主要分布在沿河冲积、洪积平原区，较大的面积出现在黄河河漫滩以及平原南缘的库布齐沙畔、梁畔的地下水溢出地带和低洼盐渍化地段。此外，在梁外丘间低地、河谷阶地上也有广泛分布。

目前除展旦召苏木还有较大面积的草甸植被草场外，沿滩其他各地仅有零星残存，多与农田镶嵌交错分布。由于土壤水分条件优越，草群生长茂密，群落组成大部分为多年温生草本植物，具有中生结构的禾本科、莎草科以及豆科占优势。这一类型植被的建群种有寸草、芨芨草、羊草、芦苇、拂子茅、委陵菜、地榆、车前子、西伯利亚蓼、萹蓄、苍耳、独行菜、苦卖菜和马蔺等杂草。柽柳和白刺灌木常出现在地势较高的部位。这类草场的覆盖度较高，一般都在60%～90%，高度40～120cm，柽柳、芨芨草的高度为100～150cm。在低湿草甸草原中又以盐生植被为主，其鲜草产量高，但利用率很低，主要建群种有碱蓬、盐爪爪、滨藜、马蔺等，这类植被的土壤多为盐化草甸土、草甸盐土和苏打盐土。

（二）半干旱草原植被

这是达拉特旗的典型草原植被，广泛分布于梁外各地。其基本特点：群落组成中以多年旱生中温草本植被占优势，而且主要是丛生禾草，其次是根茎禾草、杂草类，还有一些是旱生小灌木，主要建群植物有本氏针茅、羊草、赖草、白草、狗尾草、狐茅、冰草、早熟禾、阿尔泰狗娃花、远志、蓝刺头以及草原的衍生类型百里香，在水土流失严重地段代替了其他群落。此外，甘草、麻黄、狼毒均有成片生长，反映了草场植被退化的特点。伴生植物有冷蒿、青蒿、达乌里胡枝子、直立黄芪。这类草场植被一般覆盖度为30%～55%。高度15～35cm。灌木以中间锦鸡儿为主，高度1～2m。平均每667m^2产鲜草约135kg。这一地带发育着栗钙土、淡栗钙土和固定风沙土，特别是稽亥图、呼斯梁、青达门一带，土壤更为干旱、瘠薄。

（三）干草原沙生植被

由沙生植物构成的植物群系，主要分布在库布齐沙漠的固定和半固定沙丘北缘的一些河谷阶地的冲积、风积沙地上。其特点是草的种类单一，覆盖度低，稳定。优势群落类型是以小半灌木油蒿、白蒿为主，伴生有优若藜（驼绒藜）、沙芥、多根葱、沙葱、沙竹、蒙古岩黄芪、沙蓬、猪毛菜、小禾草。在固定或半固定沙丘上有小叶、柠条锦鸡儿，间有沙柳。一般草高10～20cm，灌丛高0.5～2m，覆盖度30%～50%，这一地带为风沙土发育。

三、成土母质

母质是形成土壤的物质基础，对土壤的形成、性状及肥力有显著影响。

在干旱少雨的气候条件下，母岩的物理分化和机械分化过程占优势，风的作用和水蚀都伴有极少量的化学作用，如性质不稳定的长石、云母、角闪石、辉长石等矿物和易受碳酸作用溶解的方解石、石膏等遭到水解和水化。风蚀后的岩石也就是母质借助自然风力和水力被搬运到他处后残留下的物质就形成了在坡梁和缓平坡、梁上的残积母质；也有经风力、水力搬运而成的冲积、洪积母质和风积母质。达拉特旗东部马场壕南，间有一定的红土母质和黄土母质。

（一）黄河冲积平原区

本区是河套现代冲积平原上的新冲积物，冲积物的剖面构造复杂多样，多由不同质地组成不同层次，沙、壤、黏相间，层次交错明显为其主要特征，接近黄河沿岸的河漫滩，随着地形由西向东缓慢倾斜，历年河床左右摆动，弯曲较多。在原始的河漫滩泛滥沉积时，冲积物在弯曲的内缘沉积下来，阻滞主流向对岸移动，结果形成不少牛轭湖地貌，给黄河冲积物的大量沉积和沼泽地的发育提供了条件，本区的灌淤草甸土、盐土、沼泽土就是在这种冲积母质上受到地下水的影响而发育起来的。其沉积物复杂多变，质地以粗沙、粉沙和黏土为主。

（二）黄河平原南缘洪积、冲积区

在河漫滩的南缘，有发源于梁外的十大孔兑，均纵穿库布齐沙漠，直泻而下，出沟口后，地势变缓，大量泥沙迅速沉积，在松散的沙质土河床上，每遇携带大量泥沙的洪水，河床随之摆动，变化随意。从而形成了形态很不规则的平缓冲积扇现代地貌。

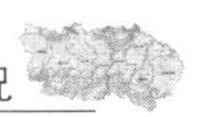

一些扇缘地带往往又是黄河冲积沉积物与孔兑洪积沉积物相互交错沉积的地带，剖面更为复杂。

（三）梁外残积坡积区

本区属鄂尔多斯高原北缘，在构造上是多种构造系的内陆新华夏系沉降带的一个沉降构造盆地；母岩松散，系由中生代的侏罗纪和白垩纪地层的杂色砂岩、页岩以及第三纪的红色砂岩、沙质黏土等松散母岩所组成。现代地貌过程以风积、风蚀及流水侵蚀占主要地位，成土母质的第四纪中更新世沉积物主要以残积相为主。在沟谷的阶地、坡脚也有冲积和风积物。土质多为沙壤、轻壤和少数中壤。通常表层还覆盖有薄的沙层，其基岩富含石炭，碱性强。

（四）库布齐风积沙区

以风沙沉积为主，以固定、半固定和流动沙丘形式覆盖在各种基面上，这类沙丘大多是就地起沙所形成，沙源主要来自沙地的下伏物质，就地风积而成；其次是邻近地区的风化物。其矿物质组成大部分是以石英、长石为主，前者含量为40%～62%，后者含量为25%～38%，其次还有角闪石、绿帘石和其他金属砂矿。

上述主要成土因素的地形、地貌、气候特点、水文地质、植被类型以及成土母质，在达拉特旗土壤形成中的作用都是各有其特点的，但又是相关的，各因素相互制约，始终是同时、不可分割地参与了土壤的形成过程，影响着土壤的产生和发展。

第四节　农村经济及农业生产概况

一、农业发展历史

达拉特旗早在原始氏族时期就有人类活动，是北方游牧民族和狩猎部落生息繁衍的地方。达拉特旗建旗时的地域，东至土默川，西至乌拉特。清代末期，达拉特旗广阔的疆域、肥沃的土地、水草丰美的草原，吸引了“走西口”落脚谋生的人们，山西、陕西一带的许多汉族人民来到这里，使这一地区的汉族人口剧增。历代社会变迁，或农或牧，农牧交错的生产活动对本旗土壤的形成和发展都产生过深刻的影响。多方考证，库布齐沙漠中的不少地区，曾经林木丛生、水草丰美，梁外山区也不是如今沟壑纵横、表土瘠薄、植被稀疏的景象。由于历史上人们在生产活动中土地利用不合理、盲目垦殖、掠夺自然资源，原来的森林土壤被剥蚀殆尽，甚至砂岩裸露，导致了一块块绿洲的消失，风沙地貌和风沙土得以充分发育。1949年以来，达拉特旗进行了大规模的农田水利建设，1952年开始兴修胜利渠，进行引黄灌溉，1966年先后兴修了羊场、公山濠干渠，并完成了黄河防洪大堤的建设。20世纪60年代末发展了多种灌溉形式，进行了灌排结合的灌溉系统工程建设，实施了较大规模的打井建设任务，推广竖井排水，井排井灌和井黄双灌，并相继建起了12座较大的排水工程，有效地控制了盐、碱、涝，改善了耕作土壤的理化状况，农作物种植结构和农业生产条件有了极大的改善。至此，全旗也就初步形成了以农业为主，副业和牧业为辅的初级规模化农业经济。

以5年为一个时间段，统计了达拉特旗1950—2013年总播种面积、粮食播种面积、单产和总产量。统计结果见表1-3。

表 1-3 1950—2013 年粮食播种面积、单产、总产量

年份	1950	1955	1960	1965	1970	1975	1980	1985	1990	1995	2000	2005	2010	2013
总播种面积（万 hm^2）	14.10	11.1	13.10	11.80	10.40	8.50	6.60	5.80	7.30	8.50	8.90	11.12	11.60	12.50
粮食播种面积（万 hm^2）	11.40	8.83	9.93	9.35	8.44	7.20	5.20	4.70	5.80	6.00	4.50	7.40	7.90	8.56
粮食单产（t/hm^2）	0.44	0.48	0.63	0.41	0.81	1.01	1.33	2.61	4.12	5.07	6.70	7.77	7.35	7.18
粮食总产量（t）	4.87	3.49	4.25	3.78	6.88	7.00	6.85	11.15	23.75	30.5	30.05	57.52	58.15	61.50

从达拉特旗农业生产发展历程来看，其农业生产大体经历了以下 3 个发展阶段。

一是中华人民共和国成立初期，达拉特旗的种植制度和轮作制度基本上是沿袭了 1949 年以前的耕作习惯，主体栽培作物为糜、黍、谷子、马铃薯，间以豆类、玉米、高粱、小麦；土地改革以后，农村生产关系发生了重大变革，农村生产力的解放充分调动了广大农民的生产积极性，农业生产迅速恢复和发展起来。随着沿河水浇地面积的不断扩大，在生产条件逐步改善的同时，作物布局和轮作制度也相应发生了很大的改变。1959 年农业总产值较中华人民共和国成立初期翻了一番，达到 2 429.1 万元。

二是进入 20 世纪 60 年代，小麦、玉米、高粱的面积迅速扩大，糜、黍面积逐年下降，杂豆面积减少，轮作方式改变为小麦—高粱、玉米—糜、黍—马铃薯—经济作物（蓖麻、甜菜、胡麻）。由于 3 年自然灾害等方面的原因，加之农村集体经济管理薄弱，作物品种单一，导致了作物连茬、重茬，农作物病虫害滋生蔓延，土壤肥力下降，粮食作物单产、总产徘徊不前，农业生产发展缓慢，经济效益不高。60 年代后期，国家加大了农业基础设施建设的力度，投入大量资金，着力建设灌溉、排水、防洪、抗旱、水保等各项水利设施，进一步增强了抵御自然灾害的能力，提高了耕地的综合生产能力，为今后一个时期农业生产的迅速发展奠定了坚实的基础。到 1978 年全旗农作物播种面积 7.15 万 hm^2，粮食总产量达到 0.695 亿 kg，农业总产值达 5 686 万元。

三是改革开放以来，一方面农村经济体制改革，实行家庭联产承包责任制，极大地调动了农民的生产积极性，农村农业生产力得到提高；另一方面政府高度重视农业科学技术，一批农业科技成果大面积推广应用，如科学使用化肥、选用优良品种、农业机械和先进栽培技术的推广应用等。20 世纪 80 年代初期，轮作方式改变为小麦—玉米—马铃薯—经济作物（甜菜、向日葵），随着农业生产迅速发展，轮作方式、产业结构也在随市场的需求不断合理调整，种植作物、品种出现多样化，粮食单产也相应大幅度提高。1980 年以后，粮食单产、总产量逐年呈大幅递增的趋势。

二、农业生产现状

中华人民共和国成立以来，特别是改革开放 30 多年来，达拉特旗的农业生产得到了长足的发展。伴随着种植业结构的调整，农牧业生产向产业化、专业化方向发展，实现由传统农牧业向现代农牧业的过渡转变，特别是旗委、旗政府适时提出了立足地区优势、资

源优势和市场需要，大力推进达拉特旗农牧业产业结构调整的农牧业经济工作新思路，“瞄准市场，调整结构，恢复生态，增效增收，建设绿色大旗、畜牧业强旗”，使得全旗农牧业经济在经历了产业结构调整的过渡期之后仍能在整体质量和效益上有显著提高。

进入21世纪以来，达拉特旗用工业化思维理念提升农牧业产业化发展水平，构建以耕作土地有效整合、规模化经营为突破口，利用现代物质条件装备农牧业，利用科学技术提升农牧业，利用现代经营方式推进农牧业，加快传统农牧业生产方式的革新，引导农牧民按照“依法、自愿、有偿”的原则，加快耕地经营权流转，推进耕地向家庭农场、规模化种养户集中的进度，全面实行机械化作业、标准化生产、节水化灌溉、规模化经营。依托国土整理项目和农业综合开发先后在白泥井镇、昭君镇、树林召镇、中和西镇和展旦召苏木5个镇（苏木）41个合作社实施了现代农业示范项目，项目涉及农牧民26 813人。通过涉农项目捆绑、市旗两级财政匹配、农民自筹3种方式进行项目实施建设。项目区主要采取企业承包，规模经营；大户承包，合伙经营；土地入股，协作经营等3种经营方式，对项目区耕地实行商业化运作。从市场需求、资源优势和产业发展潜力等角度看，达拉特旗耕地规模化经营生产方式的出现，为加速推进农牧业的专业化分工、规模化生产和产业化经营提供了动力，为全旗现代农业的快速发展奠定了坚实的立业基础，基于此，全旗已具备年产粮食65万t的综合生产能力。

达拉特旗是以农牧业经济占较大比重、工业经济为主体发展的经济区，农牧业在国民经济中占有重要地位。2013年全旗种植的主要粮食作物有玉米、小麦、马铃薯、高粱及豆类等；主要经济作物有向日葵、甜菜、籽瓜、西瓜、蔬菜、黄芪、甘草等。

2013年，达拉特旗总户数为10.2万户，总人口为36万人，其中常住农业人口为14.9万人，占总人口的41.4%，人口密度43.68人/hm^2；从事农业生产的劳动力16.5万人，占总人口的45.8%，人均负担耕地0.93hm^2。2013年全旗总播种面积125 233hm^2，粮食作物面积85 594hm^2，其中玉米面积67 400hm^2，小麦面积5 613hm^2，马铃薯面积5 432hm^2，水稻面积733hm^2，其他粮食作物面积6 416hm^2；油料作物面积8 489 hm^2，其中向日葵面积8 117hm^2，胡麻籽等面积372hm^2；甜菜面积2 412hm^2，瓜类面积2 750hm^2，蔬菜面积5 122hm^2，其他作物面积23 301hm^2。粮食单产7 179.45kg/hm^2，粮食总产量61.5万t。全旗农药总用量280t，地膜总用量771t。使用各类化肥折纯量45 759t。全旗地区生产产值451.46亿元，其中农村社会总产值为38.2亿元，占总产值的8.5%；种植业总产值18.9亿元，占总产值的4.2%，农牧民人均纯收入12 828元。

三、农业生产中存在的问题

（一）施肥结构不合理，用养失调，耕地地力较低

肥料是农业生产中最重要的生产资料，也是培肥土壤、提高耕地地力的重要措施之一，肥料投入约占目前农业生产投入的50%。但是，在达拉特旗的农业生产实践中，施肥不合理的现象较为严重，突出表现在以下几个方面：一是偏重化肥，轻有机肥。达拉特旗自20世纪50年代初使用化肥以来，肥料用量逐年增加，而使用有机肥的面积和数量却呈下降趋势。根据对8 354个农户施肥现状调查结果统计，全旗施有机肥的农户占调查农户的36.6%，其中82%的农户每667m^2施有机肥量不足1 000kg，传统的、营养全面而

持久的有机肥逐渐被化肥所取代。由于有机肥投入不足、不合理施用化肥的现象越来越多，耕地土壤的理化性状变得越来越差，土壤有机质含量逐年下降。从本次取样调查、化验结果看，全旗的耕地土壤中，有 71 051.0hm^{2}的耕地土壤有机质含量低于 10g/kg，占总耕地面积的 47.3%，其中有 6 098.8 hm^{2}的耕地土壤有机质含量低于 5g/kg。耕地土壤有效磷含量低于 20mg/kg 的面积达 110 947.4hm^2，占总耕地面积的 73.9%，其中有 24.2%的耕地土壤有效磷含量低于 10mg/kg，潮土*中的速效钾含量较第二次土壤普查时下降了 10.6%。二是在化肥施用方面长期偏重施用氮肥和磷肥，而且施肥品种单一，主要是尿素、碳酸氢铵、磷酸二铵，钾肥用量较少，施用钾肥的农户仅占调查农户的 14.2%，氮、磷、钾比例严重失调，造成耕地土壤养分失衡，耕地地力较低。使用中微量元素肥料的农户更少，比例不到调查农户的 5%。三是地区之间、作物之间施肥不平衡。针对一些高产作物、高产地区，人们片面追求高投入、高产出，大规模滥用化肥造成大量的肥料资源浪费，一些玉米、蔬菜产区，普遍存在盲目过量施肥的现象，而一些低产作物或耕地地力较低的地区肥料用量相对不足，耕地的生产潜力得不到应有的发挥。四是在施肥方式上撒施、表施现象较为普遍，集中深施的农户仅占调查农户的 18%。这些问题的存在，不仅造成化肥利用率降低和农业生产成本增加，直接影响农业增效和农民增收，还会带来环境污染、农产品品质降低等一系列问题，如水体的富营养化，农田氮素逸出对大气层特别是臭氧层的负面影响等。

因此，在今后的施肥实践中，必须克服重用轻养、重产出轻投入、重化肥轻农家肥的倾向，应不断扩大有机肥施用面积和合理施用化肥的配比和数量，同时要合理布局，增加优良牧草及豆科绿肥的种植比例；在化肥使用方面，要大力推广测土配方施肥技术，做到因时、因地、因作物施肥，不仅要起到提高肥料利用率、减少肥料资源浪费、降低农业生产成本的现实作用，还要通过合理施肥起到培肥土壤、促进耕地质量建设、提高耕地产出率的长远战略作用。

（二）南部丘陵沟壑区水土流失严重

南部山区占全旗总面积的 1/3，其中有耕地面积 25 090hm^2，占全旗总耕地面积的 19.29%，且旱地占较大比重。长期以来，由于不合理开垦、放牧，乱砍滥伐林木，植被遭到严重破坏。本区地处十大孔兑上游，水土流失主要以水蚀为主，为侵蚀剧烈的片沙覆盖和基岩裸露区，侵蚀面积 2 622.8km^2。十大孔兑流域内多年平均侵蚀模数 5 965t/（km^2·年），年向黄河平均输沙量 2 420 万 t。由于水土流失，耕地土壤土层变薄，养分贫乏，部分耕地不得不弃耕。近几年，由于政府加大了生态建设力度，有计划地封山育林，退耕还林还牧，种草种树，水土流失得到了一定的遏制，生态环境也得到一定的改善，但是要达到彻底修复的目的，还需要常抓不懈，不断加大生态综合治理和实施生态移民战略的力度。

（三）黄河平原土壤盐渍化问题

多年来，土壤盐渍化一直是制约达拉特旗农业生产发展的主要因素之一，经过 30 多年的改良，全旗现有轻度以上盐化土的耕地面积 13 605.35hm^2，占全旗总耕地面积的

---

* 即第二次土壤普查时土壤分类中的草甸土。

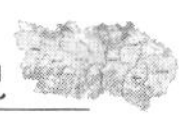

9.07%。多年来，由于一些不合理灌溉和耕作制度造成耕地盐渍化和次生盐渍化的进一步加重，达拉特旗耕地的盐渍化是由于地域因素和部分掠夺式耕作习惯造成的。耕作土壤的盐渍化限制了产量提高，因此应积极采取农业工程、水利、农艺、生物等综合科学技术措施，防止和治理盐渍化土壤，特别要注重防止土壤的次生盐渍化，逐步提高耕地的用养管理水平，提高耕地的可持续发展和综合生产能力。

（四）农业科技水平低

近几年，虽然在作物栽培、品种、施肥等方面的新技术推广上做了大量工作，但由于农技推广投入的比例较少，加上农民自身的接受能力不足，典型示范多，推广面积少，从整体上看农业生产的科技水平仍较低，农业生产的手段还是比较落后。

四、农田基础设施现状

加强农田基础设施建设对提高农业综合生产能力、保障粮食安全、实现农田高产稳产、扩大内需和促进农业可持续发展都具有极其重要的意义。自 1949 年以来，达拉特旗就开展了以水土利用和保护为中心的农田基本建设，进入 20 世纪 90 年代，随着农业生产水平的提高，达拉特旗加大了投入力度，重点开展了水利、农业、林业、农业机械等方面的建设，在一定范围和一定程度上改善了农业生产的基础条件，提高了耕地的生产能力。

（一）水利设施

1. 灌溉工程　达拉特旗 150 077hm^2耕地中，水浇地 129 441.07 hm^2，占耕地面积的 86.25%，农田灌溉主要为井灌、黄灌、引水灌溉、蓄水灌溉和节水灌溉。全旗现有机电井 37 738 眼，配套 37738 眼，设计供水能力 21 487 万 m^3，实际灌溉面积 51 610hm^2；取水泵站 34 处，设计供水能力 16 075 万 m^3，实际灌溉面积 32 000hm^2；引水灌溉面积 12 240hm^2；蓄水灌溉面积 2 150hm^2；节水灌溉面积 103 910hm^2，其中滴、喷灌面积 38 410hm^2，低压管灌面积 9 130 hm^2，渠道防渗灌溉面积 55 230 hm^2；蓄水工程 318 座，总库容 5 172 万 m^3，供水能力 445 万 m^3，全年水利工程供水量 42 205 万 m^3。

2. 防洪排涝工程　达拉特旗境内共有堤防 199km，堤防保护人口 22 万人，保护耕地 54 000 hm^2，排水泵站 5 处，装机容量 880kW，排水能力 5.38m^3/s，全旗耕地易涝面积 14 800 hm^2，占耕地面积的 9.86%，累计除涝面积 11 500 hm^2。

（二）农业设施

过去，达拉特旗有相当一部分耕地由于长期粗放式管理、掠夺式经营，加之不合理灌溉，造成耕地的次生盐渍化和地力的下降，全旗中低产田面积占耕地面积的 2/3。从 20 世纪 80 年代开始，在一定范围内加大农业基础设施建设力度，并采取综合治理措施培肥地力，改造中低产田 5.08 万 hm^2，平均增产粮食 2 351.7kg/hm^2，总增产 11.95 万 t，特别是从 1992 年开始承担国家农业综合开发项目至 2013 年，累计建成灌区扬水、排灌站 60 座，桥、涵、闸等渠系建筑物 4 186 座，开挖疏浚渠道 1 780.58 km，衬砌渠道 243.8km，新打及修复配套机电井 2 566 眼，架设输变电线路 829.15km，地埋输水管道 1 101.02km，修筑机耕路 1 902.15km，营造农田防护林 3 877hm^2。建成了田、林、路、渠配套的基本农田，构筑了良好的农业生态环境，促进了耕地地力的提高。

（三）农业机械

随着达拉特旗农村经济的进一步发展，农业机械化水平也逐年提高。2013 年，全旗拥有排灌机械、场上作业机械、农副产品种植加工机械、畜牧机械、农用汽车等各种农牧业机械总动力为 9 亿 W，其中拥有大中型拖拉机 8 778 台，配套 12 321 台（套），小型拖拉机 1 819 台，配套 5 387 台（套）。达拉特旗农业机耕率达 99%，机播率达 97%，机收率达 72%。主要作物综合农业机械化水平达 90%。

（四）生态环境建设

近年来，达拉特旗紧紧抓住国家实施西部大开发的历史机遇，不断加大生态建设力度，先后实施了京津风沙源治理、天然林资源保护、退耕还林和“三北”防护林四期等林业生态建设重点工程。先后完成天然林保护工程封山育林 9 700hm^2，天然林保护工程飞播造林 45 700hm^2，完成“三北”重点护林工程封育950hm^2，完成退耕还林工程53 260hm^2，其中退耕地造林 18 800hm^2，荒山荒地造林 34 460hm^2；完成义务植树 1 238 万株，森林资源保护工作得到了加强。“十五”期间未发生森林火灾事故，森林病虫害防治工作达到了上级下达的“四率”指标。

上述水利设施建设、农田基础建设以及水土保持和退耕还林还草等建设，在一定范围和一定程度上改善了农业生态环境，对保护和提高耕地地力起到了积极的促进作用。

第五节　耕地利用与保养管理的简要回顾

1982 年进行了第二次土壤普查，系统划分并查清了达拉特旗的土壤类型、分布、面积，分析了各种土壤类型的形成原因、存在的问题以及改良利用方向，明确了土壤养分状况和农业生产中存在的问题，为土地资源的综合利用、中低产田改良、改革施肥制度提供了科学依据。

实践证明，多年来国家各项支农、惠农政策以及农业综合开发等项目的实施能够切实改善农业生产条件，加强农业基础设施建设，提高农业综合生产能力，持续保持粮食生产的稳步发展，确保了国家粮食生产安全。达拉特旗作为国家粮食主产区，有待开发的适宜农牧业生产的土地面积大、生产潜力也大，旗政府从 1992 年开始，积极争取国家农业综合开发项目，截至 2013 年，农业综合开发项目累计投入资金 47 627 万元，共完成土地治理项目 37 626.67hm^2，其中改造中低产田 29 166.67hm^2，开垦荒地 2 333.33hm^2（已改造为良田），农田节水示范项目 333.33hm^2，生态示范项目 2 926.67hm^2，优质饲草料基地 1 733.33hm^2，其他项目 1 133.33hm^2。累计实施现代农业示范项目 7.1 万 hm^2，其中包括 2.8 万 hm^2 大型喷灌农田。通过农业综合开发项目的实施，项目区农业基础设施得到明显改善，灌溉面积显著扩大，项目区基本建成“田成方、林成网、路相通、旱能灌、涝能排”的高产稳产、节水高效的基本农田，项目区年可增加粮食产量 1.05 亿 kg，显著提高了耕地的综合生产能力。农业综合开发为有效增加耕地面积、减少农业生产成本、改善农业生产条件及环境、提升农业效益、加快农村经济建设、促进农民增收、推动达拉特旗农业生产可持续发展奠定了坚实的基础。

经过多年的发展，达拉特旗农田水利建设有了长足的发展。“十一五”期间，共完成

水利投资 12.7 亿元，特别是鄂尔多斯市委、市政府积极探索多元投资水利事业的新思路，通过股份制、投融资改革等方式加大了对农田水利设施的投入，坚持因地制宜、因水源制宜、切实加大了水利基础设施建设力度，实施灌区渠道衬砌工程，加强干、支、斗、末级渠系配套建设；投资开工建设了黄河堤防、二期水权转换、蓄滞洪区、中小河流治理、灌区续建配套与节水改造等工程项目；近年来，又引进美国行走式喷灌设备和技术，建成以节水灌溉为核心的高标准灌溉农田。

一系列水土保持政策与项目的实施，对耕地的保养和维护起到了保驾护航的作用。随着近年来水土保持及生态建设的发展，水土保持综合治理也由过去盲目粗放型治理向科学规范化治理转变。在积极争取国家投资的同时，积极拓宽投资渠道；在治理目标上，立足当地实际，发展具有特色的小流域经济沟，初步形成了以小流域经济为依托的水土保持产业开发，使水土保持治理与群众经济融为一体；在治理方式上，通过长期实践逐步总结出一套行之有效的综合治理模式，即“蓄、拦、分、用”的治理模式，对传统的“上蓄、中缓、下泄”的治理方式进行了发展和完善，取得了明显成效。在水土保持生态治理过程中，始终按照水土流失的特点和规律，因地制宜，因害设防，采取工程措施、生物措施相结合的办法，实现了由传统的单一治理向以小流域为单元，山水林田路综合防治的转变。1994—2001 年罕台川、哈什拉川一期世行贷款项目、壕庆河世行二期贷款项目，1998—2008 年晋陕蒙地区砒砂岩沙棘生态减沙项目，2003 年黄土高原淤地坝工程等一批以生态工程建设为主体的国家重大治理项目实施并取得了显著成效，建成水土保持治沟骨干工程 80 座，中小型淤地坝 124 座，引洪治沙淤地工程 10 处，下游堤防近 190km，建成基本农田 13 600.7hm^2，水土保持林 168 345hm^2，经济林 803.6 hm^2，人工种草36 967.3hm^2，封禁治理 28 582.8hm^2，十大孔兑累计初步治理面积 2 483km^2。

长期以来，风沙危害和水土流失是影响达拉特旗农牧业生产的严重自然灾害。针对风沙危害和水土流失的治理，达拉特旗 20 世纪 50 年代提出“禁止开荒，保护牧场”，60 年代提出“种树种草基本田”，70 年代提出“以治沙为重点的农林水综合治理建设”，80 年代提出“三种五小”（种草、种树、种柠条，小水利、小草库伦、小流域治理、小经济林、小农机具），90 年代提出“植被建设是达拉特旗最大的基础建设，是立旗之本”。进入 21 世纪以后，在国家重点工程的支持下，达拉特旗的农业生态建设进入了一个快速发展时期，针对达拉特旗“十年九旱，灾害连年”的自然规律，旗政府统一规划确定了优化开发区、限制开发区和禁止开发区，启动建设生态自然恢复区，促进生态自我修复。根据全旗的地貌类型和自然条件，在库布齐沙漠，采取“南围、北堵、中切割”的治理模式，阻止沙漠南侵、北扩、东移；在干旱硬梁区，采取“窄林带、宽草带、灌草结合”的治理模式，行植灌木、带间种草，灌草搭配，为舍饲养殖提供了充足的饲草料；在丘陵沟壑区，采取“沙棘封沟、柠条缠腰、松柏戴帽”的治理模式，体现适地适树、以水定树的指导思想，形成上下一体、错落有致的生态景观，水土流失明显减轻。在生态建设中，大力营造柠条、杨柴等乡土灌木树种，形成了丰富的饲草料资源；鼓励以非公有制为主体的生态建设运行模式，推行“五荒”拍卖治理，深化集体林权制度改革，实施生态公益林补偿制度，引导民营企业进入防沙治沙领域，鼓励多种所有制参与生态建设。治理区初步构建起了乔灌草相结合、功能完备的区域性生态防护体系，有效地遏制了农业生态环境的恶化。

总之，近年来，达拉特旗政府按照内蒙古自治区和鄂尔多斯市生态建设总体安排，紧紧抓住国家实施西部大开发的历史机遇，不断加大生态建设力度，先后实施了一批国家生态建设重点工程；组织相关部门坚持不懈地进行以小流域为单位的生态综合治理；同时，在耕地保养管理的政策法规方面，旗委、旗政府认真宣传和落实《中华人民共和国土地管理法》《基本农田保护条例》《内蒙古自治区耕地保养管理条例》，加大了对耕地的保养力度，对防止土壤退化和提高耕地地力起到了重要作用。

第二章

耕地土壤类型及性状

第一节　耕地土壤类型及分布

根据第二次土壤普查分类系统，经规范合并后，达拉特旗耕地土壤分 5 个土类 13 个亚类 29 个土属 86 个土种。耕地主要土壤类型是栗钙土、风沙土、潮土、盐土、沼泽土。沼泽土面积很小，零星出现在中和西镇、恩格贝镇、展旦召苏木洪积洼地上，面积有 234.11hm²，而且只有少量耕地。全旗耕地土壤类型主要是前 4 类。全旗不同土壤类型的耕地面积见表 2-1。不同土类、亚类、土属、土种的耕地面积见附录 1 耕地资源数据册之附表 1。

表 2-1　不同土壤类型的耕地面积

土类	潮土	风沙土	栗钙土	盐土	沼泽土	合计
面积（hm²）	75 874.89	47 480.43	12 882.36	13 605.35	234.11	150 077.14
比例（%）	50.55	31.64	8.58	9.07	0.16	100.00

一、栗钙土

栗钙土是发育在温带半干旱气候干草原植被下，具有栗色腐殖质层、明显钙积层的地带性土壤，目前除少部分耕地外，绝大部分都是天然放牧场，林用地极少。达拉特旗分布地形起伏，砂页岩地层接近地表，风蚀沙化较为严重。栗钙土是内蒙古三大草原土壤类型之一，也是达拉特旗主要的土壤类型，面积有 278 407.4hm²，占全旗土壤总面积的 33.78%，其中耕地 12 882.36hm²，占全旗耕地面积的 8.58%。栗钙土主要分布于达拉特旗梁外地区，此区绝大部分的海拔高度为 1 200～1 500m。

栗钙土的成土母质多为白垩纪、侏罗纪砂岩、砂砾岩、泥质砂岩残积坡积物，孔兑两侧的阶地上分布着洪积物。栗钙土形成的特点是腐殖质累积和石灰积淀过程，全剖面由 3 个基本层次组成，即腐殖质层、钙积层和母质层。腐殖质层厚度一般为 20～40cm，颜色为栗色或灰棕色，质地多为沙壤土、壤质沙土和沙质黏壤土；钙积层出现深度为 20～40cm，厚度为 50～60cm，颜色暗灰黄色或灰白色，质地多为沙质黏壤土、壤质黏土或黏壤土；母质层灰黄色或淡黄棕色，质地沙土、沙壤土或壤质沙土，无根系。

栗钙土的植被属于干草原类型，由耐旱的多年生草本组成，主要建群种有大针茅、克氏针茅、羊草、冷蒿以及草原的衍生类型百里香；灌木及半灌木主要有沙蒿、柠条；此外，退化的草场上还有狼毒、牛心朴子等。栗钙土主要理化性状：腐殖质层含有机质

9.3g/kg、全氮0.57g/kg、有效磷16.08mg/kg、速效钾142.48mg/kg，pH平均为8.46。栗钙土区降水量小，积水少，水质差，矿化度高，这些均成为栗钙土利用的重要限制因素，栗钙土土类一般来说比较瘠薄。

达拉特旗栗钙土土类主要有栗钙土、淡栗钙土、草甸栗钙土和粗骨性栗钙土等4个亚类。栗钙土亚类主要分布在达拉特旗梁外黑赖沟一线以东，西部与达拉特旗的淡栗钙土亚类相接，东部和南部分别与准格尔旗、东胜区的栗钙土相连，北部紧连库布齐沙漠。在本带的各孔兑阶地上镶嵌分布着草甸栗钙土亚类，丘陵顶部分布着粗骨性栗钙土亚类。

1. 栗钙土亚类 占栗钙土土类面积的78%，是该土类中主要的亚类，主要有侵蚀黄沙土、侵蚀栗淤土、侵蚀栗红土、沙化栗钙土、侵蚀结土等5个土属。栗钙土亚类剖面分化明显，腐殖质层较薄，一般为20～30cm，颜色为栗色或灰棕色，积淀积层部位较高，出现在20～25cm土层，钙积层厚度可达50cm左右。石灰含量也高，一般可达10%～30%。栗钙土亚类的机械组成较粗，一般以沙质、沙壤质居多，其他质地较少。

主要土种有轻度侵蚀黄沙土、中度侵蚀栗黄沙土、轻度侵蚀栗黄土、中度侵蚀栗黄土、轻度侵蚀红黄土、中度侵蚀红黄土、强度侵蚀披沙石土、轻度侵蚀栗淤土、中度侵蚀栗沙土、轻度侵蚀栗红土、严重沙化栗钙土、强度侵蚀结土。

2. 淡栗钙土亚类 主要分布于达拉特旗梁外黑赖沟一线的西部，西部和南部分别与杭锦旗、东胜区的淡栗钙土相连，北部连接库布齐沙漠。淡栗钙土亚类占栗钙土土类的5.1%。在本亚类同时也镶嵌分布着草甸栗钙土亚类和零星分布有粗骨性栗钙土亚类。淡栗钙土亚类成土母质多为砂岩、泥质砂岩的残积、坡积物，也有部分洪积物。常见的植物有克氏针茅、短花针茅、戈壁针茅、羊草、百里香及各种蒿子。该亚类风蚀沙化较为严重，包括有侵蚀淡黄沙土、侵蚀淡栗淤土、沙化淡栗钙土等3个土属。

主要土种有轻度侵蚀淡黄沙土、中度侵蚀淡黄沙土、轻度侵蚀淡栗黄土、中度侵蚀淡栗黄土、强度侵蚀淡披沙石土、轻度侵蚀淡栗淤土、严重沙化淡栗钙土。

3. 草甸栗钙土亚类 主要分布在丘间洼地和各大孔兑及其支流的阶地上，占栗钙土土类总面积的9.4%。草甸栗钙土是栗钙土和潮土土类之间的过渡类型。所以，该亚类不但有腐殖质积累过程和钙积化过程，同时附加有草甸化过程。在植被组成上，除有草原植被外，还有草甸植被，如芨芨草、马蔺、委陵菜等。大量的草甸植物残体在嫌气环境中不易被分解，有机质可较多地累积起来。因此，该亚类是栗钙土土类中土壤肥力最高的亚类。包括灌淤草甸栗钙土和洪淤土两个土属。草甸栗钙土亚类的腐殖质层较厚，一般为30～50cm。颜色也较深暗，养分含量较高，水分条件较好，肥力水平相应地较高，是梁外最主要的农耕地。

主要土种有薄层灌淤草甸栗钙土、壤质洪淤土、沙质洪淤土、黏质洪淤土。

4. 粗骨性栗钙土亚类 主要特点：土质较粗，一般为粗骨性土。土壤表层不断被侵蚀，近代成土过程很微弱，剖面分化不明显，除表层有微弱的腐殖质积累外，基本上保留着母岩或母质的特性。该亚类只有一个土属，一个土种，土种为粗骨性栗钙土。

二、风沙土

风沙土是干旱、半干旱生境下由风积沙母质形成的土壤，土壤沙性大，成土母质多为风积物、冲洪积物或松散砂岩。风沙土多属固定、半固定类型。风沙土植被植物种

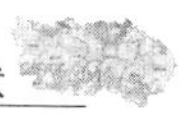

类繁多，但流动风沙土几乎不长植物；漠境的风沙地貌，多为起伏较大的密集沙丘或沙山，在沿河道的草甸风沙土，地貌较为平缓。风沙土具有以下几个形态特征：一是发生层次分异不明显或基本无分异，这一特点是因风积沙母质矿物成分以二氧化硅（SiO_2）为主，干燥环境下其易移动及抗风化的特点使风沙土表现一种“幼年性”。二是风沙土通体以松散的中细沙为主，从流动风沙土到固定风沙土，质地基本无分异，均在沙土—壤质沙土范围。三是在长期稳定的自然状况下，随着植被的繁茂、地表堆积稀疏的枯枝落叶，风沙土剖面中有褐色残根碎屑，具有2～10cm的腐殖质层。四是在平缓地形的风沙土，剖面常见埋藏层，反映了风沙再次堆积的特点。风沙土是达拉特旗分布最广的土壤类型，面积41 1207.76hm^2，占全旗土壤总面积的49.9%。其中耕地47 480.43hm^2，占全旗耕地面积的31.64%。风沙土主要分布在库布齐沙漠及其边缘以及沿河的南部边缘一带，其亚类主要有流动风沙土、半固定风沙土和固定风沙土，海拔高度为1 100～1 300m。风沙土是在风沙性母质上形成的土壤，漏水漏肥，易干旱，水、肥、气、热因素极不协调，土壤肥力差。本次调查的风沙土耕地土壤有机质及大量元素的平均含量：有机质9.5g/kg，全氮0.52g/kg，有效磷14.48mg/kg，速效钾138.48mg/kg，pH平均为8.54。

1. 固定风沙土亚类　主要分布于库布齐沙漠的南、北边缘地区。占风沙土总面积的38.2%。该亚类根据其沙质母质的来源不同而分为固定沙丘风沙土和冲积固定沙丘风沙土两个土属。固定沙丘风沙土土属占固定风沙土亚类总面积的77.58%，为该亚类中的主要土属。该亚类植被覆盖度较大，表土层20cm以上有机质有所积累，颜色较下层深暗，但剖面分化仍不明显。

主要土种有固定沙丘风沙土、冲积固定沙丘风沙土。

2. 半固定风沙土亚类　主要分布在固定风沙土和流动风沙土的中间地带，占风沙土土类总面积的31.7%，包括半固定沙丘风沙土和冲积半固定沙丘风沙土两个土属。

主要土种有半固定沙丘风沙土、冲积半固定沙丘风沙土。

3. 流动风沙土亚类　主要分布在库布齐沙漠的中心地带，基本呈连续的条带状分布。有流动沙丘风沙土和冲积流动沙丘风沙土两个土属。

主要土种有流动沙丘风沙土、冲积流动沙丘风沙土。

三、潮土

潮土是达拉特旗最重要的土壤类型，面积103 162.84hm^2，占全旗土壤总面积的12.52%。其中耕地75 874.89hm^2，占全旗耕地面积的50.56%。潮土主要广泛分布在沿河一带，土层深厚，土壤肥沃，是达拉特旗粮食产区主体土壤类型。海拔高度为1 000～1 100m。潮土发育在近代河流沉积物上，受地下水活动的影响，生长草甸植被，积累少量有机质。潮土多半形成于黄河冲积平原与冲积—洪积平原的河漫滩、低阶地及丘间洼地或洪积扇的外缘地带，由于直接受地下水浸润，在草甸植被下发育而成半水成性土壤。潮土成土母质主要是河流冲积物、洪积物，母质的沉积过程是潮土形成的基础，沉积母质本身具有一定的肥力，其发生层次基本上分为3层，表土层、心土层和底土层，表土层即腐殖质层，亦称耕作层，有时具有盐渍化特征；心土层和底土层具有锈纹锈斑特征；

底土层具有潜育化特征。腐殖质层厚度一般为15～50cm。表土疏松多孔，结构以团块状居多，其次为粒状结构和块状结构，具有有机质积累特征，是黏粒和粉沙粒含量较高的土壤，受频繁的耕作机具的影响，在耕作层底部可形成数厘米厚紧实的犁底层。潮土属于非地带性土壤，其形成基本不受气候条件的限制，可以出现在任何地带性土壤分布区域内，只要地下水埋藏深度小于3m的地区都可以形成潮土。成土过程包括潜育化过程、腐殖化过程和盐化过程。盐化过程就是其剖面下部有以灰蓝色为主的潜育层，而且地下水随毛管水源源不断地上升到地表，经强烈的蒸发，水去盐留，导致土壤产生盐渍化。达拉特旗耕地潮土主要有灌淤草甸土、盐化草甸土和灰色草甸土等3个亚类。

本次调查的潮土耕地土壤有机质及大量元素的平均含量：有机质12.2g/kg，全氮0.68g/kg，有效磷16.38mg/kg，速效钾161.04mg/kg，pH平均为8.5。

1. 灌淤草甸土亚类 主要分布在沿河北部一带，占潮土土类面积的50.2%。是该土类中的主要亚类。成土母质为冲积—洪积物。自然植被以湿生性草甸植被为主，如委陵菜、灰菜、寸草、芨芨草、马蔺等。这种植被不但生长繁茂，覆盖度大，而且根系密集，又集中在表层。因此，可为土壤提供大量的有机质。灌淤草甸土的潜育层不是非常明显，因为灌淤的作用，使土层不断加厚，地形相对抬高，地下水位相对偏低。灌淤草甸土亚类包括两个土属，即冲积平原灌淤草甸土和沙化灌淤草甸土。冲积平原灌淤草甸土土属占灌淤草甸土亚类的93.8%，是灌淤草甸土亚类中主要的土属。

主要土种有沙土、夹壤沙土、壤底沙土、黏底沙土、沙盖壤、沙盖垆、沫土、夹沙沫土、夹黏沫土、沙底沫土、黏底沫土、漏沙沫土、两黄土、夹沙两黄土、夹黏两黄土、沙底两黄土、黏底两黄土、漏沙两黄土、沙底夹黏两黄土、黏底夹沙两黄土、硬两黄土、夹黏硬黄土、沙底硬黄土、黏底硬黄土、漏沙硬黄土、黏底夹沙硬黄土、红泥、夹沙红泥、夹壤红泥、沙底红泥、壤底红泥、漏沙红泥、沙化灌淤草甸土。

2. 盐化草甸土亚类 主要分布在沿河一带以及梁外部分封闭洼地和干河沟的河漫滩等地。盐化草甸土的形成往往与低洼封闭的地形、干旱与蒸发、地下水位及其矿化度、盐生植被（芨芨草、马蔺、鸡爪芦苇、碱蓬等）直接相关。因此，它的成土特点是在草甸化过程的同时，伴有盐渍化过程，在干旱的季节，地表形成程度不同的盐斑、盐霜、盐结皮、盐结壳或蓬松层，这就是所谓的“积盐过程”。盐化草甸土的剖面特征：积盐层与腐殖质层上部相重合，中间为氧化还原层，有大量的锈纹锈斑。下部为灰蓝色的潜育层，地表往往有盐霜、盐结皮、盐结壳或蓬松层。该亚类包括有冲积平原黑盐化土、冲积平原蓬松盐化土、冲积平原马尿盐化土、丘间洼地黑盐化土4个土属。

主要土种有轻度黑盐化土、中度黑盐化土、重度黑盐化土、轻度蓬松盐化土、中度蓬松盐化土、重度蓬松盐化土、轻度马尿盐化土、中度马尿盐化土、重度马尿盐化土、丘间洼地轻度黑盐化土、丘间洼地中度黑盐化土、丘间洼地重度黑盐化土。

3. 灰色草甸土亚类 主要分布在梁滩交接地带和梁外一些封闭洼地或干河沟的河漫滩。腐殖质层厚度20cm左右，颜色较浅，因此称“灰色草甸土”，心土层锈纹锈斑较明显，底层为青灰色的潜育层。包括两个土属，即丘间洼地灰淤土和沙化灰淤土。

主要土种有灰淤土、夹沙灰淤土、沙底灰淤土、严重沙化灰淤土。

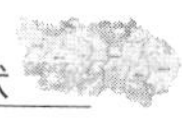

四、盐土

盐土是可溶性盐积累到各种作物都不能生长的土壤，这种土壤不经过改造是不能作为农业利用的。盐土的形成是受自然和人为因素影响，其中最重要的因素是干旱的气候和不良的水文地质条件。盐土发育的母质基本上是冲积—洪积和湖积物质。盐土的形成总是同大区域的负地形联系在一起，即高原的湖盆、大小河流冲积平原、河谷阶地以及山前交接洼地等，地质构造上相对下陷地带受流水堆积作用易形成盐碱土。地质构造运动也可以成为盐碱土发展的重要因素，如在黄河冲积物下为古湖相地层的高矿化水，在隐伏隆起带和沉降带这两个活动断裂带上，受地力作用，将高矿化水挤压到黄河冲积层，进一步进入潜水乃至地表，生成氯化物型重盐土。盐土也包括腐殖质层、潜育层、氧化还原层和泥炭层。盐土的形成存在积盐过程和脱盐过程，从一个年度发展看，积盐和脱盐发生季节性更替，如春季积盐期、夏季脱盐期、秋季积盐期和冬季隐伏积盐期。盐土在达拉特旗主要分布于黄河冲积平原地带，与盐化潮土插花分布于中和西镇、展旦召苏木、树林召镇、王爱召镇和吉格斯太镇，面积为30 833.12hm^2，占全旗总面积的3.74%；其中耕地13 605.35hm^2，占全旗耕地面积的9.07%。盐土所处的地形部位多为排水不良的洼地，地下水位较高，水矿化度也较高，一般为2～10g/L，化学类型多为镁钠质的氯化物水，钠质硫酸盐、重碳酸盐型水，多数情况下都含有一定数量的苏打，在干旱季节，地表经常潮湿或具有明显的盐霜、盐结皮、盐结壳及蓬松层。主要成分有氯化钠、氯化钙、氯化镁、硫酸钠、硫酸镁、碳酸钙、碳酸镁等。在达拉特旗分布的盐土亚类主要有草甸盐土和苏打盐土。盐土是农业生产上比较难利用的土壤，一般不作为耕地，在中低产田改造和农业土地开发过程中，部分盐土经过改良可开垦为耕地。

本次调查的盐土耕地土壤有机质及大量元素的平均含量：有机质12.4g/kg，全氮0.70g/kg，有效磷17.11mg/kg，速效钾170.92mg/kg，pH平均为8.51。

1. 草甸盐土亚类　是由于地下水位高，通过土壤毛管作用，盐分不断向上积累形成，剖面有较多的锈纹锈斑，地表往往有大量的盐结壳或蓬松层。有两个土属，即黑盐土和蓬松盐土，土种为黑盐土和蓬松盐土。黑盐土土属的特点是土壤盐分以氯化物为主，地表常常潮湿，土表颜色较暗。蓬松盐土土属特点是地表有白色粉末状结晶，疏松多孔，呈蜂窝状，盐分组成以硫酸盐为主。

2. 苏打盐土亚类　主要分布在树林召镇、王爱召镇北部，水矿化度高，多为镁质或钠质重碳酸盐水，强碱性，常见的植物有白刺、碱蓬、盐蒿。苏打盐土的盐化过程和碱化过程同时进行。该亚类只有一个土属，即马尿盐土，该土属特点是地表呈光板或兼有白色盐霜，常有黄褐色的薄层结皮，结皮背面有大量海绵状气孔，这是碳酸氢钠转变为碳酸钠时放出二氧化碳而形成的孔洞。湿时膨胀，干时板结。

五、沼泽土

沼泽土是长期积水或季节性积水的条件下生长沼泽植被发育起来的非地带性土壤，成土母质多为河流冲积物、洪积物、湖积物等，这些母质颗粒细小，质地一般较为黏重。沼泽土形成特点包括土体上部多种形态的有机质积累过程和土体矿质部分潜育化过程以及盐化过程。达拉特旗主要分布有泥炭沼泽土亚类，土属为埋藏泥炭沼泽土，主要植被有芨芨草、寸草、芦苇。零星分布在中和西镇、恩格贝镇、展旦召苏木。面积495.98hm^2，占全旗总面积的0.06%，其中耕地面积234.11hm^2，占全旗耕地面积的0.16%。沼泽土一般地处封闭洼地，母质质地重，地下水位高，一般小于1m，地表常年积水或季节性积水，往往在地表形成粗腐殖质层或泥炭层，土体呈灰蓝色。沼泽土含有机质14.5g/kg、全氮0.85g/kg、有效磷16.33mg/kg、速效钾131.81mg/kg，pH平均为8.58。沼泽土潜在肥力高，但有效性低，通透性差，易产生涝害。

第二节　耕地土壤养分现状及评价

一、调查采样

（一）调查内容

野外调查内容：采样时调查了采样地块的基本情况和农业生产情况，设计并填写了“大田采样点基本情况调查表”“大田采样点农户调查表”，主要内容有土壤类型、土壤性状、农田基础设施、生产性能与管理、化肥和农药的使用情况、产量水平、农民种植业、畜牧业和其他副业收入以及生产性支出和生活支出等情况。

（二）调查方法

1. 布点原则　为了使调查所获取的信息具有一定的典型性和代表性，同时考虑工作效率和节省人力、财力，布设调查采样点时遵循了以下几个方面的原则，一是具有广泛的代表性，每个样点都能代表一定面积的耕地土壤；二是兼顾均匀性，在全旗耕地上有一定的均匀性分布；三是具有典型性，具有所在评价单元中表现特征最明显、最稳定、最典型的性质；四是具有可比性，尽量在第二次土壤普查的剖面或农化样点点位上布点。

2. 布点方法

（1）根据规程要求及达拉特旗的耕地面积、土壤类型、农业生产水平等具体情况，将大田采样点的密度定为15～35hm^{2}一个点位。

（2）将土壤图、土地利用现状图数字化后叠加形成评价单元图。

（3）以评价单元图为工作底图，根据图斑的个数、面积、种植制度、作物种类、产量水平等因素确定布点数量和点位，并在图上标注野外编号。

（4）按照土种、作物种类、产量水平等因素，分别统计不同评价单元的布点数量，当某一因素过多或过少时，再进行适当调整。

根据上述布点原则和方法，2006—2013年，达拉特旗在全旗沿河15万hm^{2}的耕地上布设采样点，采样点主要密集布设在沿河耕地和南梁外部分水浇地上。全旗共布设大田采样点8 000个，采集土样8 689个。

（三）调查准备

1. 技术培训　为了保证调查方法和标准的统一，确保野外调查质量，在野外调查采样前组织所有野外调查人员进行了技术培训，专门就野外调查的内容、方法、注意的问题等进行了详细讲解，并编制了野外调查成套材料，包括“测土配方施肥采样地块基本情况调查表”和“测土配方施肥农户施肥情况调查表”及其填制说明，以及《野外调查采集土样方案》和土样采集工作底图。同时组织外业工作人员集中进行实地操作演示，使外业调

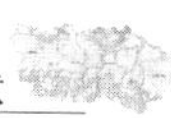

查人员真正尽快掌握各项技术要领。

2. 工具准备　GPS全球定位仪、不锈钢锹和木制铲、钢卷尺、土袋、标签以及野外调查资料准备。

3. 组织准备　全旗共成立了8个调查组，每个镇（苏木）各配一个调查组，每个组5人，包括2名旗级技术人员，1名镇级技术人员，1名当地村社干部和司机。为了保证取样进度和质量，专门成立了调查取样督导组，由组长带队进行现场检查和巡回指导。

（四）调查与取样

1. 点位的确定　根据工作底图上确定的点位，结合地形图，到实地确定采样地块，如果图上标注的点位位置在当地不具典型性，通过走访当地农民，另选典型地块，并在图上标明准确位置。

2. 调查取样　在作物收获后或者播种施肥前采集，要保证足够的采样点，使之能代表采样单元的土壤特性；采样时沿着一定的线路，按照随机、等量和多点混合的原则进行操作；每个采样点的取土深度及采样量均匀一致，在耕层采样，深度一般为0～20cm。取土点确定后，利用GPS定位仪确定经纬度，并与取土地块的农户和当地的技术人员座谈，按采样点调查表格内容，详细调查填写农户家庭人口，耕地面积，种植制度，近3年的平均产量与效益，上年度使用的肥料、农药的品种、数量，作物品种及来源，生产管理以及投入产出情况等，并通过实地判断，填写土壤性状和农田基础设施等内容。如在野外部分项目把握不准，当天回室内查阅资料，予以完善。

取土样时，根据地块形状大小，确定不同的采样方法，如对角线、蛇形和棋盘式等几种采样方法，每个地块取20个点的0～20cm耕层土样混匀后用四分法留取1kg土样装袋。

3. 土样风干　各调查组人员及时将当天所取的土样进行自然风干，严禁直接在太阳下暴晒，同时注意防止酸、碱及灰尘的污染，风干时将样品薄薄地摊在样品盘或白纸上，置于干净整洁的室内通风处自然风干，风干过程中经常翻动土样并将大块捏碎以加速干燥，同时剔除土样以外的侵入体，如石块、作物残根碎屑等。土样全部风干后，进行装袋，同时袋内外各放置标签一张，写明编号、采样地点、土壤名称、采样深度、采样日期、采样人等基本信息，调查组人员将本组所取样品送交化验人员进行分析化验。

二、样品测试分析与质量控制

（一）分析项目及方法

本次调查分析化验了土壤pH、质地、全盐、盐分八大离子、阳离子交换量和有机质、大量元素、中量元素、微量元素等20多个化验项目，获取了约95 249个化验项次数据，各项目的分析化验方法见表2-2。

表2-2　土壤各种理化性状分析化验方法和数量

化验项目	化验方法	化验土壤样品数量（个、项次）
pH	电位法	8 654
有机质	油浴加热重铬酸钾氧化-容重法	8 654
全氮	凯式蒸馏法	8 654

（续）

化验项目	化验方法	化验土壤样品数量（个、项次）
碱解氮	碱解扩散法	3 856
全磷	氢氟化钠熔融-钼锑抗比色法	596
有效磷	碳酸氢钠提取-钼锑抗比色法	8 654
全钾	碱熔-火焰光度法	596
缓效钾	硝酸提取-火焰光度法	5 958
速效钾	乙酸铵浸提-火焰光度法	8 654
有效硫	磷酸盐乙酸浸提-硫酸钡比浊法	7 574
有效硅	柠檬酸浸提-硅钼蓝比色法	298
交换性钙	乙酸铵交换-原子吸收分光光度法	31
交换性镁	乙酸铵交换-原子吸收分光光度法	31
有效铜	DTPA 浸提-原子吸收分光光度法	5 958
有效铁	DTPA 浸提-原子吸收分光光度法	5 958
有效锰	DTPA 浸提-原子吸收分光光度法	5 958
有效锌	DTPA 浸提-原子吸收分光光度法	6 974
有效硼	甲亚胺-H 比色法	6 974
质地		596
阳离子交换量	EDTA-乙酸铵盐交换法	596
容重	环刀法	25
合计		95 249

（二）分析测试质量控制

1. 化验室化验 土壤样品所有项目测试都由达拉特旗农业技术推广中心化验室完成。

2. 质量控制方法

（1）基础试验控制。全程序空白值测定，以此消除系统误差。每批样品做两个空白样，从待测试样的测定值中扣除空白值。

（2）标准曲线控制。由国家标物中心购进国家二级标准溶液，建立标准曲线，标准曲线的线性相关系数达到 0.999 以上。每批样品都必须做标准曲线，并且重现性良好，每测 10～20 个样品用一标准液检验，检查仪器状况，对超标的待测液，稀释后再测定。

（3）精密度控制。每批待测样品中加入 10%的平行样，测定合格率达到 95%，如果平行样测定合格率小于 95%，在下批样品中重新测定，直到合格。

（4）准确度控制。每批待测样品中，加入两个平行标准样品，如果测得的标准样品值在允许误差范围内，并且两个平行标准样的测定合格率达到 95%，则这批样品的测定值有效，如果标准样的测定值超出了误差允许范围，这批样品需重新测定，直到合格。在整个分析测试工作结束后再随机抽取部分样品进行结果抽查验收。

通过上述几种质量控制办法，确保了分析质量，符合在全旗范围内进行耕地地力评价的基本要求。

三、耕地土壤有机质含量现状及评价

土壤有机质是土壤的主要组成部分，直接影响土壤的理化性状，是反映土壤肥力的综合

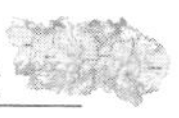

指标。尽管土壤有机质的含量只占土壤总量的很小一部分，但它对土壤形成、土壤肥力、环境保护及农牧业可持续发展等方面都有着极其重要的意义。基本来源包括植物残体（各类植物的凋落物、死亡的植物体及根系，这是自然状态下土壤有机质的主要来源），动物、微生物残体（包括土壤动物和非土壤动物的残体，以及各种微生物的残体，微生物是土壤有机质的最早来源），动物、植物、微生物的排泄物和分泌物（对土壤有机质的转化起着非常重要的作用），人为施入土壤中的各种有机肥料(绿肥、堆肥、沤肥等)，工农业和生活废水、废渣等；还有各种微生物制品、有机农药等。根据对 8 689 个土壤样品有机质含量的测试分析结果，统计了不同镇(苏木)、不同土壤类型的耕地土壤有机质含量。统计结果见表 2-3、表 2-4。

表 2-3　各镇（苏木）耕地土壤有机质含量

镇（苏木）	平均值（g/kg）	变幅（g/kg）	标准差（g/kg）
树林召镇	12.4	2.0～25.5	5.9
展旦召苏木	11.3	2.7～23.1	5.3
昭君镇	10.2	2.0～26.8	5.1
恩格贝镇	8.2	1.2～17.3	4.1
中和西镇	12.8	1.1～37.9	8.8
王爱召镇	12.5	2.6～31.2	6.8
白泥井镇	7.3	2.3～18.6	3.5
吉格斯太镇	7.8	2.2～19.5	4.1

表 2-4　不同土壤类型耕地有机质含量

土壤类型	平均值（g/kg）	变幅（g/kg）	标准差（g/kg）
栗钙土	9.3	3.0～32.4	7.2
盐土	12.4	2.0～26.1	6.5
潮土	12.2	1.1～33.7	8.0
沼泽土	14.5	7.1～30.4	1.2
风沙土	9.5	1.3～37.9	11.4
全旗	10.9	1.1～37.9	4.2

耕地土壤有机质含量普遍较低，全旗平均为 10.9g/kg，变幅为 1.1～37.9g/kg，标准差 4.2g/kg，极差为 36.8g/kg。不同镇（苏木）之间耕地土壤有机质的平均含量有一定的差异，中和西镇最高，为 12.8g/kg，白泥井镇最低，为 7.3g/kg，二者之差为 5.5g/kg。

不同土类之间的耕地有机质变化较大，沼泽土的有机质含量最高，为 14.5g/kg，栗钙土的最低，为 9.3g/kg，二者之差为 5.2g/kg。不同土类耕地有机质含量排序为沼泽土>盐土>潮土>风沙土>栗钙土。

根据全国第二次土壤普查时的分级标准，统计了不同土壤类型耕地有机质含量分级面积（表 2-5）。不同土壤类型耕地有机质含量及分级面积、比例等详见附录 1 耕地资源数据册之附表 3、附表 4。

表 2-5　不同土壤类型耕地有机质、全氮含量分级面积统计

土壤类型	项　别	有机质含量分级标准（g/kg）						全氮含量分级标准（g/kg）					
		≥30	20～30	15～20	10～15	5～10	<5	≥1.0	0.8～1.0	0.6～0.8	0.4～0.6	0.2～0.4	<0.2
栗钙土	面积（hm^2）	4.89	20.57	282.38	5 501.53	6 011.55	1 061.44	739.40	403.85	4 457.25	5 351.40	1 754.69	175.77
	占土类面积（%）	0.04	0.16	2.19	42.71	46.66	8.24	5.74	3.13	34.60	41.54	13.62	1.36
盐土	面积（hm^2）		321.50	2 635.19	4 426.20	5 817.23	405.23	863.70	2 730.31	4 007.01	4 849.35	1 107.19	47.79
	占土类面积（%）		2.36	19.37	32.53	42.76	2.98	6.35	20.07	29.45	35.64	8.14	0.35
潮土	面积（hm^2）	20.47	1 160.44	13 461.60	35 016.75	24 918.46	1 297.17	6 198.23	14 082.08	24 617.53	24 146.44	6 388.48	442.13
	占土类面积（%）	0.03	1.53	17.74	46.15	32.84	1.71	8.17	18.56	32.44	31.82	8.42	0.58
沼泽土	面积（hm^2）	2.93	80.74	1.81	91.24	57.39		81.40	6.40	70.98	75.33		
	占土类面积（%）	1.25	34.49	0.77	38.97	24.51		34.77	2.73	30.32	32.18		
风沙土	面积（hm^2）	82.86	163.56	1 744.22	14 007.31	28 147.57	3 334.91	569.48	1 353.61	11 549.68	24 033.58	9 490.32	483.76
	占土类面积（%）	0.17	0.34	3.67	29.50	59.28	7.02	1.20	2.85	24.33	50.62	19.99	1.02
全旗	面积（hm^2）	111.15	1 746.81	18 125.20	59 043.03	64 952.20	6 098.75	8 452.21	18 576.25	44 702.45	58 456.10	18 740.68	1 149.45
	占耕地总面积（%）	0.07	1.16	12.08	39.34	43.28	4.06	5.63	12.38	29.79	38.95	12.49	0.77

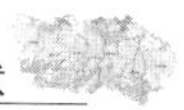

耕地土壤有机质含量＞20g/kg 的面积为 1 857.96hm^2，仅占耕地总面积的 1.23%，有机质含量 5～20g/kg 的面积为 142 120.43hm^2，占耕地总面积的 94.7%，近半耕地有机质含量为 5～10g/kg，还有 6 098.75hm^{2}的耕地有机质含量在 5g/kg 以下，占耕地总面积的 4.06%。由此看出，达拉特旗耕地土壤有机质含量较低。

四、耕地土壤大量元素养分含量现状及评价

耕地土壤大量元素包括氢、碳、氧、氮、磷、钾。碳、氢、氧 3 种元素来自空气和水，是有机物的重要组成元素。氮、磷、钾这 3 种元素，植物需要量较大，但土壤中一般含量较少，常常需要通过施肥才能满足植物生长的需求，因此氮、磷、钾称为“肥料三要素”。

根据土壤样品的测试分析结果，统计了不同镇（苏木）、不同土壤类型的耕地土壤大量元素养分含量，统计结果见表 2-6、表 2-7，各镇（苏木）不同土壤类型耕地大量元素养分含量及分级面积、比例等详见附录 1 耕地资源数据册之附表 3、附表 4。

（一）全氮及碱解氮

土壤中的氮素可分为有机氮和无机氮两大部分，两者之和称为全氮。土壤中的氮素绝大多数是以有机态存在的，有机态氮素在耕作等一系列条件下，经过土壤微生物的矿化作用，转化为无机态氮供作物吸收利用。土壤氮素绝大部分来自有机质，所以有机质的含量与全氮含量一般情况下呈正相关。土壤中的全氮含量代表着土壤氮素的总储量和供氮潜力。全氮含量水平高的土壤，土壤供氮能力强，在施肥指导中应酌情减少氮肥用量；相反，全氮含量水平低的土壤，土壤供氮能力相对较差，应适当增施氮肥，才能获得较高产量。因此，全氮含量与有机质一样是土壤肥力的重要指标之一。碱解氮又称水解氮，是铵态氮、硝态氮、氨基酸、酰胺和易水解的蛋白质的总和，它可供作物近期吸收利用，故又称有效氮。碱解氮含量的高低，取决于有机质含量的高低。有机质含量丰富，熟化程度高，碱解氮含量亦高，反之则含量低。碱解氮在土壤中的含量不够稳定，易受土壤水热条件和生物活动的影响而发生变化，但它能反映近期土壤的氮素供应能力。

表 2-6 各镇（苏木）耕地土壤大量元素养分含量统计

镇（苏木）	项别	全氮（g/kg）	碱解氮（mg/kg）	有效磷（mg/kg）	速效钾（mg/kg）
树林召镇	平均值	0.74	67	23.2	155
	变幅	0.23～2.02	19～246	3.5～71.9	63～387
	标准差	0.2	23	11.0	48
展旦召苏木	平均值	0.6	62	15.5	162
	变幅	0.11～4.12	19～162	1.5～81	46～323
	标准差	0.18	17	9.0	44
昭君镇	平均值	0.65	64	16.9	159
	变幅	0.05～3.42	23～115	1.3～43	44～282
	标准差	0.2	15	10.4	43

（续）

镇（苏木）	项别	全氮（g/kg）	碱解氮（mg/kg）	有效磷（mg/kg）	速效钾（mg/kg）
恩格贝镇	平均值	0.55	63	13.2	137
	变幅	0.15～1.12	27～123	2～55.8	44～337
	标准差	0.15	14	6.9	42
中和西镇	平均值	0.73	68	14.2	171
	变幅	0.09～2.02	15～164	1.2～152.5	57～375
	标准差	0.25	17	17.8	50
王爱召镇	平均值	0.66	58	16.5	160
	变幅	0.13～1.35	18～135	1.2～64	23～370
	标准差	0.2	15	7.8	44
白泥井镇	平均值	0.44	52	12.2	124
	变幅	0.07～1.2	20～239	2.9～41.5	63～363
	标准差	0.19	20	7.4	42
吉格斯太镇	平均值	0.41	41	9.8	119
	变幅	0.14～0.88	12～97	1.7～43.7	30～290
	标准差	0.12	15	5.9	41
全旗	平均值	0.61	60	15.9	153
	变幅	0.05～4.12	12～246	1.2～152.5	23～387
	标准差	0.24	19	10.3	47

表 2-7　不同土壤类型耕地大量元素养分含量统计

土壤类型	项别	全氮（g/kg）	碱解氮（mg/kg）	有效磷（mg/kg）	速效钾（mg/kg）
栗钙土	平均值	0.57	56.91	16.08	142.48
	变幅	0.07～1.73	15～115	1.2～55.8	30～300
	标准差	0.21	16.547	9.185 8	42.07
盐土	平均值	0.7	59.92	17.11	170.92
	变幅	0.14～2	19～174	1.9～65.1	46～341
	标准差	0.23	18.009	9.084 6	46.472
潮土	平均值	0.68	63.81	16.38	161.04
	变幅	0.06～4.12	18～239	1.3～152.5	34～387
	标准差	0.25	17.393	11.674	48.046
沼泽土	平均值	0.85	65.29	16.33	131.81
	变幅	0.46～1.66	28～105	8.3～23.9	95～194
	标准差	0.38	20.927	5.826 9	26.552

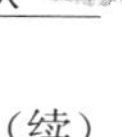

（续）

土壤类型	项别	全氮（g/kg）	碱解氮（mg/kg）	有效磷（mg/kg）	速效钾（mg/kg）
风沙土	平均值	0.52	54.9	14.48	138.48
	变幅	0.05～2.02	12～246	1.2～78.7	23～370
	标准差	0.21	19.72	8.740 5	41.663
全旗	平均值	0.61	60	15.9	153
	变幅	0.05～4.12	12～246	1.2～152.5	23～387
	标准差	0.24	19	10.3	47

1. 全氮　全旗耕地土壤的全氮含量较低，平均为0.61g/kg，变幅0.05～4.12g/kg，标准差0.24g/kg，极差4.07g/kg。

不同土类间耕地土壤全氮平均含量差异不大，沼泽土的含量最大，为0.85g/kg，风沙土含量最低，为0.52g/kg，最高与最低之差为0.33g/kg。不同土类全氮平均含量大小顺序排列为沼泽土>潮土>盐土>栗钙土>风沙土。各镇（苏木）间土壤全氮平均含量变化不大，树林召镇最高，为0.74g/kg，吉格斯太镇最低，为0.41g/kg，二者之差为0.33g/kg。

按照全国第二次土壤普查时的分级标准，统计了不同土壤类型耕地及全旗耕地全氮含量分级面积。全氮含量≥1g/kg的耕地面积只有8 452.21hm^2，仅占耕地总面积的5.63%；全氮含量0.8～1g/kg的耕地面积为18 576.25hm^2，占耕地总面积的12.38%；全氮含量0.4～0.8g/kg的耕地面积为103 158.55hm^2，占耕地总面积的68.74%；全氮含量在0.4g/kg以下的耕地面积为19 890.13hm^2，占耕地总面积的13.21%，其中有1 149.45hm^2的耕地全氮含量在0.2g/kg以下，占耕地总面积的0.77%。可见达拉特旗耕地全氮含量较低。

2. 碱解氮　全旗耕地土壤的碱解氮平均含量为60mg/kg，变幅12～246mg/kg，标准差19mg/kg，极差234mg/kg。

不同土类间耕地土壤的碱解氮平均含量差异不大，沼泽土的含量最高，为65.29mg/kg，风沙土含量最低，为54.9mg/kg，最高与最低之差为10.39mg/kg。不同土类全氮平均含量大小顺序排列为沼泽土>潮土>盐土>栗钙土>风沙土。各镇（苏木）间土壤碱解氮平均含量变化不大，中和西镇最高，为68mg/kg，吉格斯太镇最低，为41mg/kg，二者之差为27mg/kg。

按照全国第二次土壤普查时的分级标准，统计了不同土壤类型耕地及全旗耕地碱解氮含量分级面积（表2-8）。碱解氮含量≥60mg/kg的耕地面积有78 106.53hm^2，占耕地总面积的52.04%；碱解氮含量40～60mg/kg的耕地面积为56 333.42hm^2，占耕地总面积的37.54%；碱解氮含量在40mg/kg以下的耕地面积为15 637.19hm^2，占耕地总面积的10.43%，其中碱解氮含量在20mg/kg以下的耕地面积为368.72hm^2，占耕地总面积的0.25%。

表 2-8　不同土壤类型耕地碱解氮含量分级面积统计

土壤类型	项　别	分级标准（mg/kg）					
		≥60	50～60	40～50	30～40	20～30	<20
栗钙土	面积（hm^2）	7 212.65	2 187.02	1 441.25	1 292.30	692.59	56.55
	占土类面积（%）	55.99	16.98	11.19	10.03	5.38	0.44
盐土	面积（hm^2）	5 527.29	3 266.51	3 570.79	973.44	260.78	6.54
	占土类面积（%）	40.63	24.01	26.25	7.15	1.92	0.05
潮土	面积（hm^2）	45 799.36	16 070.47	10 126.29	3 499.81	367.63	11.33
	占土类面积（%）	60.36	21.18	13.35	4.61	0.48	0.01
沼泽土	面积（hm^2）	49.70	46.21	82.65	51.47	4.08	
	占土类面积（%）	21.23	19.74	35.30	21.99	1.74	
风沙土	面积（hm^2）	19 517.53	9 717.99	9 824.24	5 941.98	2 184.39	294.30
	占土类面积（%）	41.11	20.47	20.69	12.51	4.60	0.62
全旗	面积（hm^2）	78 106.53	31 288.20	25 045.22	11 759.00	3 509.47	368.72
	占耕地总面积（%）	52.04	20.85	16.69	7.84	2.34	0.25

（二）有效磷

土壤有效磷是土壤中可被植物吸收的磷组分，包括全部水溶性磷、部分吸附态磷及有机态磷。土壤有效磷是土壤磷素养分供应水平高低的指标，土壤磷素含量高低在一定程度反映了土壤中磷素的储量和供应能力。

全旗耕地土壤的有效磷含量平均为 15.9mg/kg，变幅 1.2～152.5mg/kg，标准差 10.3mg/kg，极差 151.3mg/kg，变化幅度比较大。

不同土类间耕地土壤的有效磷平均含量差异不大，盐土土壤的有效磷含量最高，为 17.11mg/kg，风沙土土壤的有效磷含量最低，为 14.48mg/kg，最高与最低之差为 2.63mg/kg。不同土类有效磷平均含量大小顺序排列为盐土>潮土>沼泽土>栗钙土>风沙土。各镇（苏木）间土壤有效磷平均含量变化不大，树林召镇最高，为 23.2mg/kg，吉格斯太镇最低，为 9.8mg/kg，二者之差为 13.4mg/kg。

按照全国第二次土壤普查时的分级标准，统计了不同土壤类型耕地及全旗耕地土壤有效磷含量分级面积（表 2-9）。耕地土壤有效磷含量>10mg/kg 的耕地面积有105 185.4hm^2，占耕地总面积的 70.08%；有效磷含量 5～40mg/kg 的耕地面积为 138 969.72hm^2，占耕地总面积的 92.60%；有效磷含量在 5mg/kg 以下的耕地面积为 8 626.10hm^2，占耕地总面积的 5.75%；耕地土壤有效磷含量主要集中在 5～40mg/kg，而有效磷含量≥40mg/kg 的耕地土壤仅占耕地总面积的 1.65%，因此，在指导施肥过程中，应根据生产实际合理施用磷肥。

不同土壤类型耕地有效磷含量的分级面积变化不大，含量大于 10mg/kg 的面积占该土类耕地面积的比例分别为栗钙土 69.44%、潮土 71.06%、风沙土 67.72%、盐土 73.42%、沼泽土 75.87%。

表 2-9　不同土壤类型耕地有效磷含量分级面积统计

土壤类型	项　别	分级标准（mg/kg）					
		≥40	30～40	20～30	10～20	5～10	<5
栗钙土	面积（hm^2）	160.74	2 031.18	2 920.72	3 833.04	2 297.24	1 639.44
	占土类面积（%）	1.25	15.77	22.67	29.75	17.83	12.73
盐土	面积（hm^2）	314.00	743.54	3 669.29	5 261.18	3 272.78	344.56
	占土类面积（%）	2.31	5.47	26.97	38.67	24.06	2.53
潮土	面积（hm^2）	1 509.37	4 311.58	14 566.92	33 527.16	18 112.79	3 847.07
	占土类面积（%）	1.99	5.68	19.20	44.19	23.87	5.07
沼泽土	面积（hm^2）			52.10	125.53	56.48	
	占土类面积（%）			22.25	53.62	24.13	
风沙土	面积（hm^2）	495.21	2 261.92	6 093.16	23 308.76	12 524.35	2 797.03
	占土类面积（%）	1.04	4.76	12.83	49.09	26.38	5.89
全旗	面积（hm^2）	2 479.32	9 348.22	27 302.19	66 055.67	36 263.64	8 628.10
	占耕地总面积（%）	1.65	6.23	18.19	44.01	24.16	5.75

（三）速效钾

土壤速效钾是土壤中水溶性钾和交换性钾的总称，是作物易吸收利用的钾素。包括土壤胶体吸附的钾和土壤溶液中的钾，一般占全钾的1%～2%。全旗耕地土壤的速效钾平均含量为153mg/kg，变幅23～387mg/kg，标准差47mg/kg，极差364mg/kg，变异幅度较大。

不同土类间耕地土壤的速效钾平均含量差异不大，盐土土壤的速效钾含量最高，为170.92mg/kg，沼泽土土壤的速效钾含量最低，为131.81mg/kg，最高与最低之差为39.11mg/kg。不同土类速效钾平均含量大小顺序排列为盐土>潮土>栗钙土>风沙土>沼泽土。各镇（苏木）间土壤速效钾平均含量变化不大，中和西镇最高，为171mg/kg，吉格斯太镇最低，为119mg/kg，二者之差为52mg/kg。

按照全国第二次土壤普查时的分级标准，统计了不同土壤类型耕地及全旗耕地土壤速效钾含量分级面积（表2-10）。耕地土壤速效钾含量>100mg/kg的耕地面积有132 930.54hm^2，占耕地总面积的88.57%；其中速效钾含量在200mg/kg以上的耕地面积为20 595.54hm^2，占耕地总面积的13.72%；速效钾含量在100mg/kg以下的耕地面积为17 146.6hm^2，占耕地总面积的11.43%；耕地土壤速效钾含量主要集中在100～200mg/kg，面积为112 335hm^2，占耕地总面积的74.85%。

不同土壤类型耕地土壤速效钾含量的分级面积变化不大，含量大于100mg/kg的面积占该土类耕地面积的比例分别为栗钙土77.39%、潮土92.62%、风沙土83.05%、盐土95.69%、沼泽土98.26%。

表 2-10 不同土壤类型耕地速效钾含量分级面积统计

土壤类型	项 别	分级标准（mg/kg）					
		≥200	150～200	100～150	50～100	30～50	<30
栗钙土	面积（hm²）	1 553.07	4 450.03	3 967.00	2 902.65	9.61	
	占土类面积（%）	12.06	34.54	30.79	22.53	0.07	
盐土	面积（hm²）	3 257.82	5 298.08	4 462.84	583.45	3.16	
	占土类面积（%）	23.95	38.94	32.80	4.29	0.02	
潮土	面积（hm²）	12 619.43	28 415.29	29 245.91	5 577.72	16.54	
	占土类面积（%）	16.63	37.45	38.54	7.35	0.02	
沼泽土	面积（hm²）		43.47	186.56	4.08		
	占土类面积（%）		18.57	79.69	1.74		
风沙土	面积（hm²）	3 165.22	12 282.41	23 983.41	7 974.86	72.99	1.54
	占土类面积（%）	6.67	25.87	50.51	16.80	0.15	0.00
全旗	面积（hm²）	20 595.54	50 489.28	61 845.72	17 042.76	102.30	1.54
	占耕地总面积（%）	13.72	33.64	41.21	11.36	0.07	0.00

五、耕地土壤有机质及大量元素养分变化趋势及原因

（一）耕地土壤有机质及大量元素养分变化趋势

比较第二次土壤普查与本次调查的耕地土壤128个样点的测试分析数据，结果见表2-11。第二次土壤普查至今已30多年，耕地土壤的有机质、全氮、有效磷平均含量明显提高，速效钾平均含量基本维持平衡。有机质含量由4.61g/kg提高到10.2g/kg，提高了121.3%；全氮由0.28g/kg提高到0.58g/kg，提高了107.1%；有效磷含量由3.72mg/kg提高到16.20mg/kg，提高了335.5%；速效钾含量由119.11mg/kg提高到147.72mg/kg，提高了24.0%。两次调查结果显示，各土类中，只有潮土的速效钾有降低的趋势，降低幅度为10.6%，其他土类的各养分含量均有不同程度的提高。有机质含量提高幅度最大的土类为风沙土，提高357.3%，最小的是栗钙土，提高64.4%；全氮提高幅度最大的是风沙土，提高284.6%，最小的是潮土，提高52.5%；有效磷提高幅度最大的是潮土，提高359.5%，最小的是栗钙土，提高315.6%；速效钾提高幅度最大的是栗钙土，提高144.4%，提高幅度最小的是风沙土，提高32.0%。

表 2-11 耕地土壤养分含量变化对照

土壤类型	点位数	第二次土壤普查结果				本次调查结果			
		有机质（g/kg）	全氮（g/kg）	有效磷（mg/kg）	速效钾（mg/kg）	有机质（g/kg）	全氮（g/kg）	有效磷（mg/kg）	速效钾（mg/kg）
潮土	36	6.01	0.40	3.63	173.46	11.50	0.61	16.68	155.13
风沙土	31	1.99	0.13	3.50	102.50	9.10	0.50	15.48	135.26
栗钙土	32	5.11	0.28	3.65	56.67	8.40	0.52	15.17	138.51
盐土	29	5.32	0.30	4.11	143.81	11.90	0.68	17.47	161.98
平均/合计	128	4.61	0.28	3.72	119.11	10.20	0.58	16.20	147.72

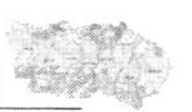

（续）

土壤类型	增减量				增减百分数（%）			
	有机质（g/kg）	全氮（g/kg）	有效磷（mg/kg）	速效钾（mg/kg）	有机质	全氮	有效磷	速效钾
潮土	5.40	0.21	13.05	−18.33	91.30	52.50	359.50	−10.60
风沙土	7.11	0.37	11.98	32.76	357.30	284.60	342.30	32.00
栗钙土	3.29	0.24	11.52	81.84	64.40	85.70	315.60	144.40
盐土	6.58	0.38	13.36	18.17	123.70	126.70	325.10	126.30
平均	5.59	0.30	12.48	28.61	121.30	107.10	335.50	24.00

（二）耕地土壤主要养分含量变化原因分析

达拉特旗土壤主要养分含量总体上较第二次土壤普查时有所提高，这是由于30多年来在耕地利用上采取了一系列培肥改良土壤的措施，如盐碱地的脱盐改良利用、中低产田的改造、灌溉制度的改革、轮作倒茬、秸秆还田、种植绿肥、增施化肥和有机肥等措施。这些措施在一定程度上改良了耕地土壤，但由于农民的施肥结构、施肥措施以及耕作制度等因素仍不合理，造成了耕地土壤某些养分的过量与不足，同时导致耕地土壤的耕作性能不能得以进一步改善。

1. 有机质和全氮　虽然耕地土壤的有机质、全氮含量水平较第二次土壤普查时有所提高（有机质含量提高了121.3%，全氮含量提高了107.1%），但根据近年全旗耕地的总体产出情况来看，耕地的有机质、全氮含量总体水平并不高，平均值分别仅为10.9g/kg和0.61g/kg，其原因主要：一是有机肥投入不足，从本次调查达拉特旗沿河8 000多农户有机肥施用状况统计结果来看，沿河粮食主产区施用有机肥的农户占调查总数的36%，而且有机肥施用户主要以土杂肥为主，每667m^2施用量平均只有800kg左右；二是不合理的耕作制度，掠夺式、粗放式的耕地经营方式依然存在；三是土壤沙化、侵蚀现象时有发生。所有这些因素会导致耕地土壤生产状况不佳，土壤养分入不敷出，耕地土壤很难维持有机质平衡，最终影响土壤有机质和全氮的进一步提高。

2. 有效磷　全旗耕地土壤类型主要是潮土，随着农民对耕地产出的要求越来越高，单一的化肥施用水平在逐年提高，表现为磷肥（主要是磷酸二铵）用量水平比较高，最高施用量可达750kg/hm^2，并且长期大量施用，造成耕层土壤磷素富集，土壤有效磷含量提高，平均提高了335.5%，土类中尤其以潮土土壤有效磷升高幅度较大。

3. 速效钾　全旗耕地土壤速效钾平均含量有所提高，但潮土类耕地的速效钾含量降低幅度较大，降低了10.6%。达拉特旗粮食主产区的主要耕地土类是潮土，在生产实践中，由于农民对耕地施肥技术的认识不足，一度养成传统的施肥方式，即大量增施氮、磷肥料，忽视钾肥的施用。依据本次调查结果，全旗使用钾肥的农户仅占调查农户的14.2%，而且多数施用量不足，使得土壤钾素量入不敷出，造成随着耕地生产能力的提高而土壤速效钾的供给能力逐年降低。

六、耕地土壤中量元素养分含量现状及评价

通常所指的中量元素肥料是钙、镁、硫和硅肥。这些元素在土壤中储存数量较多，同时，在施用大量元素肥料（氮、磷、钾肥）时能得到补充，一般情况下可满足作物的需求。但随着氮、磷、钾高浓度而不含中量元素化肥的大量施用，以及有机肥施用量的减少，在一些土壤作物上表现出缺乏中量元素的现象，因此要有针对性地施用和补充中量元素肥料。常用品种：硅肥主要有硅钙肥、硅锰肥、硅镁钾肥、硅酸钠等；钙肥主要有石灰、石膏、过磷酸钙、钙镁磷肥；镁肥主要有钙镁磷肥、硫酸镁、氯化镁等；硫肥主要有普通过磷酸钙、硫酸铵、硫酸镁、硫酸钾等。

根据土壤样品有效硫、有效硅、交换性钙、交换性镁等中量元素养分含量的测试分析结果，统计了不同镇(苏木)、不同土壤类型的耕地土壤中量元素含量，结果见表2-12、表2-13。

表 2-12　不同土壤类型耕地中量元素含量统计　　单位：mg/kg

土壤类型	项别	交换性钙	交换性镁	有效硫	有效硅
栗钙土	平均值	208.5	25.7	13.7	24.8
	变幅	18.0～452.0	4.0～63.0	1.6～176.0	0.42～212.22
	标准差	106.3	12.9	15.2	15.0
盐土	平均值	150.8	27.5	63.5	48.1
	变幅	15.0～1 207.0	4.0～236.0	1.4～301.7	0.76～143.2
	标准差	190.1	33.5	51.2	33.0
潮土	平均值	146.6	28.1	50.2	50.6
	变幅	14.0～1 239.0	2.0～306.0	1.7～342.8	0.48～250.7
	标准差	168.3	37.2	53.1	32.0
沼泽土	平均值	188.8	19.8	57.0	11.1
	变幅	76.0～306.0	9.0～39.0	7.9～161.7	0.9～33.2
	标准差	86.2	8.7	53.6	14.0
风沙土	平均值	155.5	27.7	16.5	38.1
	变幅	15.0～951.0	5.0～169.0	1.3～186.9	0.4～151.7
	标准差	135.3	24.5	20.9	24.0
全旗	平均值	156.8	27.6	36.5	43.0
	变幅	14.0～1 239.0	2.0～306.0	1.3～342.8	0.42～250.7
	标准差	142.0	23.9	45.4	29.0

表 2-13　各镇（苏木）耕地土壤中量元素含量统计　　单位：mg/kg

镇（苏木）	项别	交换性钙	交换性镁	有效硫	有效硅
树林召镇	平均值	142.5	20.4	37.2	68.0
	变幅	27.0～789.0	3.0～81.0	1.42～225.95	13.5～194.1
	标准差	160.7	15.5	41.6	22.0
展旦召苏木	平均值	177.2	18.0	19.1	29.3
	变幅	34.0～391.0	8.0～38.0	1.9～176.2	1.2～82.8
	标准差	91.9	10.5	16.7	15.0

（续）

镇（苏木）	项别	交换性钙	交换性镁	有效硫	有效硅
昭君镇	平均值	250.2	10.6	41.4	33.1
	变幅	53.0～531.0	2.0～34.0	2.6～342.8	0.4～250.7
	标准差	114.3	5.9	60.5	50.0
恩格贝镇	平均值	75.1	16.7	25.9	42.7
	变幅	29.0～236.0	11～28	3.2～144.2	1.3～131.5
	标准差	43.2	3.0	25.5	19.0
中和西镇	平均值	118.5	41.6	62.7	8.1
	变幅	24.0～562.0	15.0～306.0	1.4～320.4	0.4～90.0
	标准差	102.3	56.1	55.8	12.0
王爱召镇	平均值	199.0	43.0	48.3	59.3
	变幅	14.0～1 239.0	6.0～148.0	1.7～245.4	11.7～146.6
	标准差	196.4	25.6	53.2	18.0
白泥井镇	平均值	187.0	34.8	10.4	40.8
	变幅	17.0～346.0	20.0～60.0	3.2～49.8	19.7～100.5
	标准差	110.6	5.6	6.7	13.0
吉格斯太镇	平均值	61.1	24.4	13.3	30.9
	变幅	15.0～247.0	19.0～36.0	1.3～104.1	0.5～143.0
	标准差	75.2	4.1	14.5	21.0
全旗	平均值	156.8	27.6	36.5	43.0
	变幅	14.0～1 239.0	2.0～306.0	1.3～342.8	0.4～250.7
	标准差	142.0	23.9	45.4	29.0

（一）有效硫

有效硫包括易溶性硫、吸附硫和部分有机硫。在土壤中，硫主要存在于有机质中，几乎所有蛋白质都含有含硫氨基酸，因此硫在植物细胞的结构和功能中都有着重要作用。硫能促进豆科作物形成根瘤，参与固氮酶的形成；硫元素能提高氨基酸、蛋白质含量，进而提升农产品品质。由于作物籽粒中50%硫含量存在于基叶中，因此作物从土壤中带走的硫元素量还是比较多的。作物需硫量大致与磷相当，硫被认为是作物第四大元素。

全旗耕地土壤有效硫平均含量为36.5mg/kg，变幅1.3～342.8mg/kg，标准差45.4mg/kg，极差341.5mg/kg，变化幅度较大。

不同土类间耕地土壤的有效硫平均含量变化有一定差异，盐土最高，为63.5mg/kg，栗钙土最低，为13.7mg/kg，最高与最低之差为49.8mg/kg。不同土类有效硫含量平均值大小排序为盐土＞沼泽土＞潮土＞风沙土＞栗钙土。各镇（苏木）间耕地土壤有效硫含量具有一定差异，中和西镇最高，为62.73mg/kg，白泥井镇最低，为10.35mg/kg，二者之差为52.38mg/kg。

按照土壤有效硫划分指标，有57.3%的耕地土壤有效硫含量低于临界值(20 mg/kg)，面积达 85 994.20hm² 的，总体含量水平偏低，因此，在施肥指导中要注意硫肥的施用。

（二）有效硅

土壤有效硅又称活性硅，在土壤中以无机胶体形态存在，随土壤条件和气候条件的不同，它们在土壤中的含量也会有较大的变化。土壤湿度发生变化往往会影响有效硅的含量。土壤中有效硅的含量与土壤矿物种类、矿物表面状态、有机酸和水分含量以及土壤 pH 等有关，在新破裂的石英表面常会含有大量的有效硅。

全旗耕地土壤有效硅平均含量为 43mg/kg，变幅 0.42～250.75mg/kg，标准差 29mg/kg，极差 250.28mg/kg。

不同的土壤应该有其不同的临界指标。按照土壤有效硅划分指标，所有耕地土壤有效硅含量都低于临界值（300mg/kg）。

（三）交换性钙

钙在作物中起着不可估量的作用，参与调节很多生理活动。交换性钙是吸附于土壤胶体表面的钙离子，是植物可以利用的钙。

全旗耕地土壤的交换性钙平均含量为 156.8mg/kg，含量不丰富，变幅 14.0～1 239.0mg/kg，标准差 142.0mg/kg，极差 1 225.0mg/kg，变异幅度较大。不同土类间耕地土壤的交换性钙平均含量差异不大，栗钙土最高，为 208.5mg/kg，潮土最低，为 146.6mg/kg，最高与最低之差为 61.9mg/kg。不同土类间交换性钙含量平均值大小排序为栗钙土＞沼泽土＞风沙土＞盐土＞潮土。各镇（苏木）间耕地土壤交换性钙含量具有一定差异，昭君镇最高，为 250.2mg/kg，吉格斯太镇最低，为 61.1mg/kg，二者之差为 189.1mg/kg。

（四）交换性镁

镁是作物叶绿素的组成成分，是多种酶的活化剂，同时还是聚核糖体的必要成分。

全旗耕地土壤的交换性镁平均含量为 27.6mg/kg，含量不丰富，变幅 1.3～342.8 mg/kg，标准差 45.4mg/kg，极差 341.5mg/kg，变异幅度较大。不同土类间耕地土壤的交换性镁平均含量具有一定差异，盐土最高，为 63.5mg/kg，栗钙土最低，为 13.7mg/kg，最高与最低之差为 49.8mg/kg。不同土类间交换性镁含量平均值大小排序为盐土＞沼泽土＞潮土＞风沙土＞栗钙土。各镇（苏木）间耕地土壤交换性镁含量具有一定差异，王爱召镇最高，为 43.0mg/kg，昭君镇最低，为 10.6mg/kg，二者之差为 32.4mg/kg。

七、耕地土壤微量元素养分含量现状及评价

土壤中微量元素主要来自成土母质，以矿物态、交换态、水溶态和有机态存在。有机态微量元素大多为络合物或螯合物，有机物分解时就释放出来，水溶态和交换态可直接被植物吸收利用。土壤中微量元素的有效性主要受土壤酸度、氧化还原条件和有机质含量影响，土壤中微量元素含量过低或过高，都会影响植物的生长发育。

土壤微量元素含量的分级标准和临界值指标采用第二次土壤普查时的分级标准和临界值标准值（表 2-14），根据土壤样品微量元素养分含量的测试分析结果，统计了不同镇（苏木）、不同土壤类型的耕地土壤微量元素含量，统计结果见表2-15、表 2-16，各镇（苏木）不同土

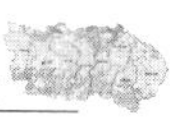

壤类型耕地微量元素含量及分级面积、比例等详见附录1耕地资源数据册之附表3、附表4。

表2-14　土壤微量元素含量的分级标准

单位：mg/kg

养分元素	很高	高	中等	低	很低	临界值
有效硼	≥2.0	1.0～2.0	0.5～1.0	0.25～0.5	<0.25	0.25
有效锌	≥3.0	1.0～3.0	0.5～1.0	0.3～0.5	—	0.5
有效铜	≥1.8	1.0～1.8	0.5～1.0	0.2～0.5	—	0.2
有效铁	≥15	10.0～15.0	5～10.0	2.5～5.0	—	2.5
有效锰	≥20.0	10.0～20.0	7.0～10.0	5.0～7.0	<5.0	5.0

表2-15　各镇（苏木）耕地土壤微量元素养分含量统计

单位：mg/kg

镇（苏木）	项别	有效硼	有效锌	有效铜	有效铁	有效锰
树林召镇	平均值	0.39	0.8	1.7	12.6	5.7
	变幅	0.10～1.33	0.2～1.9	0.1～7.3	4.1～45.4	0.1～12.7
	标准差	0.20	0.3	1.3	5.4	1.4
展旦召苏木	平均值	0.34	0.5	1.2	10.7	8
	变幅	0.12～0.95	0.03～1.2	0.2～5.6	6.2～17.9	2.0～14.0
	标准差	0.08	0.2	0.9	2.2	2.5
昭君镇	平均值	0.42	0.6	2.4	11.1	10.8
	变幅	0.14～1.02	0.3～1.6	0.3～14.0	3.4～20.2	5.4～15.1
	标准差	0.15	0.2	2.8	2.3	2
恩格贝镇	平均值	0.43	0.5	0.8	9	9.8
	变幅	0.12～1.39	0.4～1.1	0.2～2.6	4.7～21.9	6.5～12.9
	标准差	0.12	0.1	0.5	2.2	1.3
中和西镇	平均值	0.35	0.5	1.7	15.7	8.8
	变幅	0.06～1.36	0.2～1.1	0.3～4.5	6.0～32.8	4.6～13.9
	标准差	0.14	0.2	0.8	5.8	1.7
王爱召镇	平均值	0.42	0.9	2.1	11.2	6.3
	变幅	0.03～1.71	0.1～3.6	0.2～5.6	3.6～19.3	0.8～11.7
	标准差	0.22	0.5	2.0	3.6	2.3
白泥井镇	平均值	0.30	1.3	0.5	7.6	6.1
	变幅	0.10～0.64	0.3～3.8	0.1～1.6	0.9～14.4	0.9～13.6
	标准差	0.07	0.6	0.1	1.7	1.7
吉格斯太镇	平均值	0.36	0.8	0.7	9.9	7.6
	变幅	0.05～1.25	0.2～2.8	0.4～1.1	5.4～13.8	0.8～12.1
	标准差	0.18	0.4	0.1	1.5	1.8

（续）

镇（苏木）	项别	有效硼	有效锌	有效铜	有效铁	有效锰
全旗	平均值	0.39	0.7	1.6	11.3	7.7
	变幅	0.03～1.71	0.03～3.8	0.1～14.0	0.9～45.4	0.8～15.1
	标准差	0.17	4.1	1.7	0.4	2.6

表 2-16　不同土壤类型耕地土壤微量元素养分含量统计

单位：mg/kg

土壤类型	项别	有效硼	有效锌	有效铜	有效铁	有效锰
栗钙土	平均值	0.35	0.7	0.7	8.9	9.2
	变幅	0.03～0.89	0.2～3.8	0.2～12.0	4.8～25.3	1.1～14.2
	标准差	0.10	0.5	0.7	2.0	2.0
盐土	平均值	0.46	0.7	2.7	13.6	7.5
	变幅	0.07～1.36	0.1～1.7	0.3～14.0	5.4～32.8	2.2～13.0
	标准差	0.22	0.2	1.9	3.6	1.7
潮土	平均值	0.42	0.7	2.0	12.4	7.7
	变幅	0.06～1.71	0.03～3.6	0.1～12.2	0.9～45.4	0.4～15.1
	标准差	0.19	0.3	1.9	4.4	2.8
沼泽土	平均值	0.31	0.5	2.4	13.9	8.7
	变幅	0.10～0.51	0.2～0.6	0.8～4.4	9.5～22.5	4.6～12.1
	标准差	0.07	0.1	1.1	4.7	2.6
风沙土	平均值	0.34	0.8	1.1	9.9	7.0
	变幅	0.03～1.25	0.1～3.8	0.1～12.5	3.1～30.5	0.1～14.0
	标准差	0.13	0.5	1.0	3.4	2.4
全旗	平均值	0.39	0.7	1.6	11.3	7.7
	变幅	0.03～1.71	0.03～3.8	0.1～14.0	0.9～45.4	0.8～15.1
	标准差	0.17	4.1	1.7	0.4	2.6

（一）有效硼

硼在作物生长过程中，有着专一的生理功能作用，尤其是促进生殖生长的作用，作用于作物的花、叶、茎、根、果实中，直接影响着作物繁殖器官发育，是其他任何营养元素所不能替代的。硼肥增加作物的抗逆性能，使作物能抵御干旱、高温、寒冷、潮湿、大风等恶劣环境。

全旗耕地土壤的有效硼平均含量为 0.39mg/kg，高于临界指标 0.25mg/kg，变幅 0.03～1.71mg/kg，标准差 0.17mg/kg，极差 1.68mg/kg，变异幅度较大。不同土类间耕地土壤的有效硼平均含量变化不大，盐土最高，为 0.46mg/kg，沼泽土最低，为 0.31mg/kg，二者之差为 0.15mg/kg。不同土类有效硼含量平均值大小排序为盐土＞潮土＞栗钙土＞风沙土＞沼泽土。各镇（苏木）间耕地土壤有效硼含量差异不大，恩格贝镇

最高，为 0.43mg/kg，白泥井镇最低，为 0.30mg/kg，二者之差为 0.13mg/kg。

按照全国第二次土壤普查时的分级标准，统计了不同土壤类型耕地及全旗耕地土壤有效硼含量分级面积(表2-17)。耕地土壤有效硼含量大于 0.25mg/kg 的面积有129 054.89hm²，占耕地总面积的 85.99%；其中耕地土壤有效硼含量 0.25～0.5mg/kg 的面积为 103 081.81hm²，占耕地总面积的 68.68%；小于 0.25mg/kg 的面积为 21 022.25hm²，占耕地总面积的 14.01%；近 69%的耕地土壤有效硼含量接近 0.25mg/kg。

不同土壤类型耕地土壤有效硼含量小于 0.25mg/kg 的面积占土类比例差异不大，风沙土稍高，为 19.3%，其他土类分别为盐土 12.38%，栗钙土 12.11%，潮土 11.32%，沼泽土 10.78%。耕地土壤有效硼含量小于 0.25mg/kg 的面积中，风沙土最多，为 9 164.17hm²，占 43.59%，其次是潮土，为 8 587.87hm²，占 40.85%。

表 2-17　不同土壤类型耕地有效硼含量分级面积统计

土壤类型	项　别	分级标准（mg/kg）				
		≥2.0	1.0～2.0	0.5～1.0	0.25～0.5	<0.25
栗钙土	面积（hm²）			1 095.24	10 226.99	1 560.13
	占土类面积（%）			8.5	79.39	12.11
盐土	面积（hm²）		509.89	3 676.82	7 733.8	1 684.84
	占土类面积（%）		3.75	27.02	56.84	12.38
潮土	面积（hm²）		1 365.89	15 789.56	50 131.57	8 587.87
	占土类面积（%）		1.8	20.81	66.07	11.32
沼泽土	面积（hm²）			4.18	204.69	25.24
	占土类面积（%）			1.79	87.43	10.78
风沙土	面积（hm²）		16.98	3 514.52	34 784.76	9 164.17
	占土类面积（%）		0.04	7.4	73.26	19.3
全旗	面积（hm²）		1 892.76	24 080.32	103 081.81	21 022.25
	占耕地总面积（%）		1.26	16.05	68.68	14.01

（二）有效锌

锌是植物体内必需的微量元素之一，具有重要的生理功能和营养作用，锌在植物中含量极少，在植物体内主要是作为酶的金属活化剂。

全旗耕地土壤有效锌平均含量为 0.7mg/kg，高于临界指标 0.5mg/kg，变幅 0.03～3.8mg/kg，标准差 4.1mg/kg，极差 3.77mg/kg，变异幅度较大。不同土类间耕地土壤有效锌平均含量变化不大，风沙土最高，为 0.8mg/kg，沼泽土最低，为 0.5mg/kg，最高与最低之差为 0.3mg/kg，不同土类有效锌含量平均值大小排序为风沙土>栗钙土=盐土=潮土>沼泽土。各镇（苏木）间耕地土壤有效锌含量具有一定差异，白泥井镇最高，为 1.3 mg/kg，展旦召苏木、恩格贝镇、中和西镇均最低，为 0.5mg/kg，最高与最低之差为 0.8mg/kg。

按照全国第二次土壤普查时的分级标准，统计了不同土壤类型耕地及全旗耕地土壤有效锌含量分级面积（表 2-18）。耕地土壤有效锌含量大于 0.5mg/kg 的耕地面积有

103 376.50hm²，占耕地总面积的68.88%；小于0.5mg/kg的耕地面积为46 700.64hm²，占耕地总面积的31.12%，这部分耕地土壤有效锌较为缺乏。

不同土壤类型耕地土壤有效锌含量小于0.5mg/kg的面积比例有一定的差异，分别为风沙土37.67%，栗钙土36.59%，潮土25.45%。可以看出，尽管评价风沙土的有效锌平均含量稍高于其他土类，但总体评价风沙土缺锌的比例高于其他土类。

耕地土壤有效锌含量主要集中在0.5～3mg/kg，占耕地总面积的68.46%，因此，达拉特旗有效锌含量总体水平还是偏低，评价结果为较为缺乏。因此，在生产上指导施肥过程中，应重视锌肥的施用，特别是玉米，其是属于对锌较为敏感的作物，在生产实践中应合理施用锌肥。

表 2-18　不同土壤类型耕地有效锌含量分级面积统计

土壤类型	项　别	分级标准（mg/kg）				
		>3.0	1.0～3.0	0.5～1.0	0.3～0.5	<0.3
栗钙土	面积（hm²）	175.49	3 613.60	4 380.57	4 651.36	61.34
	占土类面积（%）	1.36	28.05	34.00	36.11	0.48
盐土	面积（hm²）		1 942.44	7 058.07	4 051.30	553.54
	占土类面积（%）		14.28	51.88	29.78	4.07
潮土	面积（hm²）	267.17	8 274.81	48 018.00	18 112.75	1 202.16
	占土类面积（%）	0.35	10.91	63.29	23.87	1.58
沼泽土	面积（hm²）			52.10	115.67	66.34
	占土类面积（%）			22.25	49.41	28.34
风沙土	面积（hm²）	183.82	9 149.66	20 260.77	16 209.51	1 676.67
	占土类面积（%）	0.39	19.27	42.67	34.14	3.53
全旗	面积（hm²）	626.48	22 980.51	79 769.51	43 140.59	3 560.05
	占耕地总面积（%）	0.42	15.31	53.15	28.75	2.37

（三）有效铜

铜是植物必需的微量营养元素，是植物内许多氧化酶的成分或者某些酶的活化剂，参与蛋白质和糖的代谢，参与植物体内的氧化还原反应，与植物呼吸作用直接相关。

全旗耕地土壤有效铜平均含量为1.6mg/kg，高于临界指标0.2mg/kg，变幅0.1～14mg/kg，标准差1.7mg/kg，极差13.9mg/kg，变异幅度较大。不同土类间耕地土壤的有效铜平均含量变化较大，盐土最高，为2.7mg/kg，栗钙土最低，为0.7mg/kg，二者之差为2.0mg/kg，不同土类有效铜含量平均值大小排序为盐土>沼泽土>潮土>风沙土>栗钙土。各镇（苏木）间耕地土壤有效铜含量具有一定差异，树林召镇最高，为1.7mg/kg，吉格斯太镇最低，为0.7mg/kg，二者之差为1.0mg/kg。

按照全国第二次土壤普查时的分级标准，统计了不同土壤耕地类型及全旗耕地土壤有效铜含量分级面积（表2-19）。可以看出耕地中几乎所有土壤有效铜含量大于临界值0.2mg/kg，说明达拉特旗耕地土壤有效铜较为丰富。

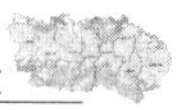

不同土壤类型耕地土壤有效铜分级含量有一定的差异，栗钙土和风沙土有效铜含量主要集中在0.2～1mg/kg，面积分别占该土类的90.4%、71.93%；盐土有效铜含量主要集中在0.5mg/kg以上，面积占该土类的97.52%，潮土有效铜含量主要集中在0.5mg/kg以上，各级分布较均匀。

表2-19　不同土壤类型耕地有效铜含量分级面积统计

土壤类型	项　别	分级标准（mg/kg）				
		>1.8	1.0～1.8	0.5～1.0	0.2～0.5	<0.2
栗钙土	面积（hm^2）	667.06	400.50	6 912.71	4 733.52	168.57
	占土类面积（%）	5.18	3.11	53.66	36.74	1.31
盐土	面积（hm^2）	6 978.66	2 335.09	3 955.49	336.11	
	占土类面积（%）	51.29	17.16	29.07	2.47	
潮土	面积（hm^2）	25 815.94	19 693.80	22 576.88	7 635.04	153.23
	占土类面积（%）	34.02	25.96	29.76	10.06	0.20
沼泽土	面积（hm^2）	147.36	52.10	34.65		
	占土类面积（%）	62.94	22.25	14.80		
风沙土	面积（hm^2）	6 722.54	6 200.99	24 667.59	9 486.54	402.77
	占土类面积（%）	14.16	13.06	51.95	19.98	0.85
全旗	面积（hm^2）	40 331.56	28 682.48	58 147.32	22 191.21	724.57
	占耕地总面积（%）	26.87	19.11	38.74	14.79	0.48

（四）有效铁

铁在植物体内的含量为干重的0.3%左右。铁主要集中在叶绿体中。铁参与呼吸作用，也在生物固氮中起重要作用，是植物能量代谢的重要物质，参与叶绿素的形成，是铁氧还原蛋白的组成物质，但是叶绿素不含铁。

全旗耕地土壤有效铁平均含量为11.3mg/kg，高于临界指标2.5mg/kg，变幅0.9～45.4mg/kg，标准差0.4mg/kg，极差44.5mg/kg，变异幅度较大。不同土类间耕地土壤的有效铁平均含量变化不大，沼泽土最高，为13.9mg/kg，栗钙土最低，为8.9mg/kg，二者之差为5.0mg/kg，不同土类有效铁含量平均值大小排序为沼泽土>盐土>潮土>风沙土>栗钙土。各镇（苏木）间耕地土壤有效铁含量具有一定差异，中和西镇最高，为15.7mg/kg，白泥井镇最低，为7.6mg/kg，二者之差为8.1mg/kg。

按照全国第二次土壤普查时的分级标准，统计了不同土壤类型耕地及全旗耕地土壤有效铁含量分级面积（表2-20）。基本上所有耕地土壤有效铁含量大于2.5mg/kg，而且有98.47%的耕地土壤有效铁含量在5mg/kg以上，说明达拉特旗耕地土壤有效铁较为丰富，在生产上对于多数大宗农作物而言不缺铁肥。

不同土壤类型耕地土壤有效铁含量有一定差异，栗钙土和风沙土有效铁含量主要集中在5～10mg/kg，面积分别占该土类的91.01%和60.67%；盐土有效铁含量主要集中在10mg/kg以上，面积占该土类的78.41%，潮土有效铁含量主要集中在5mg/kg以上，各级均匀分布。

表 2-20　不同土壤类型耕地有效铁含量分级面积统计

土壤类型	项　别	分级标准（mg/kg）				
		>15.0	10.0～15.0	5.0～10.0	2.5～5.0	<2.5
栗钙土	面积（hm²）	353.85	774.64	11 724.25	29.62	
	占土类面积（%）	2.75	6.01	91.01	0.23	
盐土	面积（hm²）	4 620.05	6 047.79	2 937.51		
	占土类面积（%）	33.96	44.45	21.59		
潮土	面积（hm²）	17 667.37	32 296.21	23 870.40	1 855.98	184.93
	占土类面积（%）	23.28	42.57	31.46	2.45	0.24
沼泽土	面积（hm²）	92.49	89.99	51.63		
	占土类面积（%）	39.51	38.44	22.05		
风沙土	面积（hm²）	1 820.00	16 617.67	28 807.80	234.96	
	占土类面积（%）	3.83	35.00	60.67	0.49	
全旗	面积（hm²）	24 553.76	55 826.30	67 391.59	2 120.56	184.93
	占耕地总面积（%）	16.36	37.20	44.90	1.41	0.12

（五）有效锰

锰在植物体内的功能是多方面的，在植物中是一个重要的氧化还原剂，它控制着植物体内的许多氧化还原体系，如抗坏血酸和谷胱甘肽等的氧化还原。锰还是许多酶的活化剂。

全旗耕地土壤有效锰平均含量为 7.7mg/kg，高于临界指标 5.0mg/kg，变幅 0.8～15.1mg/kg，标准差 2.6mg/kg，极差 14.3mg/kg，变异幅度较大。不同土类间耕地土壤的有效锰平均含量变化不大，栗钙土最高，为 9.2mg/kg，风沙土最低，为 7.0mg/kg，二者之差为 2.2mg/kg，不同土类有效锰含量平均值大小排序为栗钙土>沼泽土>潮土>盐土>风沙土。各镇（苏木）间耕地土壤有效锰含量具有一定差异，昭君镇最高，为 10.8mg/kg，树林召镇最低，为 5.7mg/kg，二者之差为 5.1mg/kg。

按照全国第二次土壤普查时的分级标准，统计了不同土壤类型耕地及全旗耕地土壤有效锰含量分级面积（表 2-21）。耕地土壤有效锰含量≥5mg/kg 的耕地面积有 124 190.58hm²，占耕地总面积的 82.76%；小于 5mg/kg 的耕地面积为 25 886.56hm²，占耕地总面积的 17.24%，这部分耕地土壤有效锰含量低于临界值，有效锰较为缺乏。

不同土壤类型耕地土壤有效锰含量小于 5mg/kg 的面积比例有一定的差异，其中潮土有 14 953.03hm²，占该土类面积的 19.71%；风沙土有 9 303.02hm²，占该土类面积的 19.59%；其他分别为沼泽土 14.8%，盐土 8.95%，栗钙土 2.94%。总体看达拉特旗土壤有效锰含量水平中等偏低。

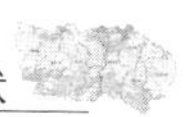

表 2-21　不同土壤类型耕地有效锰含量分级面积统计

土壤类型	项　别	分级标准（mg/kg）				
		>20.0	10.0～20.0	7.0～10.0	5.0～7.0	<5.0
栗钙土	面积（hm^2）	—	5 363.13	5 109.18	2 031.77	378.28
	占土类面积（%）	—	41.63	39.66	15.77	2.94
盐土	面积（hm^2）	—	978.85	8 206.66	3 202.26	1 217.58
	占土类面积（%）	—	7.19	60.32	23.54	8.95
潮土	面积（hm^2）	—	17 748.31	23 220.55	19 953.00	14 953.03
	占土类面积（%）	—	23.39	30.60	26.30	19.71
沼泽土	面积（hm^2）	—	52.10	64.94	82.42	34.65
	占土类面积（%）	—	22.25	27.74	35.21	14.80
风沙土	面积（hm^2）	—	3 759.37	22 665.61	11 752.43	9 303.02
	占土类面积（%）	—	7.92	47.74	24.75	19.59
全旗	面积（hm^2）	—	27 901.76	59 266.94	37 021.88	25 886.56
	占耕地总面积（%）	—	18.59	39.49	24.67	17.24

第三节　耕地土壤其他性状

一、pH

pH 是表示溶液酸性或碱性程度的数值，即所含氢离子浓度的常用对数的负值。

达拉特旗耕地土壤的 pH 较高，耕地土壤 pH 大于 8.0 的面积占 95.4%，土壤呈弱碱性。只有 4.59%的耕地土壤 pH 为 7.5～8.0，不同土壤类型 pH 差异不明显，栗钙土相对较低，沼泽土最高（表 2-22）。全旗耕地土壤的 pH 平均为 8.5。

表 2-22　不同土壤类型耕地 pH

土壤类型	栗钙土	盐土	潮土	沼泽土	风沙土
pH	8.46	8.51	8.50	8.58	8.54

二、容重

土壤容重应称为干容重，又称土壤密度，是干的土壤基质物质的量与总容积之比。土壤容重与土壤质地、压实状况、土壤颗粒密度、土壤有机质含量及各种土壤管理措施有关。土壤越疏松多孔，容重越小，土壤越紧实，容重越大。黏质土的容重小于沙质土，有机质含量高、结构性好的土壤容重小。耕作可降低土壤容重。本次调查分别在潮土、栗钙土、风沙土、盐土等 4 个土类上进行采集，共采集 25 个样本，经测定，全旗耕地土壤容重 1.16～1.38g/cm^3，平均为 1.28g/cm^3。各类土壤中，潮土的容重为 1.24g/cm^3，栗钙土为 1.37g/cm^3，风沙土为 1.32g/cm^3，盐土为 1.28g/cm^3。

三、质地

土壤质地是土壤物理性质之一，指土壤中不同大小直径的矿物颗粒的组合状况。土壤质地与土壤通气、保肥、保水状况及耕作的难易有密切关系，土壤质地状况是土壤利用、管理和改良的重要依据。

土壤质地主要决定于成土母质类型，有相对的稳定性，但耕作层的质地仍可通过耕作、施肥等活动进行调整。

达拉特旗耕地土壤质地以壤土和沙土为主，分别占耕地总面积的50.52%和37.17%，其次是黏壤土、黏土。不同土壤类型的质地差异不大，潮土、栗钙土以壤土为主，风沙土全部是沙土。

四、土体构型

土体构型是指各土壤发生层有规律的组合、有序的排列状况，也称为土壤剖面构型，是土壤剖面最重要的特征。

达拉特旗耕地土壤的土体构型有6种类型，即通体沙型、通体壤型（海绵型）、通体黏型、蒙金型（上松下紧型）、夹层型和漏沙型，其中以通体沙型和通体壤型为主，通体沙型的耕地面积63 350.87hm^2，占耕地总面积的42.2%，通体壤型的耕地面积50 932.22hm^2，占33.9%，其他土体构型依次为通体黏型、夹层型、漏沙型、蒙金型（上松下紧型），蒙金型耕地面积最小，仅占总耕地面积的0.05%。

五、阳离子交换量（CEC）

阳离子交换量可作为评价土壤保肥能力的指标。阳离子交换量（CEC）是指在一定pH（=7）时，每千克土壤中所含有的全部交换性阳离子（K^+、Na^+、Ca^{2+}、Mg^{2+}、NH_4^+、H^+、Al^{3+}等）的厘摩尔数，常用单位为厘摩尔(+)/千克［cmol(+)/kg］。CEC的大小，基本上代表了土壤可能保持的养分数量，即保肥性的高低，是改良土壤和合理施肥的重要依据。

一般阳离子交换量直接反映了土壤的保肥、供肥性能和缓冲能力。阳离子交换量>20cmol(+)/kg是保肥力较强的土壤；10～20cmol(+)/kg为保肥力中等的土壤；交换量<10cmol(+)/kg为保肥力较弱的土壤。

全旗耕地土壤阳离子交换量平均值为10.4cmol（+)/kg，变幅1.32～32.57cmol(+)/kg，极差31.25cmol(+)/kg，标准差为4.25cmol(+)/kg。其中耕地土壤阳离子交换量>20cmol(+)/kg的面积为4 377.48hm^2，占耕地总面积的2.92%，交换量10～20cmol(+)/kg的面积为65 753.14hm^2，占耕地总面积的43.81%，交换量<10cmol(+)/kg的面积为79 946.52hm^2，占耕地总面积的53.27%。可见达拉特旗耕地总体保肥供肥性能较低。

不同土类耕地土壤间的阳离子交换量平均值差异不大，盐土最大，为11.54cmol（+)/kg，依次为潮土11.31cmol(+)/kg、风沙土9.84cmol(+)/kg、沼泽土9.41cmol(+)/kg、栗钙土8.08cmol(+)/kg。

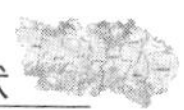

六、有效土层厚度

有效土层厚度指土体中障碍层以上的土层厚度。达拉特旗耕地土壤土层基本上较为深厚，50.1％的耕地土壤有效土层厚度为 60～100cm，99.5％的潮土有效土层厚度在此范围。有 44.1％的耕地土壤有效土层厚度小于 30cm，95.3％的风沙土和 79.9％的栗钙土有效土层厚度在此范围。

七、灌溉保证率

各土壤类型耕地灌溉保证率差异不大，但栗钙土有 94.4％的耕地无灌溉条件，全旗 71.9％的耕地有灌溉条件，其中 60.7％的耕地能够充分满足，无灌溉或少灌溉条件的耕地占 28.1％。

八、土壤盐渍化

（一）土壤盐渍化状况

第二次土壤普查时，达拉特旗盐渍化耕地土壤有 71 833hm^2，占土壤总面积的 8.72％，其中盐化土 42 824.4hm^2，盐土 29 008.6hm^2。黑盐化土和黑盐土是主要盐渍化土壤，水化学类型主要为氯化物盐分，面积达 40 278hm^2；蓬松盐化土和蓬松盐土面积为 26 611hm^2，水化学类型主要为硫酸基盐分；马尿盐化土和马尿盐土较少，面积为4 945hm^2，水化学类型主要为碳酸钠盐分。达拉特旗土壤经过 30 多年的发展变迁，盐渍化土壤面积有了大幅度减少。截至 2013 年，盐渍化耕地土壤面积为 37 820hm^2，减少了34 013hm^2，减少幅度 47.4％。

（二）土壤盐渍化成因

土壤盐渍化成因主要有：一是达拉特旗历年来春季降水量少，年蒸发量大，气候条件有利于土壤盐渍化的发生。蒸发使地下潜水垂直运动剧烈，有利于盐分随水上升积结在土壤表层，结晶析出形成盐结皮。二是由于地下潜水埋深浅，矿化度高，水化学类型系氯化物、重碳酸盐、氯化物＋重碳酸盐型水，促使这些地区的土壤向盐渍化发展。据调查，达拉特旗有两个咸水区：西部的中和西镇、恩格贝镇、昭君镇咸水区和中部的德胜太、榆林子、新民堡咸水区。这些地区的水化学类型多系氯化物型水、重碳酸盐型水、氯化物＋重碳酸盐型水、重碳酸盐＋氯化物型水；矿化度 2～15g/L。三是农田灌溉方式还存在大水漫灌的现象，大水、深秋水灌溉，使耕地水位提高，冬春季节蒸发旺盛，盐随水走，盐分很快浓缩积累在土表，容易引起土壤盐渍化。四是耕作粗放也是土壤盐渍化的一个重要原因。

（三）土壤盐渍化趋势

总体来看，历年来达拉特旗在耕地土壤盐渍化治理上收到了良好的效果，土壤盐渍化进程得到了有效遏制，盐渍化土壤状况得以逐年改善，面积逐年减少。但应该清醒地认识到，耕地土壤盐碱改良利用现状还不容乐观，还存在很多问题。由于达拉特旗处在黄河冲积平原，独特的地理环境和自然资源决定了达拉特旗对耕地土壤盐渍化的防止与治理是一项需要长期坚持的工作，来不得半点松懈。因此，在土壤改良过程中需要积极考虑投入，建议政府统筹考虑，加大政策引导和资金支持力度，通过一系列土壤改良利用措施使土壤盐渍化得到进一步控制和改善，坚决防止耕地土壤次生盐渍化的发生与蔓延。

第三章

耕地地力现状

耕地地力是在当前管理水平下，由土壤本身特性、自然背景条件和基础设施水平等要素综合构成的耕地生产能力。它是反映耕地内在的基本素质的地力要素所构成的耕地地力的概念。构成耕地基础地力的要素主要有3个方面，即立地条件、土壤条件和农田基础设施及培肥水平。立地条件是与耕地基础地力直接相关的地形、地貌及成土母质特征；土壤条件包括剖面与土体构型、耕作层土壤的理化性状指标；农田基础设施条件及培肥水平主要包括田间水利工程、水土保持工程、植被生态建设、土壤培肥水平等。与测土配方施肥工作结合，就是要对测土配方施肥项目的野外调查、土壤测试和田间试验大量数据进行规范化管理，建立数据库并为耕地地力调查提供动态更新的土壤物理化学性状数据，特别是速效养分数据的支持。充分挖掘第二次土壤普查的资料，结合近年来土壤监测和各类试验的数据，综合整理并加以有效管理和利用，建立规范的县域耕地资源管理信息系统，采用综合指数法对耕地地力进行评价，为耕地资源管理、农牧业产业结构调整、养分资源综合管理和测土配方施肥指导服务。

第一节　耕地地力评价

达拉特旗自1980年开展第二次土壤普查以来，由于耕作制度和施肥习惯（特别是不同区域间农户的种植制度、肥料投入等）差异较大，导致土壤及其养分情况发生了很大变化，应用第二次土壤普查数据已经无法指导当前的科学施肥，开展耕地地力调查与质量评价，是查清耕地生产能力、摸清耕地资源状况和耕地使用中存在的问题而开展的一项基础性工作，对耕地质量的基础数据进行全面更新，以此来指导农民科学施肥，实现节本增收、提质增效的目标。达拉特旗的地力评价是在充分利用第二次土壤普查资料、国土部门的土地详查资料和测土配方施肥取得的大量分析化验数据、调查数据的基础上，应用地理信息系统（GIS）、全球定位系统（GPS）、遥感（RS）等高新技术进行评价的，整个过程经历了收集资料、野外调查采样、样品测试分析、作物肥效试验示范及耕地资源管理信息系统的建立、评价与汇总等几个主要阶段。

一、资料收集

耕地地力调查与评价是在充分利用现有资料的基础上，结合测土配方施肥项目实施获得的野外调查信息和样品测试分析数据，利用计算机等高新技术来综合分析和评价的，因

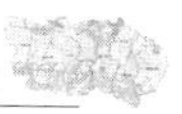

此资料收集是其中一项重要内容。

1. 图件资料　根据调查与评价工作需要，收集了达拉特旗行政区划图（1∶5万）、第二次土壤普查时的土壤类型图（1∶10万）和土壤养分点位图（1∶10万），以及1993年国土部门土地详查的土地利用现状图（1∶10万）等图件。

2. 数据及文本资料　收集了第二次土壤普查的有关文字和养分数据资料，历年来的农业经济统计资料，近年的肥料试验资料，历年来的土壤肥力监测点田间记载资料及化验结果资料，植保部门的农药使用数量及品种资料，水利部门的水资源开发和水土保持资料，农业部门的农田基础设施建设、旱作农业示范区建设、农业综合开发等方面的资料，林业部门的生态建设总体规划资料以及环保部门的环境质量检测资料等。

3. 资料整理与统计　对野外调查信息相关数据和土样测试分析数据经核对、审核和相应统计整理后，录入计算机，归入测土配方施肥项目数据库；对收集的数据、文本及图件资料，按耕地地力评价技术规程要求，经相应整理、统计、分析和处理后，录入相应计算机数据库，以建立耕地资源管理信息系统，进行评价。

二、耕地资源管理信息系统的建立

县域耕地资源管理信息系统是以一个县级行政区域内耕地资源为管理对象，应用RS、GPS等现代化技术采集信息，应用GIS技术构建耕地资源基础信息系统，该系统的基本管理单元由土壤图、土地利用现状图叠加形成，每个管理单元土壤类型、土地利用方式以及农民的种田习惯基本一致，对辖区内的地形、地貌、土壤、土地利用、土壤污染、农业生产基本情况等资料进行统一管理，以此为平台结合各类管理模型，对辖区内的耕地资源进行系统的动态管理。为农业政府部门制定农业发展规划、土地利用规划、种植业规划等宏观决策提供决策支持，为基层农业技术推广人员、农民进行科学施肥等农事操作，了解耕地质量动态变化和土壤适宜性，进行施肥咨询和作物营养诊断等提供多方位的信息服务。

达拉特旗耕地资源管理信息系统基本管理单元为土壤图、土地利用现状图、行政区划图叠加形成的评价单元。建立耕地资源管理信息系统的工作流程和结构见图3-1和图3-2。

（一）、属性数据库的建立

1. 属性数据的内容

（1）湖泊、面状河流属性数据。

（2）堤坝、渠道、线状河流属性数据。

（3）交通道路属性数据。

（4）行政界线属性数据。

（5）县、乡、村编码表。

（6）土地利用现状属性数据。

（7）土壤名称编码表。

（8）土种属性数据表。

（9）土壤分析化验结果。

（10）耕地灌溉水分析结果。

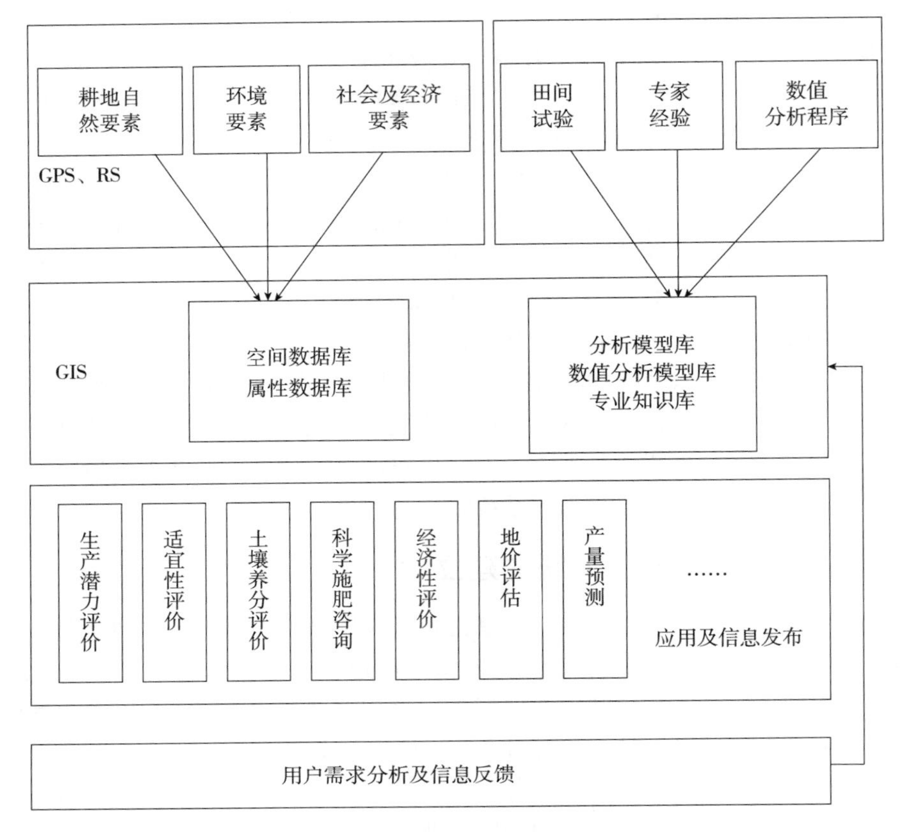

图 3-1　地理信息系统结构

（11）大田采样点基本情况调查数据。

（12）大田采样点农户调查数据。

（13）侵蚀属性数据。

2. 数据的审核、分类编码、录入　在录入数据库前，对所有调查表和分析数据等资料进行了系统的审查，对每个调查项目的描述进行了规范化和标准化，对所有农化分析数据进行了相应的统计分析，发现异常数据，分析原因，酌情处理。数据的分类编码是对数据资料进行有效管理的重要依据，本系统采用数字表示的层次型分类编码体系，对属性数据进行分类编码，建立了编码字典。采用 Access 进行数据录入，最终以 DBASE 的 dbf 格式保存入库，文字资料以 txt 文件格式保存，超文本资料以 HTML 格式保存，图片资料以 JPG 格式保存。这些文件分别保存在相应的子目录下，其相对路径和文件名录入相应的属性数据库中。

（二）空间数据库的建立

1. 空间数据库资料

（1）全旗 1∶10 万的土壤图。

（2）全旗 1∶10 万的土地利用现状图。

2. 图件数字化　首先进行图层要素的整理和筛选，然后将原始图件扫描成 300 分辨

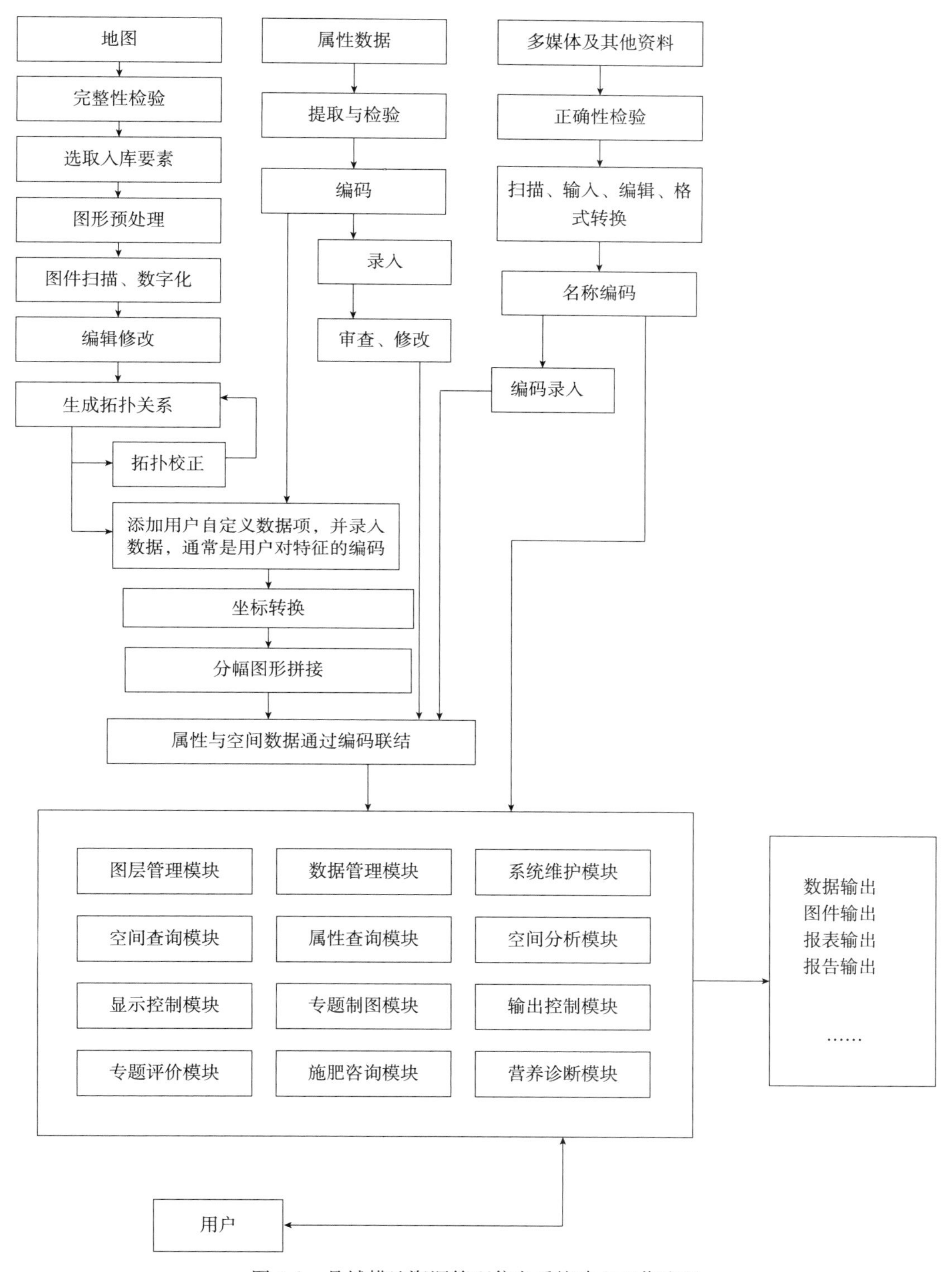

图 3-2　县域耕地资源管理信息系统建立工作流程

率（dpi）的栅格地图，采用 Arcinfo 软件，在屏幕上手动跟踪图形要素完成数字化工作，数字化后，按顺序对所有特征进行编辑，建立拓扑关系，对特征进行编码后分别以 coverage 和 shape 格式保存入库，建立空间数据库。再对数字化地图进行坐标转换和投影变换，统一采取高斯投影、1954 年北京大地坐标系，保存入库。形成标准完整的数字化图层。

（三）属性数据库和空间数据库的链接

以建立的编码字典为基础，在数字化图件时对点、线、面（多边形）均赋予相应的属性编码，如数字化土地利用现状图时，对每一多边形同时输入土地利用编码，从而建立空间数据库与属性数据库具有链接的共同字段和唯一索引，数字化完成后，在 Arcinfo 下调入相应的属性库，完成库间的链接，并对属性字段进行相应的整理，使其标准化（图 3-3），最终建立完整的具有相应属性要素的数字化地图。

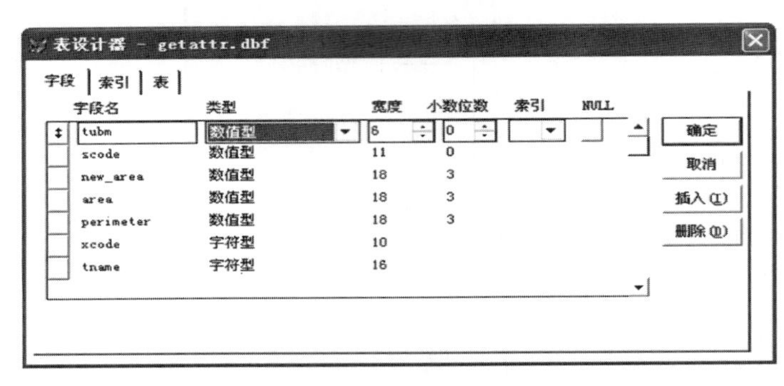

图 3-3　属性字段整理

（四）评价单元的确定及各评价因素的录入

1. 评价单元的确定　将土壤图、土地利用现状图、行政区划图叠加，生成基本评价单元图。这样形成的评价单元空间界线行政隶属关系明确，有准确的面积，地貌类型及土壤类型一致，利用方式及耕作方法基本相同，这样得出的评价结果不仅可应用于农业布局规划等农业决策，还可以用于指导农业生产，为实施精准农业奠定良好的基础。

2. 评价要素的录入　数字化各个专题图层，录入相应的属性数据，并将样点图通过 Kriging 插值（图 3-4）换成 Grid 数据格式，然后分别与基本评价单元图进行区域统计叠加，获取挂接在这些图层上的属性数据，使得基本评价单元图的每个图斑都有相应评价因素的属性资料。

应用“耕地资源管理信息系统 V2.1”，对上述数字化图件进行管理和专题评价，同时收集、整理并调入反映达拉特旗基本情况和土壤性状的文本资料、图片资料和录像资料，最终建立达拉特旗耕地资源管理信息系统。

三、耕地地力评价方法

（一）评价依据及原则

评价是通过调查获得的耕地自然环境要素、耕地土壤的理化性状、耕地的农田基础设施和管理水平为依据进行的。通过各因素对耕地地力影响的大小进行综合评定，确定不同的地力等级。耕地的自然环境要素包括耕地所处的地形地貌、水文地质、成土母质等；耕

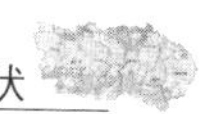

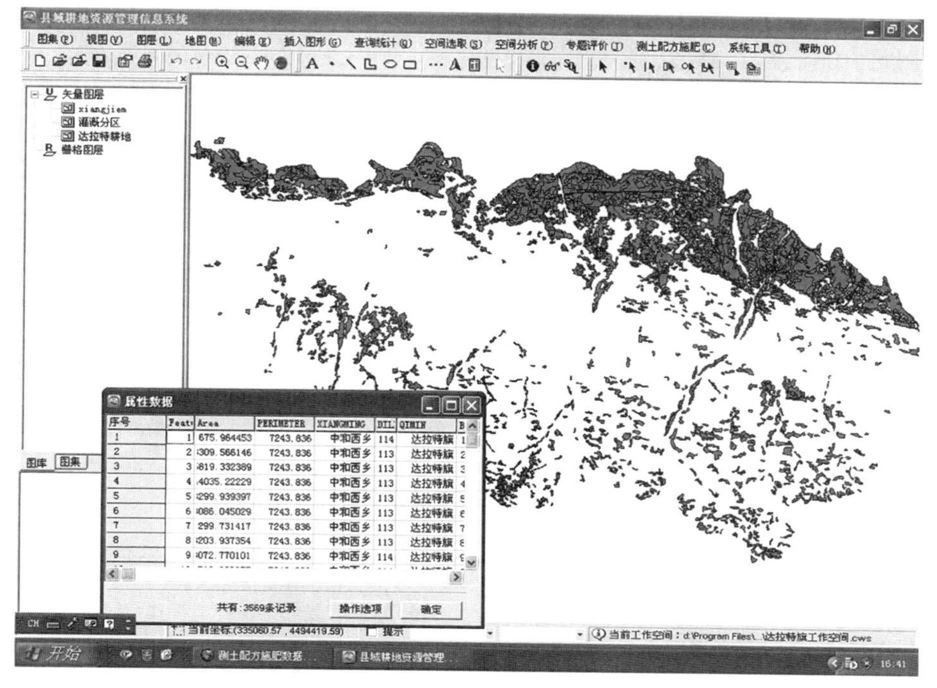

图 3-4 属性数据插值过程

地土壤的理化性状包括土体构型、有效土层厚度、质地、容重等物理性状和有机质、氮、磷、钾及中微量元素、pH 等化学性状；农田基础设施和管理水平包括灌排条件、水土保持工程建设以及培肥管理水平等。

评价时遵循以下几方面的原则：

1. 综合因素研究与主导因素分析相结合的原则 耕地地力是各类要素的综合体现，综合因素研究是对地形地貌、土壤理化性状以及相关的社会经济因素进行综合研究、分析与评价，以全面了解耕地地力状况。主导因素是指对耕地地力起决定作用的、相对稳定的因子，在评价中要着重对其进行研究分析。

2. 定性与定量相结合的原则 影响耕地地力的因素有定性的和定量的，评价时定量和定性评价相结合。在总体上，为了保证评价结果的客观合理，尽量采用可定量的评价因子，如有机质、有效土层厚度等按其数值参与计算评价，对非数量化的定性因子如地形部位、土体构型等要素进行量化处理，确定其相应的指数，运用计算机运算和处理，尽量避免人为因素的影响。在评价因素筛选、权重、评价评语、等级的确定等评价过程中，尽量采用定量化的数学模型，在此基础上，充分运用专家知识，对评价的中间过程和评价结果进行必要的定性调整。

3. 采用 GIS 支持的自动化评价方法的原则 本次耕地地力评价充分应用计算机技术，通过建立数据库、评价模型，实现了全数字化、自动化的评价技术流程，在一定程度上代表了耕地地力评价的最新技术方法。

（二）评价的技术流程

地力评价的整个过程主要包括三方面的内容，一是相关资料的收集、计算机软硬件的准备及建立相关的数据库；二是耕地地力评价，包括划分评价单元，选择评价因素并确定单因素评价评语和权重，计算耕地地力综合指数，确定耕地地力等级；三是评价结果分析，即依据评价结果，量算各等级的面积，编制耕地地力等级分布图，分析不同等级耕地使用中存在的问题，提出耕地资源可持续利用的措施建议。评价的技术流程见图 3-5，主要分为以下几个步骤：

图 3-5　耕地地力评价流程

1. 评价指标的确定　耕地地力评价指标的确定主要遵循以下几方面的原则，一是选

取的因子对耕地地力有比较大的影响；二是选取的因子在评价区域内的变异较大，便于划分耕地地力等级；三是选取的评价因素在时间上具有相对的稳定性，评价结果能够有较长的有效期。根据上述原则，聘请内蒙古自治区、鄂尔多斯市、达拉特旗3级农业方面的15位专家组成专家组，在全国耕地地力评价指标体系框架中，选择适合当地并对耕地地力影响较大的指标作为评价因素。通过两轮投票，确定剖面性状、障碍因素、理化性状3个项目的11个因素作为达拉特旗耕地地力的评价指标。

（1）剖面性状　有效土层厚度、质地构型、质地。

（2）障碍因素　盐化类型、耕层含盐量、灌溉保证率。

（3）理化性状　速效钾、阳离子交换量（CEC）、pH、有效磷、有机质等。

2. 评价单元的划分　评价单元是评价的最基本单位，评价单元划分的合理与否直接关系到评价结果的准确性。本次耕地地力评价采用土壤图、土地利用现状图叠加形成的图斑作为评价单元。土壤图划分到土种，土地利用现状图划分到二级利用类型，同一评价单元的土种类型、利用方式一致，不同评价单元之间既有差异性，又有可比性。

3. 评价单元获取数据　每个评价单元都必须有参与地力评价指标的属性数据。数据类型不同，评价单元获取数据的途径也不同，分为以下几种途径：

（1）土壤pH、阳离子交换量、有机质、有效磷、速效钾，由点位图利用空间插值法，生成栅格图，与评价单元图叠加，使评价单元获取相应的属性数据。

（2）有效土层厚度利用同一个镇(苏木)范围内同一土种的平均值直接给评价单元赋值。

（3）耕层含盐量、盐化类型利用矢量化的土壤盐渍度图与评价单元图叠加，为每个评价单元赋值。

（4）质地、土体构型根据不同的土种类型给评价单元赋值。

（5）在土地利用现状图的基础上，勾绘不同灌溉保证率的区域，矢量化后直接给评价单元赋值。

4. 评价过程　应用层次分析法和模糊评价法计算各因素的权重和隶属度，在耕地资源管理信息系统支撑下，以评价单元图为基础，计算耕地地力综合指数，应用累积频率曲线法确定分级方案，评价出耕地的地力等级。

5. 归入国家地力等级体系　在依据自然要素评价的每一个地力等级内随机选择10%的评价单元，调查近3年的实际粮食产量水平，与用自然要素评价的地力综合指数进行相关分析，找出两者之间的对应关系，以粮食产量水平为引导，归入全国耕地地力等级体系（NY/T 309—1996《全国耕地类型区、耕地地力等级划分》）。

（三）耕地地力评价方法

根据评价技术流程，在建立空间数据库和属性数据库的基础上进行评价。先确定各评价因素的隶属关系，然后计算各因素的隶属度和权重，最终通过管理系统完成评价工作。

1. 单因素评价隶属度的计算——模糊评价法　根据模糊数学的基本原理，一个模糊性概念就是一个模糊子集，模糊子集的取值为0～1的任一数值（包括0与1），隶属度是元素x符合这个模糊性概念的程度。完全符合时为1，完全不符合时为0，部分符合即取0～1的一个值。隶属函数表示x_i与隶属度之间的解析函数，根据函数可计算出x_i对应的隶属度u_i。

（1）隶属函数模型的选择。根据达拉特旗评价指标的类型，选定的表达评价指标与耕地生产能力关系的函数模型分为戒上型、戒下型和概念型 3 种类型（pH 本该为峰型函数，但达拉特旗耕地的 pH 都大于 7，所以定为戒下型函数），其表达式分别为：

①戒上型函数（如有机质、有效土层厚度等）。

$$y_i=\begin{cases}0 & u_i \leqslant u_t \\ 1/[1+a_i(u_i-c_i)^2] & u_t < u_i < c_i (i=1, 2, \cdots, n) \\ 1 & c_i \leqslant u_i\end{cases}$$

式中：y_i 为第 i 个因素的评语；u_i 为样品观察值；c_i 标准指标；a_i 为系数；u_t 为指标下限值。

②戒下型函数（如 pH）。

$$y_i=\begin{cases}0 & u_t \leqslant u_i \\ 1/[1+a_i(u_i-c_i)^2] & c_i < u_i < u_t (i=1, 2, \cdots, m) \\ 1 & u_i \leqslant c_i\end{cases}$$

式中：u_t 为指标上限值。

③概念型指标（如土体构型、地形部位）。这类指标其性状是定性的、综合性的，与耕地的生产能力之间是一种非线性的关系。

（2）专家评估值。由专家组对各评价指标与耕地地力的隶属度进行评估，给出相应的评估值。对 15 位专家的评估值进行统计，作为拟合函数的原始数据。专家评估结果见表 3-1。

（3）隶属函数的拟合。根据专家给出的评估值与对应评价因素指标值（表 3-1），分别应用戒上型函数模型和戒下型函数模型进行回归拟合，建立回归函数模型（表 3-2），并经拟合检验达显著水平者用以进行隶属度的计算。11 个评价因素中 5 个为数量型指标，可以应用模型进行模拟计算，有 6 个指标为概念型指标，由专家根据各评价指标与耕地地力的相关性，通过经验直接给出隶属度（表 3-3）。

表 3-1　数量型评价因素专家评估值

评价因素	项目	专家评估值									
有机质（g/kg）	指标	≤4	6	8	10	12	14	16	18	>20	
	评估值	0.18	0.28	0.40	0.55	0.67	0.81	0.88	0.93	0.95	
有效磷（mg/kg）	指标	≤4	7	10	13	16	19	22	25	>25	
	评估值	0.17	0.37	0.36	0.45	0.70	0.84	0.89	0.95	0.97	
阳离子交换量［cmol（+）/kg］	指标	≤5	9	13	17	21	25	29	>33		
	评估值	0.29	0.44	0.53	0.70	0.82	0.88	0.93	0.96		
速效钾（mg/kg）	指标	≤50	80	110	140	170	200	230	260	290	>290
	评估值	0.27	0.38	0.52	0.7	0.81	0.89	0.91	0.93	0.95	0.97
pH	指标	7.5	7.7	7.9	8.1	8.3	8.5	8.7	8.9		
	评估值	0.89	0.86	0.79	0.68	0.63	0.56	0.49	0.35		

表 3-2　评价因素类型及其隶属函数

函数类型	项　目	隶属函数	c	u_t
戒上型	有机质（g/kg）	$y=1/[1+0.02(u-c)^2]$	18.07	4
戒上型	有效磷（mg/kg）	$y=1/[1+0.008(u-c)^2]$	24.04	4
戒上型	阳离子交换量[cmol(+)/kg]	$y=1/[1+0.003(u-c)^2]$	30.01	5
戒上型	速效钾（mg/kg）	$y=1/[1+4\times10^{-4}(u-c)^2]$	256.1	50
峰型	pH	$y=1/[1+0.4(u-c)^2]$	7.06	7.5

表 3-3　非数量型评价因素隶属度专家评估值

评价因素	项目	专家评估值						
有效土层厚度（cm）	指标	＜40	40～60	60～100	＞100			
	隶属度	0.57	0.73	0.88	0.95			
盐化类型	指标	苏打型	硫酸盐型	氯化物型	硫酸盐氯化物型	氯化物硫酸盐型	非盐渍化	
	隶属度	0.17	0.66	0.46	0.51	0.64	0.94	
耕层含盐量	指标	非盐化	轻度盐化	中度盐化	重度盐化			
	隶属度	1.0	0.8	0.4	0.1			
质地	指标	沙土	壤土	黏壤土	黏土			
	隶属度	0.43	0.79	0.90	0.69			
灌溉保证率	指标	充分满足	基本满足	一般满足	≥10			
	隶属度	0.96	0.81	0.57	0.1			
质地构型	指标	薄层型（土体厚度＜30cm）	通体沙型	通体黏型	夹层型	漏沙型	蒙金型	通体壤型
	隶属度	0.31	0.35	0.66	0.74	0.50	0.89	0.86

2. 单因素权重的计算——层次分析法　根据层次分析法的原理，把 11 个评价因素按照相互之间的隶属关系排成从高到低的 3 个层次（图 3-6），A 层为耕地地力，B 层为相对共性的因素，C 层为各单项因素。根据层次结构图，请专家组就同一层次对上一层次的相对重要性给出数量化的评估，经统计汇总构成判断矩阵，通过矩阵求得各因素的权重（特征向量），计算结果如下。

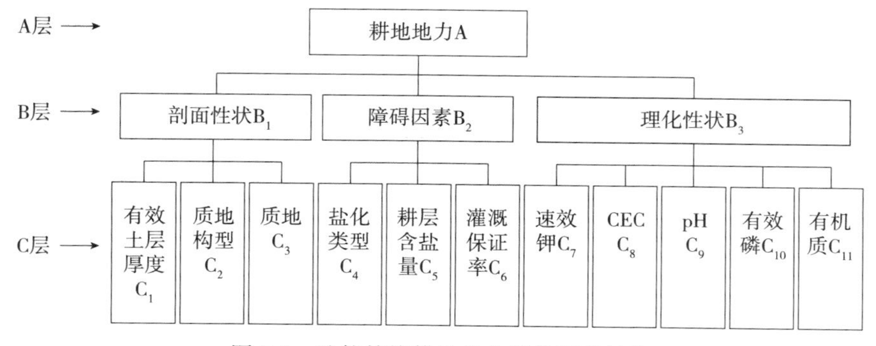

图 3-6　达拉特旗耕地地力评价要素结构

（1）B层判断矩阵的计算（表3-4）。

表3-4　B层判断矩阵

项　目	B_1	B_2	B_3
剖面性状（B_1）	1	0.2	0.125
障碍因素（B_2）	5	1	0.25
理化性状（B_3）	8	4	1

特征向量：[0.0669，0.438，0.6893]。

最大特征根：3.095 6。

$$C_i = 4.78156704006696 \times 10^{-2}$$

$$R_i = 0.58$$

$$C_r = C_i / R_i = 0.08244081 < 0.1$$

一致性检验通过。

（2）C层判断矩阵计算（表3-5至表3-7）。

表3-5　C层判断矩阵（剖面性状）

项　目	C_1	C_2
有效土层厚度（C_1）	1	0.166 7
质地构型（C_2）	6	1

特征向量：[0.1429，0.8571]。

最大特征根：2.000 1。

$$C_i = 9.99950004998418 \times 10^{-5}$$

$$R_i = 0$$

$$C_r = C_i / R_i = 0.00000000 < 0.1$$

一致性检验通过。

表3-6　C层判断矩阵（障碍因素）

项　目	C_4	C_5	C_6
盐化类型（C_4）	1	0.333 3	0.125
耕层含盐量（C_5）	3	1	0.222 2
灌溉保证率（C_6）	8	4.5	1

特征向量：[0.0778，0.1955，0.7268]。

最大特征根：3.030 7。

$$C_i = 1.53269288612774 \times 10^{-2}$$

$$R_i = 0.58$$

$$C_r = C_i / R_i = 0.02642574 < 0.1$$

一致性检验通过。

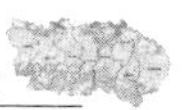

表 3-7　C 层判断矩阵（理化性状）

项　目	C_6	C_7	C_8	C_9	C_{10}	C_{11}
速效钾（C_6）	1	0.333 3	0.250 0	0.2	0.142 9	0.111 1
CEC（C_7）	3	1	0.666 7	0.5	0.25	0.153 8
pH（C_8）	4	1.5	1	0.666 7	0.285 7	0.2
质地（C_9）	5	2	1.5	1	0.4	0.222 2
有效磷（C_{10}）	7	4.0	3.5	2.5	1	0.4
有机质（C_{11}）	9	6.5	5	4.5	2.5	1

特征向量：[0.3050，0.0677，0.0915，0.1216，0.2455，0.4432]。

最大特征根：6.132 6。

$$C_i = 2.652607045387\times 10^{-2}$$

$$R_i = 1.24$$

$$C_r = C_i / R_i = 0.022139199 < 0.1$$

一致性检验通过。

评价因素的组合权重$=B_jC_i$，B_j 为 B 层中判断矩阵的特征向量，$j=1$，2，3，4；C_i 为 C 层判断矩阵的特征向量，$i=1$，2，…，12。各评价因素的组合权重计算结果见表 3-8。

表 3-8　评价因素组合权重计算结果

A 层	特征向量			
B 层	剖面性状（B_1）	障碍因素（B_2）	理化性状（B_3）	组合权重
	0.066 9	0.224 38	0.689 3	B_jC_i
有效土层厚度（C_1）	0.142 9			0.009 6
质地构型（C_2）	0.857 1			0.057 4
盐化类型（C_3）		0.077 8		0.019 0
耕层含盐量（C_4）		0.195 5		0.047 6
灌溉保证率（C_5）		0.726 8		0.177 2
速效钾（C_6）			0.030 5	0.021 0
阳离子交换量（C_7）			0.067 7	0.046 7
pH（C_8）			0.091 5	0.063 1
质地（C_9）			0.121 6	0.083 8
有效磷（C_{10}）			0.245 5	0.169 2
有机质（C_{11}）			0.443 2	0.305 5

3. 计算耕地地力综合指数（*IFI*）　用加法模型计算耕地地力综合指数，公式为：

$$IFI = \sum F_i C_i \quad (i=1, 2, 3, \cdots, n)$$

式中：*IFI*（integrated fertility index）代表地力综合指数；F_i 为第 i 个因素的评价评语（隶属度）；C_i 为第 i 个因素的组合权重。

应用耕地资源管理信息系统中的模块计算，得出耕地地力综合指数的最大值为 0.93，最小值为 0.19。

4. 确定耕地地力综合指数分级方案 用样点数与耕地地力综合指数制作累积频率曲线图，根据样点分布频率，分别用耕地地力综合指数将达拉特旗的耕地分为 5 个等级。

四、耕地地力评价结果

根据达拉特旗的实际情况，选择了 11 个对耕地地力影响较大的因素，建立了评价指标体系，应用模糊数学法和层次分析法计算各评价因素的隶属度和组合权重，应用加法模型计算耕地地力综合指数，应用累积频率曲线法，将达拉特旗的耕地分为 5 个等级，并按照《全国耕地类型区、耕地地力等级划分》标准将评价结果归入农业部地力等级体系。全旗及各镇（苏木）不同地力等级的耕地面积统计结果见表 3-9。全旗耕地总面积 150 077.14hm²，占土地总面积的 18.21%，其中一级地 20 389.1hm²，占耕地总面积的 13.59%，二级地 34 216.8hm²，占 22.80%，三级地 44 461.39hm²，占 29.63%，四级地 31 810.62hm²，占 21.20%，五级地 19 199.23hm²，占 12.79%（图 3-7）。

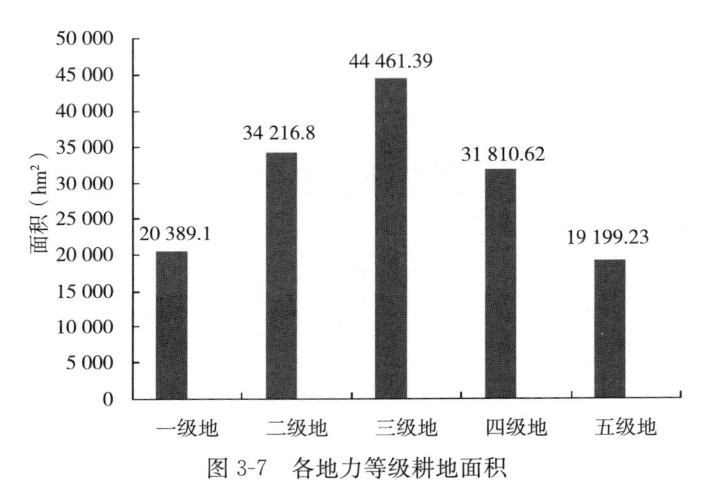

图 3-7 各地力等级耕地面积

从地力等级的分布地域特征分析，地力等级的高低与地貌类型、土壤类型以及灌溉保证率密切相关，呈现出明显的地域分布规律。一级地、二级地主要分布在山前冲、洪积平原和黄河冲积平原区。三级地、四级地、五级地插花零星分布。南部丘陵沟壑区主要是三级地、四级地、五级地。

五、归入农业部地力等级体系

在上述根据自然要素评价的各地力等级中，分别随机选取了包含各等级地块的 50 个地块，调查了最近 3 年的平均产量，并进行了统计分析，根据调查和统计结果，按照《全国耕地类型区、耕地地力等级划分》标准，将耕地地力评价结果的一级地归入农业部地力等级体系的二、三等地，面积 2.0 万 hm²，二级地归入农业部四等地，面积 3.4 万 hm²，三级地归入农业部五等地，面积 4.4 万 hm²，四级地归入农业部六等地，面积 3.2 万 hm²，五级地归入农业部七等地，面积 1.9 万 hm²（表 3-9）。

表 3-9　归入农业部地力等级

县域评价结果	一级地	二级地	三级地	四级地	五级地
农业部标准	二、三等地	四等地	五等地	六等地	七、八等地
面积（万 hm^2）	2.0	3.4	4.4	3.2	1.9
产量水平（kg/hm^2）	>10 500	9 000～10 500	7 500～9 000	6 000～7 500	<6 000

六、图件的编制和面积量算

（一）图件的编制

应用软件 Arcinfo，进行图件的自动编绘处理，共编辑完成 20 幅数字化专题成果图。

1. 地理要素底图的编制　地理要素的内容是专题图的重要组成部分，用于反映专题图内容的地理分布，并作为图幅叠加处理的分析依据。地理要素的选择应与专题内容相协调，并考虑图件的负载量和清晰度，应选择基本的、主要的地理要素。本次调查以达拉特旗的土地利用现状图为基础，选取居民点、交通道路、水系、乡镇（苏木）、村界等主要地理要素，编辑生成 1∶5 万地理要素底图。

2. 专题图件的编制　对于地力等级、各种养分等专题图件，按照各要素的分级分别赋予相应的颜色，标注相应的代号，生成专题图层，之后与地理要素图复合，编辑处理生成专题图件。

（二）面积量算

面积的量算可通过与专题图相对应的属性库的操作直接完成。如对耕地地力等级面积的量算，则可在数据库的支持下，对图件属性库进行操作，检索相同等级的面积，然后汇总得出各类耕地地力等级的面积。

第二节　各等级耕地基本情况

全旗以及各土壤类型不同地力等级耕地面积统计结果见表 3-10，不同地力等级耕地土壤养分含量分级面积见附录 1 耕地资源数据册之附表 5。

表 3-10　全旗及各土类不同地力等级耕地面积统计

土壤类型	项　别	合　计	地力等级				
			一	二	三	四	五
栗钙土	面积（hm^2）	12 882.36	1 352.71	2 363.80	4 791.78	2 396.05	1 978.02
	占土类面积（%）	100.00	10.50	18.35	37.20	18.60	15.35
盐土	面积（hm^2）	13 605.35	3 747.73	3 861.17	4 135.69	1 840.27	20.49
	占土类面积（%）	100.00	27.55	28.38	30.40	13.53	0.15
潮土	面积（hm^2）	75 874.89	14 970.60	25 827.13	23 459.49	9 368.45	2 249.22
	占土类面积（%）	100.00	19.73	34.04	30.92	12.35	2.96

（续）

土壤类型	项　别	合　计	地力等级				
			一	二	三	四	五
沼泽土	面积（hm^2）	234.11		171.32	29.17	33.62	
	占土类面积（%）	100.00		73.18	12.46	14.36	
风沙土	面积（hm^2）	47 480.43	318.06	1 993.38	12 045.26	18 172.23	14 951.50
	占土类面积（%）	100.00	0.67	4.20	25.37	38.27	31.49
全旗	面积（hm^2）	150 077.14	20 389.10	34 216.80	44 461.39	31 810.62	19 199.23
	占耕地总面积(%)	100.00	13.59	22.80	29.63	21.20	12.79

一、一级地

（一）面积与分布

全旗一级地面积 20 389.10hm^2，占全旗耕地总面积的 13.59%，集中分布在树林召镇、王爱召镇、展旦召苏木、中和西镇、白泥井镇和昭君镇。其中树林召镇和王爱召镇的一级地面积为 13 553.18hm^2，占全旗一级地的 66.5%，恩格贝镇和吉格斯太镇的一级地最少，分别为 78.63hm^2和 24.33hm^2。一级地种植的作物主要有玉米、小麦及各类蔬菜。

（二）主要属性

一级地主要分布在达拉特旗的沿河河漫滩地，地势平坦，田面无坡度或坡度平缓，土壤类型主要有潮土和盐土两类，面积分别为 1 4970.6hm^2和 3 747.73hm^2，其中潮土占一级地面积的 73.4%，占土类面积的 19.73%；盐土占一级地面积的 18.4%，占土类面积的 27.55%；风沙土最少，占土类面积的 0.67%。一级地土壤侵蚀度弱或无侵蚀，无明显的障碍层次，成土母质以冲、洪积物为主，质地类型主要是壤土、黏壤土和黏土，土层深厚，土体构型以通体壤型和通体黏型为主。土壤养分含量较高，有机质平均含量15.76g/kg，其中 52.3%的一级地有机质含量大于 15g/kg；全氮平均含量 0.86g/kg，大于 0.60g/kg 的面积占 90.6%；有效磷平均含量 25.02mg/kg，大于 20 mg/kg 的面积占 68.5%；速效钾含量平均 198.9mg/kg,大于 150mg/kg 的面积占 83.9%。微量元素中,有效锌平均含量 0.68mg/kg,有效锰平均含量 7.51mg/kg，均高于或接近临界值，其他微量元素养分含量都比较丰富，一级地 pH 平均为 8.39。一级地土壤养分含量统计见表 3-11。

表 3-11　一级地土壤养分含量统计

项　目	有机质（g/kg）	全氮（g/kg）	碱解氮（mg/kg）	有效磷（mg/kg）	速效钾（mg/kg）
含量范围	5.4～30.1	0.22～4.12	28～169	3.4～152.4	69～387
平均值	15.76	0.86	68.94	25.02	198.9
项　目	**有效硼（mg/kg）**	**有效锌（mg/kg）**	**有效铜（mg/kg）**	**有效铁（mg/kg）**	**有效锰（mg/kg）**
含量范围	0.067～1.43	0.03～2.05	0.39～9.18	0.85～45.39	0.79～13.93
平均值	0.46	0.68	2.49	14.41	7.51

（三）生产性能与障碍因素

一级地地势平坦，井、黄灌溉，有良好的灌排系统；土层深厚，质地均一，无明显的

障碍层次；土壤肥沃，养分含量高，土壤水、肥、气、热协调，适宜种植多种作物。产量水平小麦一般为 4 200～6 500kg/hm²，玉米 11 250～12 750kg/hm²。但部分土壤表层质地为黏壤，质地构型为紧实型（通体黏），在生产上存在冷、浆、黏、涝等障碍因素，应加强深耕深松、增施有机肥等改良措施，以改善土壤结构，提高土壤肥力的有效性。在利用上存在多年连茬播种、重用轻养等问题，土壤养分含量特别是有机质、有效磷、速效钾呈降低趋势，应通过建立合理的轮作制度和科学施肥制度等措施进一步培肥土壤，在轮作单一、作物连年高产的地块施肥时，应注重锌肥和硼肥以及硫基肥的施用。

二、二级地

（一）面积与分布

二级地面积 34 216.8hm²，占全旗耕地总面积的 22.80%。全旗均有分布，且差异较大，主要集中在王爱召镇、树林召镇、昭君镇、展旦召苏木，面积分别为 8 127.5hm²、7 896.37hm²、5 771.61hm²、4 321.6hm²。分别占二级地面积的 23.8%、23.1%、16.9%、12.6%。吉格斯太镇和恩格贝镇面积最小，两镇合计面积只占全旗二级地的 5.1%。种植的作物有玉米、小麦、马铃薯等。

（二）主要属性

二级地的土壤类型主要是潮土、盐土、栗钙土，其中潮土占土类面积的 34.04%，盐土占土类面积的 28.38%，栗钙土占土类面积的 18.35%。成土母质以冲积物为主，二级地质地主要是壤土、沙土和黏壤土，分别占二级地面积的 57.57%、25.61%和 11.14%；土体构型以通体壤型、通体沙型和通体黏型为主，分别占 58.46%、25.49%、15.32%，二级地有极少量的土体构型为夹层型，存在一定的障碍因素。土壤养分含量也比较高，有机质平均含量 13.26g/kg，大部分为 10～20g/kg，占二级地的 81.5%；全氮平均含量 0.75g/kg，大部分集中在 0.5～1.0g/kg，占二级地的 90.9%，大于 1.0g/kg 的面积占二级地的 10.2%；有效磷平均含量 18.09mg/kg，大于 20mg/kg 的面积占 36.1%，10～20 mg/kg 的面积占 45.0%；速效钾平均含量 170.72mg/kg，速效钾含量绝大部分大于 100mg/kg，其中 150mg/kg 以上的面积占 66.5%。微量元素中，有 50.4%的二级地有效锰含量低于临界值，有 7.3%的二级地有效锌含量低于临界值，有极少量二级地有效硼含量低于临界值，其他微量元素养分含量都比较丰富。二级地 pH 平均为 8.44。二级地土壤养分含量统计见表 3-12。

表 3-12　二级地土壤养分含量统计

项　目	有机质（g/kg）	全氮（g/kg）	碱解氮（mg/kg）	有效磷（mg/kg）	速效钾（mg/kg）
含量范围	2.4～33.7	0.13～3.42	17～179	1.3～81	72～370
平均值	13.26	0.75	65.97	18.09	170.72

项　目	有效硼（mg/kg）	有效锌（mg/kg）	有效铜（mg/kg）	有效铁（mg/kg）	有效锰（mg/kg）
含量范围	0.067～1.71	0.12～3.75	0.2～9.85	1.44～35.52	0.68～14.43
平均值	0.43	0.7	2.17	12.92	7.68

（三）生产性能与障碍因素

二级地地势平坦，有较好的灌排系统。土层深厚，质地适中，结构良好，适宜种植多种作物。产量水平小麦一般为 3 750～5 250kg/hm²，玉米 9 000～11 250kg/hm²。但部分土壤有一定的障碍因素，如沙、黏层次结构和薄层型的土壤以及土壤养分含量较低等。应加强深耕深松、增施有机肥等改良措施，以改善土壤结构，通过建立科学施肥制度等措施补充土壤养分不足，同时应注重锌肥和硼肥的施用。

三、三级地

（一）面积与分布

三级地面积 44 461.39hm²，占全旗耕地总面积的 29.63%，昭君镇三级地面积分布最多，有 9 334.89 hm²，占全旗三级地面积的 21%，其余各镇（苏木）均有分布，相对较多的有王爱召镇、展旦召苏木、树林召镇、恩格贝镇，分别占三级地的 18.7%、14.1%、13.7%和 10.7%。中和西镇三级地的面积最小，为 1 714.52hm²，占全旗三级地面积的 3.9%。种植的作物有玉米、甜菜、向日葵、马铃薯等。

（二）主要属性

三级地的土壤类型主要是潮土、风沙土、栗钙土，面积分别占三级地的 52.8%、27.1%、10.8%。成土母质主要是冲积物，占三级地面积的 94.3%，质地主要是壤土、沙土、黏土，三级地中壤土面积相对减少，沙土和黏土面积相对增加；土体构型以通体沙型和通体壤型为主，二者占 88.7%，通体黏型占 10.8%，有少量夹层型和漏沙型。障碍因素比较明显。土壤养分含量比较低，有机质平均含量 10.7g/kg，大部分为5～15g/kg，占三级地的 94.8%；全氮平均含量 0.61g/kg，有 89.4%的三级地全氮含量大于 0.4g/kg；有效磷平均含量 15.45mg/kg，有效磷 10～30mg/kg 的面积占 65.5%；速效钾平均含量 148.87mg/kg，含量大于 100mg/kg 的面积占 91.6%。微量元素中，耕地面积有 11.9%的有效锌、极少部分耕地的有效硼和 46.3%的有效锰含量低于临界值，其他微量元素养分含量都比较丰富。三级地 pH 平均为 8.51。三级地土壤养分含量统计见表 3-13。

表 3-13　三级地土壤养分含量统计

项　目	有机质（g/kg）	全氮（g/kg）	碱解氮（mg/kg）	有效磷（mg/kg）	速效钾（mg/kg）
含量范围	2～37.9	0.11～2.02	15～239	1.2～68.9	30～337
平均值	10.7	0.61	59.51	15.45	148.87

项　目	有效硼（mg/kg）	有效锌（mg/kg）	有效铜（mg/kg）	有效铁（mg/kg）	有效锰（mg/kg）
含量范围	0.027～1.39	0.1～3.75	0.15～13.09	1.75～29.55	0.12～15.14
平均值	0.37	0.7	1.52	10.87	7.99

（三）生产性能与主要障碍因素

三级地的地势平坦，大部分耕地土层深厚，土壤结构良好，但相当一部分耕地表层质地偏沙或偏黏，有的存在夹沙、夹黏和土层薄等不良的土体构型，土壤有机质含量较低，

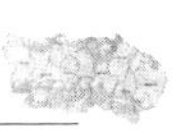

速效养分特别是有效磷含量低，而且部分土壤有轻度或中度盐化，直接影响耕地的生产能力。生产性能处于中等水平，产量水平玉米一般为7 500～9 000kg/hm²。

四、四级地

(一) 面积与分布

全旗四级地面积31 810.62hm²，占全旗耕地总面积的21.2%。全旗各镇（苏木）分布稍有差异，王爱召镇相对较多，吉格斯太镇相对较少。其余各镇（苏木）基本均匀分布。种植的作物有玉米、甜菜、向日葵等。

(二) 主要属性

四级地的土壤类型以风沙土、潮土、栗钙土为主，分别占四级地面积的57.1%、29.5%和7.5%，其余为盐土。成土母质主要是黄河冲积物、风积物；质地构型以通体沙型和通体壤型为主，分别占四级地面积的75%和19.56%。四级地土壤养分含量比较低，土壤有机质平均含量为8.7g/kg，含量5～15g/kg的面积占四级地面积的96.9%；全氮平均含量0.51g/kg,四级地全氮含量几乎没有大于1.0g/kg的,大部分集中在0.4～0.8g/kg，占81.1%；有效磷平均含量12.33mg/kg，大部分分布在10～20mg/kg，占55.6%，含量低于20mg/kg的面积占四级地面积的93.4%；速效钾平均含量134.33mg/kg，含量100～150mg/kg的面积占四级地的58.2%。微量元素中，缺锌的耕地面积占33.7%，缺锰的耕地面积占43.2%，缺硼的耕地面积占15.4%，其他微量元素养分含量都比较丰富，四级地pH平均为8.52。四级地土壤养分含量统计见表3-14。

表3-14 四级地土壤养分含量统计

项目	有机质（g/kg）	全氮（g/kg）	碱解氮（mg/kg）	有效磷（mg/kg）	速效钾（mg/kg）
含量范围	1.2～37.9	0.06～2.02	18～154	1.2～53.2	23～363
平均值	8.7	0.51	56.82	12.33	134.33
项目	有效硼（mg/kg）	有效锌（mg/kg）	有效铜（mg/kg）	有效铁（mg/kg）	有效锰（mg/kg）
含量范围	0.6～1.25	0.1～3.84	0.14～14.03	3.56～26.01	0.3～13.96
平均值	0.36	0.72	1.02	9.27	7.49

(三) 生产性能与主要障碍因素

四级地的生产性能中等偏下，产量水平玉米一般为6 750～8 250kg/hm²。土壤的障碍因素比较明显，主要表现在：一是土壤养分含量低；二是植被覆盖率低，水土流失、土壤沙化、沙蚀比较严重，耕层浅，盐渍化等，这些障碍因素直接影响耕地的生产能力。针对上述问题，一方面要通过深耕深松、秸秆还田、增施有机肥、科学使用化肥等措施，逐步改善土壤结构，培肥地力；另一方面要通过水利、农艺、生物等综合措施，变旱地为水浇地，改良土壤，同时减轻和预防盐渍化对作物的胁迫，有效提高耕地的综合生产能力。

五、五级地

(一) 面积与分布

五级地耕地面积19 199.23hm²，占全旗耕地总面积的12.79%，主要分布在吉格斯太镇、恩格贝镇、白泥井镇，各占五级地面积的30.2%、16.7%、14.5%，其余各镇（苏木）基本上均匀分布。种植的作物有向日葵、马铃薯、玉米等。

（二）主要属性

五级地的土壤类型主要风沙土、潮土和栗钙土，分别占五级地面积的77.9%、11.7%和10.3%。土壤养分含量低，有机质平均含量6.55g/kg，含量全部小于10.0g/kg，其中有22.7%的面积低于5.0g/kg，含量5～10g/kg的面积占五级地面积的75.3%；全氮平均含量0.4g/kg，87.4%的五级地全氮含量为0.2～0.6g/kg；有效磷平均含量8.09mg/kg，含量10～20mg/kg的面积占五级地面积的32.9%，含量5～10mg/kg的面积占五级地面积的45.4%，含量低于5mg/kg的面积占五级地面积的21.5%；速效钾平均含量109.11mg/kg，含量100～150mg/kg的面积占五级地面积的51.2%，含量50～100mg/kg的面积占五级地面积的42.3%。微量元素中，有效硼平均含量0.21mg/kg，有23.4%的五级地有效硼含量低于0.25mg/kg，有39.2%的五级地有效锌含量低于0.5mg/kg，28.6%的五级地有效锰含量低于7mg/kg，其他微量元素养分含量都较丰富。五级地pH平均为8.68。五级地土壤养分含量统计见表3-15。

表3-15　五级地土壤养分含量统计

项　目	有机质（g/kg）	全氮（g/kg）	碱解氮（mg/kg）	有效磷（mg/kg）	速效钾（mg/kg）
含量范围	1.9～13.7	0.05～1.22	12～136	1.2～27.8	34～258
平均值	6.55	0.4	45.07	8.09	109.11
项　目	有效硼（mg/kg）	有效锌（mg/kg）	有效铜（mg/kg）	有效铁（mg/kg）	有效锰（mg/kg）
含量范围	0.5～1.07	0.14～3.62	0.13～12.52	3.14～25.59	0.77～13.77
平均值	0.21	0.79	0.84	9.56	7.65

（三）生产性能与主要障碍因素

五级地土壤理化性状差，一部分表现为土壤板结，养分贫瘠，易干旱，在雨季又容易积水，形成内涝，土壤水、肥、气、热不协调；一部分表现为土壤有效土层薄、沙化、有效灌溉缺失等。因此，五级地的生产性能低，只能种一些相对比较耐盐碱、耐旱的作物，产量水平玉米一般为6 000～6 750kg/hm^2，但由于耕作制度因素通常产量水平在6 000kg/hm^{2}以下。在五级地分布区域，一方面要加强水利设施建设，建立健全排灌系统，科学调控农田用水，逐步降低地下水位，防止土壤返盐；另一方面要应用农艺、生物、化学等综合措施，逐步改善土壤结构，培肥地力，为土壤创造协调的水、肥、气、热环境条件，促进土壤脱盐，通过种植绿肥以及合理的轮作来逐步改善土壤的耕作性能，改善耕地土壤环境，逐渐提高耕地的生产能力。

第三节　各镇（苏木）耕地地力现状

全旗各镇（苏木）不同地力等级耕地面积统计见表3-16。

表 3-16 全旗各镇（苏木）不同地力等级耕地面积统计

镇（苏木）	项 别	地力等级					
		合计	一	二	三	四	五
吉格斯太镇	面积（hm^2）	13 582.66	24.33	876.95	3 812.10	3 064.97	5 804.31
	比例（%）	100.00	0.18	6.46	28.07	22.57	42.73
白泥井镇	面积（hm^2）	16 424.76	1 266.33	3 960.32	4 184.10	4 222.51	2 791.50
	比例（%）	100.00	7.71	24.11	25.47	25.71	17.00
王爱召镇	面积（hm^2）	29 148.91	6 226.47	8 127.50	8 304.48	5 621.58	868.88
	比例（%）	100.00	21.36	27.88	28.49	19.29	2.98
树林召镇	面积（hm^2）	25 951.34	7 326.71	7 896.37	6 102.26	3 641.05	984.95
	比例（%）	100.00	28.23	30.43	23.51	14.03	3.80
展旦召苏木	面积（hm^2）	19 204.24	2 939.37	4 321.60	6 273.29	4 145.18	1 524.80
	比例（%）	100.00	15.31	22.50	32.67	21.58	7.94
昭君镇	面积（hm^2）	22 850.52	981.36	5 771.61	9 334.89	4 172.15	2 590.51
	比例（%）	100.00	4.29	25.26	40.85	18.26	11.34
恩格贝镇	面积（hm^2）	13 556.33	78.63	874.07	4 735.75	4 663.49	3 204.39
	比例（%）	100.00	0.58	6.45	34.93	34.40	23.64
中和西镇	面积（hm^2）	9 358.38	1 545.90	2 388.38	1 714.52	2 279.69	1 429.89
	比例（%）	100.00	16.52	25.52	18.32	24.36	15.28
全旗	面积（hm^2）	150 077.14	20 389.10	34 216.80	44 461.39	31 810.62	19 199.23
	比例（%）	100.00	13.59	22.80	29.63	21.20	12.79

一、中和西镇

中和西镇地处达拉特旗的最西部，西邻毛布拉格孔兑，与杭锦旗交界，耕地面积 9 358.38hm^2，占全旗耕地总面积的 6.23%，耕地主要分布在黄河冲积平原区和库布齐沙漠北缘区，土壤类型以潮土和风沙土为主，成土母质主要是冲积—洪积物、风积母质，质地类型主要是壤土、黏壤土、黏土和沙土，土层深厚、质地均一，土壤养分含量较高，耕地的潜在生产能力高。共评价出 5 个地力等级，各等级地面积分布较为均匀，其中二级地和四级地占比较大一些，两级共占全镇耕地的 49.88%。全镇一级地 1 545.90hm^2，占全镇耕地面积的 16.52%，主要分布在该镇的翻身村、红海村、南伙房村和宝日呼舒村中部和北部地区；二级地 2 388.38hm^2，占全镇耕地面积的 25.52%，主要分布在该镇的翻身村、红海村、南伙房村和宝日呼舒村中部地区；三级地 1 714.52hm^2，占 18.32%，主要分布在该镇宝日呼舒村的中部、北部和东部，乌兰计的北部；四级地 2 279.69hm^2，占全镇耕地面积的 24.36%，主要分布在该镇乌兰计村南部、宝日呼舒村东南部、万太兴村大部以及官井村东南部；五级地 1 429.89hm^2，占全镇耕地面积的 15.28%，主要分布在该镇乌兰计村大部、官井村大部、万太兴村东部以及宝日呼舒村东部。中和西镇不同土壤类型耕地面积及养分含量见表 3-17，不同地力等级耕地理化性状见附录 1 耕地资源数据册之附表 6。

表 3-17　中和西镇不同土壤类型耕地面积及养分含量

	栗钙土	盐土	潮土	沼泽土	风沙土
面积（hm^2）	363.41	566.31	4 750.06	92.49	3 586.11
pH	8.53	8.44	8.43	8.37	8.50
有机质（g/kg）	8.81	14.85	14.35	19.63	11.16
全氮（g/kg）	0.58	0.79	0.82	1.17	0.61
碱解氮（mg/kg）	58.41	70.55	72.84	67.38	62.09
有效磷（mg/kg）	12.48	11.02	16.80	12.34	11.64
速效钾（mg/kg）	129.47	200.32	195.53	143.56	143.37
有效硼（mg/kg）	0.35	0.36	0.36	0.30	0.33
有效锌（mg/kg）	0.47	0.53	0.48	0.38	0.53
有效铜（mg/kg）	0.90	2.17	1.89	3.40	1.44
有效铁（mg/kg）	11.87	20.21	17.41	19.51	13.12
有效锰（mg/kg）	8.10	9.29	9.66	6.58	7.64

二、恩格贝镇

恩格贝镇地处达拉特旗西部，西与中和西镇以布日嘎斯太沟为界，东与昭君镇以黑赖沟为界河相邻。耕地主要分布在黄河冲积平原区，土壤类型以潮土和风沙土为主，成土母质主要是洪积—冲积物，土层深厚，质地适中，土壤较为瘠薄。耕地面积 13 556.33hm^2，占全旗耕地总面积的 9.03%。共评价出 5 个地力等级，一级地、二级地很少，分别只有 78.63hm^2 和 874.07hm^2，分别占该镇耕地面积的 0.58%和 6.45%；三、四、五级地面积较多，分别为 4 735.75hm^2、4 663.49hm^2 和 3 204.39hm^2，分别占全镇耕地面积的 34.93%、34.40%和 23.64%。一、二级地主要分布在新圪旦村南部和北海村部分农田，三级地主要分布在柳子圪旦村北部、蒲圪卜村大部和五大仓村，四、五级地主要插花分布在乌兰村和新圪旦村。可以看出，该镇的耕地地力水平较低。恩格贝镇不同土壤类型耕地面积及养分含量见表 3-18，不同地力等级耕地理化性状见附录 1 耕地资源数据册之附表 6。

表 3-18　恩格贝镇不同土壤类型耕地面积及养分含量

	栗钙土	盐土	潮土	沼泽土	风沙土
面积（hm^2）	2 193.17		6 323.71	52.10	4 987.35
pH	8.57		8.74	8.50	8.56
有机质（g/kg）	7.40		8.28	12.42	9.12
全氮（g/kg）	0.57		0.49	0.72	0.61
碱解氮（mg/kg）	62.53		64.67	70.76	61.70
有效磷（mg/kg）	15.01		8.56	22.99	17.94

（续）

	栗钙土	盐土	潮土	沼泽土	风沙土
速效钾（mg/kg）	126.75		148.37	116.12	133.10
有效硼（mg/kg）	0.42		0.49	0.31	0.35
有效锌（mg/kg）	0.47		0.64	0.59	0.49
有效铜（mg/kg）	0.50		1.11	1.45	0.70
有效铁（mg/kg）	8.06		9.93	10.03	8.76
有效锰（mg/kg）	9.47		10.13	11.70	9.60

三、昭君镇

该镇东与展旦召苏木相邻，北部属于黄河冲积平原区，耕地主要分布于山前冲积—洪积平原和黄河冲积平原上，土壤类型以潮土、风沙土和盐土为主。耕地面积22 850.52hm²，占全旗耕地总面积的15.23%。共评价出5个地力等级，一级地面积最小，为981.36hm²，占全镇耕地面积的4.29%；三级地面积最大，为9 334.89hm²，占全镇耕地面积的40.85%；剩余依次为二级地面积5 771.61hm²，四级地面积4 172.15hm²，五级地面积2 590.51hm²，分别占全镇耕地面积的25.26%、18.26%和11.34%。一级地主要分布在北部黄河冲积平原的羊场村和沙圪堵村的部分农田；二级地主要分布在羊场村和沙圪堵村的大部、刘大圪堵村东部以及赛乌素村、吴四圪堵村的河漫滩地；三级地主要分布在四村村、和胜村北部、二狗湾北部、侯家圪堵村、刘大圪堵村西部；四、五级地主要分布在沙壕村、二狗湾东部、和胜村、巴音色古楞嘎查和门肯嘎查，在库布齐沙漠区及其北缘一带。由此看出昭君镇的耕地地力属于中等偏下水平。昭君镇不同土壤类型耕地面积及养分含量见表3-19，不同地力等级耕地理化性状见附录1耕地资源数据册之附表6。

表3-19　昭君镇不同土壤类型耕地面积及养分含量

	栗钙土	盐土	潮土	沼泽土	风沙土
面积（hm²）	3 926.04	2 981.72	11 813.32	54.87	4 074.57
pH	8.45	8.77	8.50	9.30	8.65
有机质（g/kg）	9.96	8.47	11.66	7.80	8.47
全氮（g/kg）	0.63	0.53	0.75	0.49	0.52
碱解氮（mg/kg）	68.84	51.19	65.35	47.43	57.69
有效磷（mg/kg）	25.2	10.58	11.73	9.19	17.34
速效钾（mg/kg）	174.29	144.59	153.55	128.00	153.7
有效硼（mg/kg）	0.41	0.42	0.43	0.41	0.42
有效锌（mg/kg）	0.53	0.50	0.71	0.44	0.54
有效铜（mg/kg）	0.81	3.12	3.82	2.56	1.66

（续）

	栗钙土	盐土	潮土	沼泽土	风沙土
有效铁（mg/kg）	9.40	11.86	12.24	11.97	11.01
有效锰（mg/kg）	11.08	8.23	11.57	7.18	9.90

四、展旦召苏木

展旦召苏木地处达拉特旗西部，耕地面积 19 204.24hm²，占全旗耕地总面积的 12.80%，土壤类型以潮土和风沙土为主。共评价出 5 个地力等级，一级地面积 2 939.37hm²，占全苏木耕地面积的 15.31%；二级地 4 321.60hm²，占全苏木耕地面积的 22.50%；三级地 6 273.29hm²，占全苏木耕地面积的 32.67%；四级地 4 145.18hm²，占全苏木耕地面积的 21.58%；五级地 1 524.8 hm²，占全苏木耕地面积的 7.94%。一、二级地主要在长胜、天义昌、黄木独、海子湾、建设等各村插花分布；三级地主要分布在长胜、天义昌、黄木独、井泉、福茂城等村；二、三级地面积遍布全镇沿河各地；四、五级地主要分布在柳林村、道劳哈勒村、井泉村、福茂城村等。可以看出展旦召苏木的耕地地力水平较高。展旦召苏木不同土壤类型耕地面积及养分含量见表 3-20，不同地力等级耕地理化性状见附录 1 耕地资源数据册之附表 6。

表 3-20　展旦召苏木不同土壤类型耕地面积及养分含量

	栗钙土	盐土	潮土	沼泽土	风沙土
面积（hm²）	2 236.43	1 730.13	8 066.50	34.65	7 136.53
pH	8.15	8.57	8.56	8.35	8.48
有机质（g/kg）	11.76	10.36	11.97	13.85	10.05
全氮（g/kg）	0.59	0.58	0.66	0.61	0.53
碱解氮（mg/kg）	52.93	64.95	65.49	64.50	65.04
有效磷（mg/kg）	14.66	16.47	16.64	16.50	14.59
速效钾（mg/kg）	168.30	143.23	162.06	184.50	159.31
有效硼（mg/kg）	0.31	0.37	0.33	0.35	0.37
有效锌（mg/kg）	0.45	0.47	0.56	0.25	0.52
有效铜（mg/kg）	0.62	1.25	1.53	0.78	1.42
有效铁（mg/kg）	8.99	10.57	11.42	9.51	11.36
有效锰（mg/kg）	10.22	5.55	6.80	4.65	7.90

五、树林召镇

树林召镇地处达拉特旗中部地区，土壤类型以潮土和风沙土为主。耕地面积 25 951.34hm²，占全旗耕地总面积的 17.29%。共评价出 5 个地力等级，一级地面积 7 326.71hm²，占全镇耕地面积的 28.23%；二级地面积 7 896.37hm²，占全镇耕地面积的

30.43%，一、二级地主要分布在该镇的中部及北部的黄河冲积平原区，包括树林召村、白柜村、平原村、五股地村等各村以北的大部地区插花分布；三级地面积 6 102.26hm²，占全镇耕地面积的 23.51%，主要分布在中部库布齐沙漠北缘和西北部罕台川东岸一线，包括张铁营子、关碾房、靴铺窑子、五股地、林原等各村；四、五级地面积分别为 3 641.05hm²和 984.95hm²，分别占全镇耕地面积的 14.03%和 3.8%，四、五级地主要分布在草原村、五股地村南部。可以看出树林召镇的耕地地力水平较高。树林召镇不同土壤类型耕地面积及养分含量见表 3-21，不同地力等级耕地理化性状见附录 1 耕地资源数据册之附表 6。

表 3-21　树林召镇不同土壤类型耕地面积及养分含量

	栗钙土	盐土	潮土	沼泽土	风沙土
面积（hm²）	880.02	2161.31	15 351.80	—	7 558.21
pH	7.97	8.58	8.50	—	8.48
有机质（g/kg）	13.13	13.44	13.59	—	9.73
全氮（g/kg）	1.11	0.80	0.78	—	0.59
碱解氮（mg/kg）	81.71	71.92	69.44	—	57.39
有效磷（mg/kg）	28.55	22.83	24.44	—	20.09
速效钾（mg/kg）	116.76	184.25	163.02	—	134.48
有效硼（mg/kg）	0.32	0.43	0.42	—	0.34
有效锌（mg/kg）	1.22	0.77	0.71	—	0.81
有效铜（mg/kg）	0.70	2.29	1.92	—	1.38
有效铁（mg/kg）	8.84	13.27	14.35	—	9.49
有效锰（mg/kg）	6.69	5.68	5.59	—	5.84

六、王爱召镇

王爱召镇位于达拉特旗中东部的黄河冲积平原区，耕地面积 29 148.91hm²，占全旗耕地总面积的 19.42%，是全旗耕地面积较大的一个镇。耕地土壤类型以潮土、盐土和风沙土为主，主要分布在黄河冲积平原区、库布齐沙漠北缘区以及各季节性河流支沟的一、二级阶地上，土壤盐渍化程度较轻。共评价出 5 个地力等级，一级地面积 6 226.47hm²，占全镇耕地面积的 21.36%；二级地面积 8 127.50hm²，占全镇耕地面积的 27.88%；三级地面积 8 304.48hm²，占全镇耕地面积的 28.49%；四级地面积 5 621.58hm²，占全镇耕地面积的 19.29%；五级地面积 868.88hm²，占全镇耕地面积的 2.98%。一、二级地主要分布在德胜营、新城、黄牛营子、大淖、杨家营子、宋五营子等各村，新和、东兴、西社、王爱召、南红桥等各村有插花分布；三级地主要在德胜太、三座毛庵、小淖、裕太奎、东兴、西社、新民堡、杨家圪堵等各村插花分布；四级地主要分布在成永村、宋五营子东、三份子西一带；五级地主要插花分布在三份子、榆林子、新和等村。王爱召镇的耕地地力属于上等水平。王爱召镇不同土壤类型耕地面积及养分含量见表 3-22，不同地力等级耕地理化性状见附录1耕地资源数据册之附表6。

表3-22　王爱召镇不同土壤类型耕地面积及养分含量

	栗钙土	盐土	潮土	沼泽土	风沙土
面积（hm^2）	284.46	4 701.38	15 743.45	—	8 419.62
pH	8.32	8.33	8.36	—	8.40
有机质（g/kg）	14.78	14.13	13.04	—	10.69
全氮（g/kg）	0.59	0.78	0.69	—	0.55
碱解氮（mg/kg）	62.97	59.63	58.66	—	54.97
有效磷（mg/kg）	23.48	19.59	16.24	—	15.07
速效钾（mg/kg）	171.72	180.26	161.48	—	144.28
有效硼（mg/kg）	0.29	0.53	0.42	—	0.34
有效锌（mg/kg）	1.54	0.79	0.81	—	0.97
有效铜（mg/kg）	0.44	3.47	2.40	—	0.84
有效铁（mg/kg）	7.92	14.38	11.88	—	8.43
有效锰（mg/kg）	4.17	7.80	6.69	—	4.87

七、白泥井镇

白泥井镇位于达拉特旗的东部，东与吉格斯太镇接壤，西与王爱召镇相邻，耕地面积16 424.76hm^2，占全旗耕地总面积的10.94%。耕地土壤类型以潮土和风沙土为主，相对来说地形部位较高。共评价出5个地力等级，一级地面积较少，为1 266.33hm^2，占全镇耕地面积的7.71%，主要分布在该镇的北部黄河冲积平原区道劳窑子村；二级地面积3 960.32hm^2，占全镇耕地面积的24.11%，主要分布在道劳窑子村、海勒苏村、唐公营子村；三级地面积4 184.1hm^2，占全镇耕地面积的25.47%，三级地主要集中分布在白泥井村、侯家营子村以及唐公营子北部一带；四级地面积4 222.51hm^2，占全镇耕地面积的25.71%，四级地主要集中分布在白泥井村以北唐公营子以南一带；五级地面积2 791.50hm^2，占全镇耕地面积的17.00%，五级地主要分布在唐公营子村东部、海勒苏村以东一带。由此可见，白泥井镇的耕地地力较低，属于中等偏下水平。白泥井镇不同土壤类型耕地面积及养分含量见表3-23，不同地力等级耕地理化性状见附录1耕地资源数据册之附表6。

表3-23　白泥井镇不同土壤类型耕地面积及养分含量

	栗钙土	盐土	潮土	沼泽土	风沙土
面积（hm^2）	1 759.98	120.25	10 278.61	—	4 265.92
pH	8.86	8.63	8.59	—	8.49
有机质（g/kg）	5.78	8.8	8.16	—	8.32
全氮（g/kg）	0.35	0.54	0.50	—	0.51

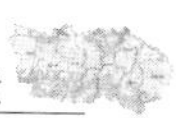

（续）

	栗钙土	盐土	潮土	沼泽土	风沙土
碱解氮（mg/kg）	39.59	61.5	60.66	—	56.52
有效磷（mg/kg）	8.01	20.27	15.14	—	13.84
速效钾（mg/kg）	97.01	154.2	142.87	—	135.57
有效硼（mg/kg）	0.27	0.28	0.34	—	0.28
有效锌（mg/kg）	1.58	1.07	0.83	—	1.51
有效铜（mg/kg）	0.49	0.60	0.56	—	0.51
有效铁（mg/kg）	7.73	9.27	7.51	—	7.48
有效锰（mg/kg）	6.17	8.56	6.23	—	5.82

八、吉格斯太镇

吉格斯太镇位于达拉特旗的最东部，耕地面积13 582.66hm^2，占全旗耕地总面积的9.05%。耕地土壤类型以风沙土和潮土为主。共评价出5个地力等级，一级地面积极少，为24.33hm^2，占全镇耕地面积的0.18%；二级地面积876.95hm^2，占全镇耕地面积的6.46%，该镇一、二级地较少，主要分布在北部蛇肯点素村；三级地面积3 812.1hm^2，占全镇耕地面积的28.07%；四级地面积3 064.97hm^2，占全镇耕地面积的22.57%；五级地面积最大，为5 804.31hm^2，占全镇耕地面积的42.73%。三级地主要分布在蛇肯点素村北部，大红奎村以北以东一带，四级地主要分布在梁家圪堵村，五级地主要分布在大红奎村以西一带、张义成窑子大部、柳沟村、沟心召村、三眼井村。由此可见吉格斯太镇的耕地地力水平较低。吉格斯太镇不同土壤类型耕地面积及养分含量见表3-24，不同地力等级耕地理化性状见附录1耕地资源数据册之附表6。

表3-24　吉格斯太镇不同土壤类型耕地面积及养分含量

	栗钙土	盐土	潮土	沼泽土	风沙土
面积（hm^2）	1238.85	1344.25	3547.44	—	7452.12
pH	8.78	8.85	8.81	—	8.76
有机质（g/kg）	7.49	8.37	8.68	—	7.43
全氮（g/kg）	0.39	0.48	0.45	—	0.39
碱解氮（mg/kg）	34.50	43.40	49.99	—	39.26
有效磷（mg/kg）	5.36	11.94	11.53	—	9.70
速效钾（mg/kg）	100.70	148.09	129.06	—	114.82
有效硼（mg/kg）	0.32	0.41	0.47	—	0.31
有效锌（mg/kg）	1.20	0.49	0.75	—	0.72
有效铜（mg/kg）	0.68	0.77	0.71	—	0.72
有效铁（mg/kg）	8.91	11.02	10.04	—	9.80
有效锰（mg/kg）	7.89	8.36	7.14	—	7.57

第四节　耕地环境质量评价

达拉特旗是国家重要的商品粮旗县之一，是以农牧业经济为主、工业经济占较大比重迅猛发展的旗县，工矿企业大多集中在树林召镇周边库布齐沙漠北缘，工业“三废”（废水、废气和固体废弃物）排放总量较多，由于其所处位置远离农业耕作区，所以对农牧业生产影响甚微；在农业生产方面，农药、化肥、农膜等可能对耕地土壤造成污染的农用物资投入量较少，工农业生产对耕地土壤环境造成的污染也相对较轻。为了了解耕地土壤和水环境受污染的状况，摸清耕地土壤及灌溉水的污染程度、主要污染源、污染项目等情况，切实了解农业面源污染对耕地环境质量的影响，根据全旗工矿企业的分布情况和各地的农业生产水平，选择有可能造成点源污染和农业生产水平较高、化肥和农药用量较大、有可能造成面源污染的地区，取土样 19 个，分析评价耕地土壤的点源污染和面源污染程度；取黄河水、地下水等主要农田灌溉水源水样 8 个，分析耕地的水环境质量。根据土样、水样的分析化验结果，综合评价达拉特旗耕地环境质量状况。

一、耕地重金属含量

耕地土壤 19 个样点的重金属含量见表 3-25。

1. 总汞　耕地土壤中的汞含量较低，19 个样点的汞含量都远低于 GB 15618—1995《土壤环境质量标准》自然背景的极限值 0.15mg/kg，就汞而言土壤质量基本上保持自然背景水平，符合一级标准。

2. 镉　中和西镇南伙房村，展旦召苏木建设村，王爱召镇榆林子村、新民堡村 4 个样点的土壤镉含量分别为 0.16mg/kg、0.16mg/kg、0.27mg/kg、0.16mg/kg，略高于 GB 15618—1995《土壤环境质量标准》自然背景极限值 0.15mg/kg，但低于 MY/T 391—2013《绿色食品　产地环境质量》的极限值 0.4mg/kg，镉污染轻微，接近污染指标临界值。其余 15 个样点的镉含量都比较低，最高含量 0.15mg/kg，最低含量 0.09mg/kg，平均含量 0.13mg/kg，低于自然背景极限值 0.2mg/kg，基本上保持自然背景水平，符合一级标准。

3. 铅　耕地土壤的铅含量比较低，最高含量 25.7mg/kg，最低含量 17.4mg/kg，平均含量 19.7mg/kg，低于 GB 15618—1995《土壤环境质量标准》的自然背景极限值 35mg/kg，基本上保持自然背景水平，符合绿色食品产地环境条件要求。

4. 总砷　耕地土壤砷含量比较低，19 个样点中，最高值 10.6mg/kg，最低值 6.0mg/kg，平均含量为 8.0mg/kg，远低于 GB 15618—1995《土壤环境质量标准》的自然背景极限值 15mg/kg，基本上保持自然背景水平，完全符合绿色食品产地环境条件要求。

5. 总铬　19 个样点中，铬含量 37.7～86.2mg/kg，平均含量为 71.2mg/kg，远低于 GB 15618—1995《土壤环境质量标准》自然背景极限值 90mg/kg，保持自然背景水平，符合绿色食品产地环境条件要求。

6. 铜　耕地土壤的铜含量比较低，19 个样点的含量 4.8～15.9mg/kg，平均含量

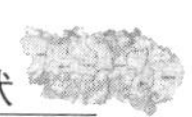

10.1mg/kg，低于 GB 15618—1995《土壤环境质量标准》自然背景极限值 35mg/kg，保持自然背景水平，符合绿色食品产地环境条件要求。

表 3-25　土壤重金属含量分析化验结果

单位：mg/kg

取样地点	pH	总汞	镉	铅	总砷	总铬	铜
中和西镇翻身村	8.78	0.025	0.11	18.6	9.6	52.9	4.8
中和西镇南伙房村	8.59	0.022	0.16	18.4	8.7	37.7	5.1
恩格贝镇乌兰村	8.31	0.018	0.08	19.5	9.1	74.0	6.4
恩格贝镇新胜村	8.52	0.020	0.12	19.9	9.5	82.4	8.8
昭君镇四村村	8.88	0.023	0.13	19.7	8.9	65.4	7.9
昭君镇和胜村	8.64	0.017	0.09	17.4	6.2	86.2	10.1
展旦召苏木建设村	8.57	0.018	0.16	19.9	8.9	77.8	12.9
展旦召苏木黄木独村	8.70	0.020	0.15	19.0	6.3	74.9	8.2
树林召镇东海兴村	8.65	0.017	0.15	19.6	10.6	84.1	15.9
树林召镇五股地村	8.26	0.017	0.11	20.1	9.4	74.5	10.1
树林召镇关碾坊村	8.30	0.017	0.15	25.7	7.0	77.3	12.9
王爱召镇榆林子村	8.46	0.020	0.27	18.1	8.9	66.9	10.6
王爱召镇新民堡村	8.79	0.021	0.16	19.6	6.0	63.7	13.7
王爱召镇德胜太村	8.79	0.022	0.11	21.8	9.6	83.3	11.6
白泥井镇白泥井村	8.52	0.015	0.11	18.7	6.6	70.8	9.5
白泥井镇海勒苏村	8.71	0.020	0.09	19.5	6.8	69.5	12.0
白泥井镇侯家营子村	8.59	0.016	0.11	19.0	6.5	71.2	11.7
吉格斯太镇 1	8.45	0.007	0.13	20.3	7.1	68.4	9.8
吉格斯太镇 2	8.32	0.019	0.12	20.0	6.7	71.0	10.4
平均	8.57	0.019	0.13	19.7	8.0	71.2	10.1

二、耕地水环境状况

（一）灌溉水源概况

全旗耕地灌溉面积 136 240hm^2，占耕地面积的 90.8%，有效灌溉面积 129 441hm^2，占耕地面积的 86.2%，集中分布在山前冲洪积平原区和井、黄灌区。灌溉水源主要是黄河水和地下水。根据农田灌溉水源的类型和分布情况，分别有代表性地采集黄河和地下水水样各 4 个，测试其重金属和其他污染物含量，综合分析耕地水环境质量状况。

（二）灌溉水质量

黄河水和地下水水质监测结果见表 3-26。

8 个水样的 pH 8.17～8.51，呈微碱性—碱性反应。铅未检出；镉有 6 个样点未检出，另外 2 个样点镉含量很低；总汞的含量也比较低，含量 3×10^{-5}～6×10^{-5}mg/L，平均为4×10^{-5}mg/L；砷的含量也比较低，平均为 0.003 9mg/L；六价铬有 3 个样点未检出，另外5个样点铬的含量有一定的差异，最低值是中和西镇南伙房村井水0.002mg/L，最高值是白泥井海勒苏黄河水0.02mg/L；氟化物含量0.176～0.707mg/L，平均为0.434mg/L；氯化物含量17.9～117mg/L，平均为69.7mg/L；8个样点氰化物都未检出。由此可见，黄河水和地下水8个水样的各项污染物含量都低于GB 5084—2002《农田灌溉水质标准》、NY/T 391—2013《绿色食品　产地环境质量》中的规定。

表3-26　灌溉水水质监测结果

单位：mg/L

取样地点	pH	铅	镉	总汞	砷	六价铬	氟化物	氯化物	氰化物
中和西镇翻身黄河水	8.30	未检出	未检出	0.000 03	0.003 1	0.009	0.588	117.0	未检出
树林召镇东海兴黄河水	8.35	未检出	未检出	0.000 05	0.005 5	0.005	0.655	101.0	未检出
王爱召德胜太黄河水	8.51	未检出	0.000 02	0.000 04	0.004 8	0.011	0.598	87.0	未检出
白泥井海勒苏黄河水	8.42	未检出	0.000 02	0.000 06	0.003 7	0.020	0.707	122.0	未检出
中和西镇南伙房村井水	8.36	未检出	未检出	0.000 04	0.003 8	0.002	0.187	56.0	未检出
昭君镇和胜井水	8.41	未检出	未检出	0.000 05	0.003 6	未检出	0.341	22.6	未检出
树林召镇五股地村井水	8.21	未检出	未检出	0.000 03	0.003 9	未检出	0.176	17.9	未检出
白泥井镇侯家营子井水	8.17	未检出	未检出	0.000 03	0.002 9	未检出	0.216	33.9	未检出
平均	8.34	—	—	0.000 04	0.003 9	—	0.434	69.7	—

三、耕地环境质量评价

根据土样、水样的分析化验结果，对耕地质量进行评价，明确耕地水环境和土壤环境质量状况，为绿色食品生产的合理布局以及制订耕地环境状况修复计划提供科学依据。

（一）评价标准

1. 土壤污染评价标准　根据国家和有关行业部门制定的GB 15618—1995《土壤环境质量标准》、NY/T 391—2013《绿色食品　产地环境质量》，将土壤环境分为以下3级标准。

不同pH条件、不同利用方式的3级土壤污染物的评价标准见表3-27。

表3-27　耕地土壤单项指标评价标准

单位：mg/L

级　别	利用方式	pH		铜(Cu)	铅(Pb)	镉(Cd)	铬(Cr)	砷(As)	汞(Hg)	六六六(BHC)	滴滴涕(DDT)
1级，优 NY/T 391—2013	旱田	pH<6.5	≤	50	50	0.30	120	25	0.25	0.1	0.1
		pH 6.5～7.5	≤	60	50	0.30	120	20	0.30	0.1	0.1
		pH>7.5	≤	60	50	0.40	120	20	0.35	0.1	0.1
	水田	pH<6.5	≤	50	50	0.30	120	20	0.30	0.1	0.1
		pH 6.5～7.5	≤	60	50	0.30	120	20	0.40	0.1	0.1
		pH>7.5	≤	60	50	0.40	120	15	0.40	0.1	0.1

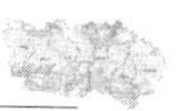

（续）

级　别	利用方式	pH		铜 (Cu)	铅 (Pb)	镉 (Cd)	铬 (Cr)	砷 (As)	汞 (Hg)	六六六 (BHC)	滴滴涕 (DDT)
2级，良	不分	pH<6.5	≤	—	100	0.30	150	40	0.30	0.5	0.5
		pH 6.5～7.5	≤	—	150	0.30	200	30	0.50	0.5	0.5
		pH>7.5	≤	—	150	0.60	250	25	1.0	0.5	0.5
3级，不合格	不分	pH<6.5	>	—	150	0.30	150	40	0.30	0.5	0.5
		pH 6.5～7.5	>	—	150	0.30	200	30	0.50	0.5	0.5
		pH>7.5	>	—	150	0.60	250	25	1.0	0.5	0.5

2. 灌溉水污染评价标准　灌溉水水质标准主要采用 GB 5084—2005《农田灌溉水质标准》、NY/T 391—2013《绿色食品　产地环境质量》。根据这两个标准，将灌溉水质分为 3 级（表 3-28），1 级和 2 级相同，符合上述标准，3 级不合格，灌溉水质指标大于 1 级或 2 级。

表 3-28　灌溉水单项指标评价标准

单位：mg/L

级　别		pH	化学需氧量 (CODcr)	汞 (Hg)	镉 (Cd)	砷 (As)	铅 (Pb)	铬 (Cr^{6+})	氟 (F)
1级，2级	≤	5.5～8.5	60	0.001	0.005	0.05	0.1	0.1	2.0
3级，不合格	>	5.5～8.5	60	0.001	0.005	0.05	0.1	0.1	2.0

（二）评价方法

1. 评价指标分类　由于不同环境要素的各项指标对人体及生物的危害程度不同，如土壤中镉的生物学危害大于铜，因而把水、土等各环境要素的评价指标分为两类，一类为严控指标，另一类为一般控制指标（表 3-29）。严控指标只要有一项超标即视为该级别不合格，应相应降级。一般控制指标若有一项或多项超标，只要综合污染指数小于 1，可不降级，综合污染指数大于 1 时则降级。

表 3-29　评价指标分类

环境要素	严控指标	一般控制指标
土壤	Cd 、Hg、As、Cr	Cu、Pb、BHC、DDT
灌溉水	Pb、Cd、Hg、As、Cr^{6+}	pH、CODcr

2. 污染指数计算方法

（1）单因子污染指数计算。采用分指数法计算单因子污染指数。

$$P_i = C_i S_i$$

式中：P_i 为单项污染指数；C_i 为某污染物实测值；S_i 为某污染物评价标准。

$P_i<1$ 为未污染，$P_i>1$ 为污染；P_i 越大污染越严重。

（2）多因子综合污染指数计算。采用尼梅罗污染指数计算多因子综合污染指数。

$$P_{综} = \sqrt{\frac{P_{平均}^2 + P_{max}^2}{2}}$$

式中：$P_{综}$为综合污染指数；$P_{平均}$为各单项污染指数的平均值；P_{max}为各单项污染指数的最大值。

3. 水、土环境要素综合指数计算 选择土壤和水质二者环境要素的最低级别，并在该级别标准计算水、土环境要素综合指数。

$$P_{土、水}=W_{土}\cdot P_{土}+W_{水}\cdot P_{水}$$

式中：$W_{水}$和$W_{土}$为权重。

4. 综合污染分级 根据综合污染指数大小，对污染程度进行分级（表3-30）。

表3-30 综合污染分级（以绿色食品环境为基础）

综合污染等级	综合污染指数	污染程度	污染水平
1	$P_{综}\leqslant0.7$	安全	清洁
2	$0.7<P_{综}\leqslant1.0$	警戒线	尚清洁
3	$1.0<P_{综}\leqslant2.0$	轻污染	污染物超过起始污染后，作物开始污染
4	$2.0<P_{综}\leqslant3.0$	中污染	土壤和作物污染明显
5	$P_{综}>3.0$	重污染	土壤和作物污染严重

（三）评价结果

1. 土壤环境质量评价结果 土壤污染调查的监测结果见表3-25。根据土壤污染评价方法计算各样点的单因子污染指数和多因子综合污染指数，结果见表3-31。结果表明，达拉特旗耕地土壤污染调查的所有19个样点，综合污染指数均未达到污染程度的警戒线，即$P_{综}<0.7$，综合污染等级达到1级标准，属清洁水平，符合绿色食品产地土壤环境条件。

表3-31 土壤污染的评价结果

取样地点	单因子污染指数						多因子综合污染指数		
	汞	镉	铬	砷	铅	铜	$P_{平均}$	P_{max}	$P_{综}$
中和西镇翻身村	0.071 4	0.275 0	0.440 8	0.480 0	0.372 0	0.080 0	0.286 5	0.480 0	0.395 3
中和西镇南伙房村	0.062 9	0.400 0	0.314 2	0.435 0	0.368 0	0.085 0	0.277 5	0.435 0	0.364 9
恩格贝镇乌兰村	0.051 4	0.200 0	0.616 7	0.455 0	0.390 0	0.106 7	0.303 3	0.616 7	0.485 9
恩格贝镇新胜村	0.057 1	0.300 0	0.686 7	0.475 0	0.398 0	0.146 7	0.343 9	0.686 7	0.543 0
昭君镇四村村	0.065 7	0.325 0	0.545 0	0.445 0	0.394 0	0.131 7	0.317 7	0.545 0	0.446 1
昭君镇和胜村	0.048 6	0.225 0	0.718 3	0.310 0	0.348 0	0.168 3	0.303 0	0.718 3	0.551 3
展旦召苏木建设村	0.051 4	0.400 0	0.648 3	0.445 0	0.398 0	0.215 0	0.359 6	0.648 3	0.524 2
展旦召苏木黄木独村	0.057 1	0.375 0	0.624 2	0.315 0	0.380 0	0.136 7	0.314 7	0.624 2	0.494 3
树林召镇东海兴村	0.048 6	0.375 0	0.700 8	0.530 0	0.392 0	0.265 0	0.385 2	0.700 8	0.565 5
树林召镇五股地村	0.048 6	0.275 0	0.620 8	0.470 0	0.402 0	0.168 3	0.330 8	0.620 8	0.497 4
树林召镇关碾坊村	0.048 6	0.375 0	0.644 2	0.350 0	0.514 0	0.215 0	0.357 8	0.644 2	0.521 0
王爱召镇榆林子村	0.057 1	0.675 0	0.557 5	0.445 0	0.362 0	0.176 7	0.378 9	0.675 0	0.547 3
王爱召镇新民堡村	0.060 0	0.400 0	0.530 8	0.300 0	0.392 0	0.228 3	0.318 5	0.530 8	0.437 7
王爱召镇德胜太村	0.062 9	0.275 0	0.694 2	0.480 0	0.436 0	0.193 3	0.356 9	0.694 2	0.551 9

（续）

取样地点	单因子污染指数						多因子综合污染指数		
	汞	镉	铬	砷	铅	铜	$P_{平均}$	P_{max}	$P_{综}$
白泥井镇白泥井村	0.042 9	0.275 0	0.590 0	0.330 0	0.374 0	0.158 3	0.295 0	0.590 0	0.466 4
白泥井镇海勒苏村	0.057 1	0.225 0	0.579 2	0.340 0	0.390 0	0.200 0	0.298 6	0.579 2	0.460 7
白泥井镇侯家营子村	0.045 7	0.275 0	0.593 3	0.325 0	0.380 0	0.195 0	0.302 3	0.593 3	0.470 9
吉格斯太镇蛇肯点素村	0.020 0	0.325 0	0.570 0	0.355 0	0.406 0	0.163 3	0.306 6	0.570 0	0.457 6
吉格斯太镇梁家圪堵村	0.054 3	0.300 0	0.591 7	0.335 0	0.400 0	0.173 3	0.309 0	0.5917	0.472 0

2. 灌溉水环境质量评价结果 灌溉水的监测结果见表3-26。根据水质污染评价方法计算单因子污染指数和多因子综合污染指数，结果见表3-32。

表3-32 农田灌溉水污染评价结果

取样地点	单因子污染指数						多因子综合污染指数		
	铅	镉	总汞	砷	六价铬	氟化物	$P_{平均}$	P_{max}	$P_{综}$
中和西镇翻身村黄河水	—	—	0.03	0.062	0.09	0.294	0.119	0.294	0.224 273
树林召镇东海兴村黄河水	—	—	0.05	0.11	0.05	0.327 5	0.134 375	0.327 5	0.250 313
王爱召镇德胜太村黄河水	—	0.004	0.04	0.096	0.11	0.299	0.109 8	0.299	0.225 23
白泥井镇海勒苏村黄河水	—	0.004	0.06	0.074	0.20	0.353 5	0.138 3	0.353 5	0.268 411
中和西镇南伙房村井水	—	—	0.04	0.076	0.02	0.093 5	0.057 375	0.093 5	0.077 57
昭君镇和胜村井水	—	—	0.05	0.072	—	0.170 5	0.097 5	0.170 5	0.138 882
树林召镇五股地村井水	—	—	0.03	0.078	—	0.088	0.065 333	0.088	0.077 5
白泥井镇侯家营子村井水	—	—	0.03	0.058	—	0.108	0.065 333	0.108	0.089 254

结果表明，达拉特旗主要灌溉水源黄河水和地下水8个样点的水质综合评价指数都小于0.7，为灌溉用水的1级标准，属清洁水平。

3. 水、土综合评价结果 根据土壤和灌溉水的评价结果，计算水、土综合指数。水和土的权重分别为0.35和0.65。

（1）黄河灌区。

中和西镇翻身村：$P_{综}=0.35\times0.3172+0.65\times0.3953=0.3680$

树林召镇东海兴村：$P_{综}=0.35\times0.3540+0.65\times0.5655=0.4915$

王爱召德胜太村：$P_{综}=0.35\times0.3185+0.65\times0.5519=0.4702$

白泥井海勒苏村：$P_{综}=0.35\times0.3796+0.65\times0.4607=0.4323$

（2）井灌区。

中和西镇南伙房村：$P_{综}=0.35\times0.1097+0.65\times0.3649=0.2756$

昭君镇和胜村：$P_{综}=0.35\times0.1964+0.65\times0.5513=0.4271$

树林召镇五股地村：$P_{综}=0.35\times0.1096+0.65\times0.4974=0.3617$

白泥井镇侯家营子村：$P_{综}=0.35\times0.1262+0.65\times0.4709=0.3503$

水、土综合评价结果表明，达拉特旗黄灌区和井灌区8个样点的水、土综合污染指数都小于0.7，耕地的环境质量状况属清洁水平，符合绿色食品生产的产地环境质量要求。

第四章

耕地施肥现状

合理施用肥料对于改良土壤、培肥地力、提高肥效、保护耕地、发展生态农业、增加作物产量、降低成本、净化环境等都具有十分重要的作用。为了摸清达拉特旗肥料施用状况，进一步分析总结有关肥料利用及其效应等信息，提供原始依据，找出存在的问题，解决有机无机肥的平衡施用问题，达到用地与养地相结合，实现耕地培肥与粮食生产综合发展。达拉特旗测土配方施肥项目组在采集土样的同时，调查了每个采样地块农户的施肥现状，调查内容包括有机肥和各种化肥的施肥品种、数量、施肥时期、施肥方式等，调查作物包括小麦、玉米、马铃薯、向日葵、甜菜等，这几种主栽作物的播种面积占到全旗总播面积的75％以上。调查样点数为8 354个，分布在全旗8个镇（苏木）沿河粮食主产区，调查农户数占主产区总户数的31％。调查方法为采集土样的同时，通过在地块中现场问询农民，填写“农户施肥情况调查表”，并进行相应的实地观测、调查，然后通过计算机软件对调查数据进行整理和统计分析。通过对农民的施肥调查，明确了农民各种肥料的施肥现状、施肥水平和施肥方面存在的问题，为开方配肥、指导农民合理施用肥料提供了科学依据。

第一节　有机肥施肥现状及施用水平

一、有机肥施肥现状

有机肥含养分种类多，有氮、磷、钾、钙、镁、硫和微量元素等，有机肥料中还含有大量的有机质，这是化肥所没有的。肥料施入土壤后要经微生物分解、腐烂后释放出养分供作物吸收，有机肥既可以为作物提供多种养分，又具有培肥土壤、提高土壤肥力的作用，肥效表现长、稳、缓的特点。在化肥蓬勃发展的今天，有机肥的施用同样是不可忽视的。达拉特旗有机肥主要是羊、牛、猪和禽类粪便的堆沤肥，还有部分植物秸秆还田腐熟。表4-1列出了几种有机肥养分含量，仅供参考。

表4-1　几种主要有机肥养分含量

名称	鲜基			2 500kg 含			2 500kg 相当于化肥		
	N（％）	P（％）	K（％）	N（kg）	P（kg）	K（kg）	尿素（kg）	碳酸二铵（kg）	硫酸钾（kg）
猪粪	0.547	0.245	0.294	13.675	6.125	7.350	29.7	13.3	14.7
牛粪	0.383	0.095	0.231	9.575	2.375	5.775	20.8	5.2	11.6

（续）

名称	鲜基			2 500kg 含			2 500kg 相当于化肥		
	N（%）	P（%）	K（%）	N（kg）	P（kg）	K（kg）	尿素（kg）	碳酸二铵（kg）	硫酸钾（kg）
羊圈粪	0.782	0.154	0.740	19.550	3.850	18.500	42.5	8.4	37.0
堆沤肥类	0.429	0.137	0.487	10.725	3.425	12.18	23.3	7.4	24.4
人粪尿	0.643	0.106	0.187	16.075	2.650	4.675	34.9	5.8	9.4
玉米秸秆	0.298	0.043	0.384	7.450	1.075	9.600	16.2	2.3	19.2

调查了达拉特旗几种主要作物施用有机肥情况，列于表 4-2。

从表 4-2 可以看出，调查样点数为 8 354 个，不施有机肥有 5 296 个点，占调查点位的 63.39%，施有机肥点数为 3 058 个，占调查点位的 36.61%。从各大作物施有机肥情况来看，马铃薯施用有机肥的点位较多，占 60.34%，其他作物施用有机肥基本在 30%左右，也可以这样粗略地理解，达拉特旗主要作物大约有 30%的耕地施用有机肥，平均施有机肥实物量每 667m^2 为 1 325kg。其中春小麦每 667m^2 施用量最大，为 1 589kg。由此可见，达拉特旗耕地有机肥施用面积比例不大、施用水平也不高，因此，建议引导农民进一步提高对施用有机肥的认识水平，努力通过多种渠道积极开发有机肥肥源和各种有机肥产品。

表 4-2 主要作物有机肥料施用现状

作物	灌溉情况	调查样点（个）	不施肥		施有机肥		每 667m^2 施有机肥（kg）				
			样点（个）	百分率（%）	样点（个）	百分率（%）	平均实物量	折有机质	折 N	折 P_2O_5	折 K_2O
全旗	水浇地	8 354	5 296	63.39	3 058	36.61	1 325	39.75	1.86	1.19	2.92
玉米	水浇地	7 481	4 732	63.25	2 749	36.75	1 230	36.90	1.72	1.11	2.71
春小麦	水浇地	305	228	74.75	77	25.25	1 589	47.67	2.22	1.43	3.50
向日葵	水浇地	155	116	74.84	39	25.16	1 026	30.78	1.44	0.92	2.26
马铃薯	水浇地	58	23	39.66	35	60.34	1 353	40.59	1.89	1.22	2.98
甜菜	水浇地	141	88	62.41	53	37.59	1 482	44.46	2.07	1.33	3.26
其他	水浇地	214	110	51.40	104	48.60	1 290	38.70	1.81	1.16	2.84

二、有机肥施用水平

有机肥具有培肥土壤、改善植物营养、供肥持久等多种优点，是农业生产中的重要肥料。有机肥与化肥相互促进，有利于作物吸收，提高肥料的利用率。各镇（苏木）施用有机肥水平列于表 4-3。

从表 4-3 中可以看出，各镇（苏木）有机肥施用水平有较大差别，展旦召苏木不施用有机肥的点位比例最大，占 84.4%，反映出该苏木有机肥施用率不高，大多数农户不施用有机肥；最小的是昭君镇，占 13.1%，反映出该镇多数农户施用有机肥。从有机肥施用水平来看，各镇（苏木）施用有机肥的农户每 667m^2 有机肥施用水平大多为 500～1 000kg，其中昭君镇有 75.8%的点位在此水平；吉格斯太镇有 44.3%的点位在此水平；树林召镇施用有机肥的点位中，有近一半的点位在此水平中。每 667m^2 有机肥施用大于 1 500kg水平的点位各镇（苏木）均较少，其中白泥井镇在此水平点位占比 22.7%，恩格贝镇在此水平点位占比 18.8%。全旗不施有机肥的比例为 55%，有 24.7%的点位每 667m² 施有机肥水平在 500～1 000kg，每 667m² 平均施用量 990.1kg。有 12.2%的点位每 667m² 施有机肥水平大于 1 500kg，每 667m² 平均施用量 2 358.6kg。

表 4-3　各镇（苏木）有机肥不同施用水平

镇（苏木）	项　别	每 667m² 施有机肥水平（kg）				
		不施肥	≤500	500～1 000	1 000～1 500	>1 500
吉格斯太镇	每 667m² 用量（kg）	—	96.6	1 000.0	1 500.0	2 027.8
	样点（个）	333	30	355	62	22
	百分率（%）	41.5	3.7	44.3	7.7	2.7
白泥井镇	每 667m² 用量（kg）	—	68.3	1 000.0	1 500.0	2 024.2
	样点（个）	604	101	103	8	239
	百分率（%）	57.3	9.6	9.8	0.8	22.7
王爱召镇	每 667m² 用量（kg）	—	43.1	958.9	1 472.1	1 990.6
	样点（个）	1 107	89	90	52	64
	百分率（%）	79.0	6.3	6.4	3.7	4.6
树林召镇	每 667m² 用量（kg）	—	439.3	964.5	1 482.1	2 572.7
	样点（个）	595	171	315	106	234
	百分率（%）	41.9	12.0	22.2	7.5	16.5
展旦召苏木	每 667m² 用量（kg）	—	20.0	1 000.0	1 500.0	2 192.4
	样点（个）	1 111	1	5	2	197
	百分率（%）	84.4	0.1	0.4	0.2	15.0
昭君镇	每 667m² 用量（kg）	—	80.6	1 000.0	0.0	2 639.3
	样点（个）	113	11	652	0	84
	百分率（%）	13.1	1.3	75.8	0.0	9.8
恩格贝镇	每 667m² 用量（kg）	—	108.1	997.5	1 485.0	2 364.8
	样点（个）	283	18	261	24	136
	百分率（%）	39.2	2.5	36.1	3.3	18.8
中和西镇	每 667m² 用量（kg）	—	0.0	1 000.0	0.0	3 057.1
	样点（个）	450	0	280	0	46
	百分率（%）	58.0	0.0	36.1	0.0	5.9
全旗	每 667m² 用量（kg）	—	107.0	990.1	1 117.4	2 358.6
	样点（个）	4 596	421	2 061	254	1 022
	百分率（%）	55.0	5.0	24.7	3.1	12.2

第二节　化肥施肥现状及施用水平

达拉特旗施用化肥的种类和用量增长较快，从起初施用的碳酸氢铵、尿素和过磷酸钙

发展到现在的碳酸氢铵、尿素、磷酸二铵、硫酸钾、复混肥、高氮复合肥、缓控释肥以及各种微肥等。

调查统计达拉特旗化肥施用状况表明，在生产上提供的氮素化肥主要有尿素（N 46%）、磷酸二铵（N 18%）及复混肥料；磷素化肥主要有磷酸二铵（P 46%）及复混肥料；钾素化肥主要有硫酸钾（K_2O 50%）、氯化钾（K_2O 50%）及复混肥料；锌肥主要是七水硫酸锌（含 Zn 23%）；硼肥主要是硼砂（含 B 11%）。

一、氮肥施用现状及施用水平

（一）氮肥施用现状

达拉特旗主要作物氮肥施用情况见表 4-4。从表 4-4 中可以看出，全旗作物不施氮肥的点位占总调查点位的 1.5%，施用氮肥的点位占 98.5%，全旗主要作物每 667m^2 平均纯氮施用量 25.5kg。作物施氮量较高。各主要作物施氮量差别较大，其中玉米施用氮肥的点位占 99%，平均纯氮每 667m^2 施用量为 26.6kg；春小麦施用氮肥的点位占 95.1%，平均纯氮每 667m^2 施用量为 14.9kg；向日葵施用氮肥的点位占 96.1%，平均纯氮每 667m^2 施用量为 5.3kg；马铃薯施用氮肥的点位占 93.1%，平均纯氮每 667m^2 施用量为 12.9kg；甜菜施用氮肥的点位占 96.4%，平均纯氮每 667m^2 施用量为 17.6kg；其他作物施用氮肥的点位占 93.0%，平均纯氮每 667m^2 施用量为 22.2kg。

表 4-4　主要作物氮素化肥施用现状

作物	灌溉情况	调查样点（个）	不施肥		施氮（N）		
			样点（个）	百分率（%）	样点（个）	百分率（%）	每 667m^2 平均用量（kg）
全旗	水浇地	8 354	119	1.5	8 235	98.5	25.5
玉米	水浇地	7 481	74	1.0	7 407	99.0	26.6
春小麦	水浇地	305	15	4.9	290	95.1	14.9
向日葵	水浇地	155	6	3.9	149	96.1	5.3
马铃薯	水浇地	58	4	6.9	54	93.1	12.9
甜菜	水浇地	141	5	3.6	136	96.4	17.6
其他	水浇地	214	15	7.0	199	93.0	22.2

（二）氮肥施用水平

全旗主要作物氮肥施用水平见表 4-5。从表 4-5 中可以看出，每 667m^2 氮素施用水平主要集中在 20～30kg，每 667m^2 平均施氮量为 23.0kg，点位占比 63.3%；其次为每 667m^2 10～20kg，每 667m^2 平均施氮量为 16.7kg，点位占比 17.9%；每 667m^2 施氮量 10kg 以下的点位占比不大，占 4.5%；调查每 667m^2 施氮量大于 30kg 的点位占比 14.2%。各主要作物每 667m^2 施氮水平有一定差别，玉米有 68.0%的点位每 667m^2 施氮

量为25.2kg，有15.2%的点位每667m^{2}施氮量在30kg以上。春小麦有61.3%的点位每667m^{2}施氮量为16.7kg，有31.5%的点位每667m^{2}施氮量为9.8kg。向日葵有89.0%的点位每667m^{2}施氮量在5kg以下，每667m^{2}平均施氮量为4.9kg；有11.0%的点位每667m^{2}施氮量为5～10kg，每667m^{2}平均施氮量为8.8kg。向日葵调查每667m^{2}施氮量没有大于10kg的点位。马铃薯有48.3%的点位每667m^{2}平均施氮量为16.4kg，有44.8%的点位每667m^{2}平均施氮量为8.8kg，有5.2%的点位每667m^{2}平均施氮量在5kg以下，每667m^{2}平均施氮量为4.7kg。甜菜有29.4%的点位每667m^{2}施氮量为16.5kg，有35.3%的点位每667m^{2}施氮量为24.6kg，18.4%的点位每667m^{2}施氮量大于30kg，其他点位每667m^{2}施氮量均在10kg以下，占17.0%。

表4-5　主要作物氮素化肥不同施用水平

作物	灌溉情况	项　别	每667m^{2}施氮（N）水平（kg）					
			≤5	5～10	10～20	20～30	30～50	>50
玉米	水浇地	每667m^{2}用量（kg）	3.0	9.3	17.1	25.2	32.8	54.5
		样点（个）	7	57	1 184	5 035	599	525
		百分率（%）	0.1	0.8	16.0	68.0	8.1	7.1
春小麦	水浇地	每667m^{2}用量（kg）	—	9.8	16.7	21.4	—	—
		样点（个）	0	96	187	22	0	0
		百分率（%）	—	31.5	61.3	7.2	—	—
向日葵	水浇地	每667m^{2}用量（kg）	4.9	8.8	—	—	—	—
		样点（个）	138	17	0	0	0	0
		百分率（%）	89.0	11.0	—	—	—	—
马铃薯	水浇地	每667m^{2}用量（kg）	4.7	8.8	16.4	20.7	—	—
		样点（个）	3	26	28	1	0	0
		百分率（%）	5.2	44.8	48.3	1.7	—	
甜菜	水浇地	每667m^{2}用量（kg）	2.0	7.9	16.5	24.6	34.6	71.0
		样点（个）	7	16	40	48	24	1
		百分率（%）	5.2	11.8	29.4	35.3	17.7	0.7
调查作物		每667m^{2}用量（kg）	3.7	8.9	16.7	23.0	33.7	62.7
		样点（个）	155	212	1 439	5 106	623	526
		百分率（%）	1.9	2.6	17.9	63.3	7.7	6.5

（三）各镇（苏木）氮肥施用水平

各镇（苏木）氮肥施用水平列于表4-6。

从表4-6可以看出，各镇（苏木）氮素施用水平除吉格斯太镇之外其他各镇（苏木）均集中在每667m^2 20～30kg的水平上，其中点位占比最大的是王爱召镇，为69.1%，每667m^{2}施氮量大于30kg的点位占比最大的是展旦召苏木，为16.9%，其次是中和西镇，为14.3%，树林召镇为10.9%，其他各镇（苏木）均在10%以下。每667m^{2}施氮量在10～20kg的镇（苏木），吉格斯太镇的点位占比最大，为61.2%，其他镇（苏木）大多

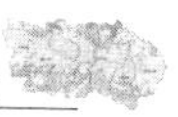

均在30%左右。全旗每667m² 施氮量在20～30kg的点位占比是51.9%，每667m² 施氮量平均为24.3kg；每667m² 施氮量在10～20kg的点位占比是26.0%，每667m² 施氮量平均为15.8kg；每667m² 施氮量在大于30kg的点位占比是8.2%，每667m² 施氮量平均为34.5kg。

表4-6　各镇（苏木）氮素化肥不同施用水平

镇（苏木）	项　别	每667m² 施氮（N）水平（kg）						
		不施肥	≤5	5～10	10～20	20～30	30～50	>50
吉格斯太镇	每667m² 用量（kg）	—	2.6	7.9	15.9	24.5	36.0	140.5
	样点（个）	1	27	27	491	209	43	4
	百分率（%）	0.1	3.4	3.4	61.2	26.1	5.4	0.5
白泥井镇	每667m² 用量（kg）	—	1.8	8.2	16.2	24.3	33.9	0.0
	样点（个）	1	62	10	266	634	82	0
	百分率（%）	0.1	5.9	0.9	25.2	60.1	7.8	0.0
王爱召镇	每667m² 用量（kg）	—	1.6	8.3	16.3	25.5	34.8	59.0
	样点（个）	0	32	12	364	969	24	1
	百分率（%）	—	2.3	0.9	26.0	69.1	1.7	0.1
树林召镇	每667m² 用量（kg）	—	2.9	8.5	15.6	23.1	35.9	61.1
	样点（个）	38	15	72	472	670	153	1
	百分率（%）	2.7	1.1	5.1	33.2	47.1	10.8	0.1
展旦召苏木	每667m² 用量（kg）	—	2.7	8.4	15.0	26.6	33.4	0.0
	样点（个）	0	60	29	223	782	222	0
	百分率（%）	—	4.6	2.2	16.9	59.4	16.9	0.0
昭君镇	每667m² 用量（kg）	—	3.1	8.2	15.7	22.4	33.5	0.0
	样点（个）	1	8	25	216	570	40	0
	百分率（%）	0.1	0.9	2.9	25.1	66.3	4.7	0.0
恩格贝镇	每667m² 用量（kg）	—	3.1	8.6	16.0	23.7	33.0	0.0
	样点（个）	—	3	25	232	398	64	0
	百分率（%）	—	0.4	3.5	32.1	55.1	8.9	0.0
中和西镇	每667m² 用量（kg）	—	4.2	7.9	16.1	24.2	34.6	55.8
	样点（个）	1	8	14	137	505	109	2
	百分率（%）	0.1	1.0	1.8	17.7	65.1	14.0	0.3
全旗	每667m² 用量（kg）	—	2.8	8.2	15.8	24.3	34.4	39.6
	样点（个）	42	212	189	2 169	4 339	673	8
	百分率（%）	0.5	2.5	2.3	26.0	51.9	8.1	0.1

二、磷肥施用现状及施用水平

（一）磷肥施用现状

全旗主要作物磷肥施用情况见表 4-7。全旗作物不施磷肥的点位占总调查点位的 5.8%，施用磷肥的点位占 94.2%，每 667m² 平均纯磷施用量 9.0kg。各主要作物施磷量有一定差别，其中玉米施用磷肥的点位占 95.1%，平均纯磷每 667m² 施用量为 9.0kg；春小麦施用磷肥的点位占 89.8%，平均纯磷每 667m² 施用量为 9.0kg；向日葵施用磷肥的点位占 92.3%，平均纯磷每 667m² 施用量为 4.3kg；马铃薯施用磷肥的点位占 70.7%，平均纯磷每 667m² 施用量为 6.5kg；甜菜施用磷肥的点位占 92.2%，平均纯磷每 667m² 施用量为 14.9kg；其他作物施用磷肥的点位占 76.2%，平均纯磷每 667m² 施用量为 7.3kg。

表 4-7　主要作物磷素化肥施用现状

作物	灌溉情况	调查样点（个）	不施肥		施磷（P_2O_5）		
			样点（个）	百分率（%）	样点（个）	百分率（%）	每 667m² 平均用量（kg）
全旗	水浇地	8 354	489	5.8	7 865	94.2	9.0
玉米	水浇地	7 481	367	4.9	7 114	95.1	9.0
春小麦	水浇地	305	31	10.2	274	89.8	9.0
向日葵	水浇地	155	12	7.7	143	92.3	4.3
马铃薯	水浇地	58	17	29.3	41	70.7	6.5
甜菜	水浇地	141	11	7.8	130	92.2	14.9
其他	水浇地	214	51	23.8	163	76.2	7.3

（二）磷肥施用水平

全旗磷肥施用水平列于表 4-8。从表 4-8 中可以看出，全旗主要作物之间磷素施用水平差别不大，每 667m² 施磷量主要集中在 5.0～10.0kg，每 667m² 施磷量平均为 7.2kg，点位占比 63.2%；其次为 10.0～15.0kg，每 667m² 施磷量平均为 12.7kg，点位占比 26.2%；每 667m² 施磷量 5.0kg 以下的点位占比不大，占 4.1%；每 667m² 施磷量大于 15.0kg 的点位占 6.5%，每 667m² 施磷量平均为 19.8kg。各主要作物施磷量差别较大，玉米有 65.1%的点位每 667m² 施磷量为 8.5kg；有 26.7%的点位每 667m² 施磷量为 13.3kg。春小麦有 62.0%的点位每 667m² 施磷量为 8.2kg；有 31.0%的点位每 667m² 施磷量为 11.7kg。向日葵有 97.4%的点位每 667m² 施磷量在 5kg 以下，每 667m² 施磷量平均为 4.2kg；有 2.6%的点位每 667m² 施磷量为 5.0～10.0kg，每 667m² 施磷量平均为 5.12kg，调查的向日葵每 667m² 施磷量没有大于 10kg 的点位。马铃薯有 77.6%的点位每 667m² 施磷量为 6.2kg；有 6.9%的点位每 667m² 施磷量为 13.4kg，有 15.5%的点位每 667m² 施磷量在 5kg 以下，每 667m² 施磷量平均为 4.9kg。甜菜磷素施用水平差异较大，有 45.3%的点位每 667m² 施磷量为 21.3kg；有 26.2%的点位每 667m² 施磷量为 12.3kg，23.9%的点位每 667m² 施磷量为 7.8kg，4.6%的点位每 667m² 施磷量在 5.0kg 以下。

表 4-8　主要作物磷素化肥不同施用水平

作物	灌溉情况	项　别	每 $667m^2$ 施磷（P_2O_5）水平（kg）			
			0～5	5～10	10～15	>15
春玉米	水浇地	每 $667m^2$ 用量（kg）	4.2	8.5	13.3	18.2
		样点（个）	133	4 637	1 899	445
		百分率（%）	1.9	65.1	26.7	6.3
春小麦	水浇地	每 $667m^2$ 用量（kg）	4.6	8.2	11.7	—
		样点（个）	21	189	95	—
		百分率（%）	7.0	62.0	31.0	—
向日葵	水浇地	每 $667m^2$ 用量（kg）	4.24	5.12	—	—
		样点（个）	151	4	—	—
		百分率（%）	97.4	2.6	—	—
马铃薯	水浇地	每 $667m^2$ 用量（kg）	4.9	6.2	13.4	—
		样点（个）	9	45	4	—
		百分率（%）	15.5	77.6	6.9	—
甜菜	水浇地	每 $667m^2$ 用量（kg）	3.7	7.8	12.3	21.3
		样点（个）	6	31	34	59
		百分率（%）	4.6	23.9	26.2	45.3
调查作物		每 $667m^2$ 用量（kg）	4.3	7.2	12.7	19.8
		样点（个）	320	4 906	2 032	504
		百分率（%）	4.1	63.2	26.2	6.5

（三）各镇（苏木）磷肥施用水平

各镇（苏木）磷肥施用水平列于表 4-9。

从表 4-9 可以看出，各镇（苏木）每 $667m^2$ 施磷量均集中在 5～10kg 的水平，其中点位占比最大的是王爱召镇，为 83.7%；其次是每 $667m^2$ 施磷量 5～10kg 的水平，各镇（苏木）点位占比差别较大，其中最大为树林召镇，点位占比 39.3%，最小的是王爱召镇，点位占比 5.0%；每 $667m^2$ 施磷量大于 15kg 的点位较少，均在 5%左右。全旗每 $667m^2$ 施磷量 5～10kg 的点位占比是 67.9%，每 $667m^2$ 施磷量平均为 8.2kg；每 $667m^2$ 施磷量 10～15kg 的点位占比是 17.4%，每 $667m^2$ 施磷量平均为 11.9kg；每 $667m^2$ 施磷量大于 15kg 的点位占比是 4.0%，每 $667m^2$ 施磷量平均为 28.8kg。

表 4-9　各镇（苏木）磷素化肥不同施用水平

镇（苏木）	项　别	每 $667m^2$ 施磷（P_2O_5）水平（kg）				
		不施肥	0～5	5～10	10～15	>15
吉格斯太镇	每 $667m^2$ 用量（kg）	—	3.6	7.7	11.8	74.0
	样点（个）	21	63	555	141	22
	百分率（%）	2.6	7.9	69.2	17.6	2.7

（续）

镇（苏木）	项　别	每 667m² 施磷（P_2O_5）水平（kg）				
		不施肥	0～5	5～10	10～15	＞15
白泥井镇	每 667m² 用量（kg）	—	2.9	8.3	11.6	26.7
	样点（个）	68	80	729	133	45
	百分率（%）	10.0	10.0	70.0	10.0	0.0
王爱召镇	每 667m² 用量（kg）	—	2.3	7.6	11.3	24.4
	样点（个）	49	52	1 173	70	58
	百分率（%）	3.5	3.7	83.7	5.0	4.1
树林召镇	每 667m² 用量（kg）	—	4.0	8.5	11.6	20.5
	样点（个）	73	65	643	559	81
	百分率（%）	5.1	4.6	45.2	39.3	5.7
展旦召苏木	每 667m² 用量（kg）	—	4.4	8.9	12.8	25.3
	样点（个）	47	61	1 020	181	7
	百分率（%）	3.6	4.6	77.5	13.8	0.5
昭君镇	每 667m² 用量（kg）	—	4.6	8.5	11.6	20.9
	样点（个）	41	44	565	173	37
	百分率（%）	4.8	5.1	65.7	20.1	4.3
恩格贝镇	每 667m² 用量（kg）	—	4.3	8.3	12.3	19.4
	样点（个）	31	100	491	68	32
	百分率（%）	4.3	13.9	68.0	9.4	4.4
中和西镇	每 667m² 用量（kg）	—	3.4	7.9	12.0	18.9
	样点（个）	57	44	500	127	48
	百分率（%）	7.3	5.7	64.4	16.4	6.2
全旗	每 667m² 用量（kg）	—	3.7	8.2	11.9	28.8
	样点（个）	387	509	5 676	1 452	330
	百分率（%）	4.6	6.1	67.9	17.4	4.0

三、钾肥施用现状及施用水平

（一）钾肥施用现状

全旗钾肥施用情况见表 4-10。全旗作物不施钾肥的点位占总调查点位的 61.1%，施用钾肥的点位占 38.9%，平均纯钾每 667m² 施用量 2.4kg。其中玉米施用钾肥的点位占 38.8%，平均纯钾每 667m² 施用量为 2.4kg；春小麦施用钾肥的点位占 30.2%，平均纯钾每 667m² 施用量为 1.2kg；向日葵施用钾肥的点位占 29.7%，平均纯钾每 667m² 施用量为 3.1kg；马铃薯施用钾肥的点位占 32.8%，平均纯钾每 667m² 施用量为 1.5kg；甜菜施用钾肥的点位占 76.6%，平均纯钾每 667m² 施用量为 3.1kg；其他作物施用钾肥的点位占 36.5%，平均纯钾每 667m² 施用量为 1.5kg。

表 4-10　主要作物钾素化肥施用现状

作物	灌溉情况	调查样点（个）	不施肥		施钾（K_2O）		
			样点（个）	百分率（%）	样点（个）	百分率（%）	每 667m² 平均用量（kg）
全旗	水浇地	8 354	5 106	61.1	3 248	38.9	2.4
玉米	水浇地	7 481	4 576	61.2	2 905	38.8	2.4
春小麦	水浇地	305	213	69.8	92	30.2	1.2
向日葵	水浇地	155	109	70.3	46	29.7	3.1
马铃薯	水浇地	58	39	67.2	19	32.8	1.5
甜菜	水浇地	141	33	23.4	108	76.6	3.1
其他	水浇地	214	136	63.6	78	36.5	1.5

（二）钾肥施用水平

全旗主要作物钾肥施用水平低，不施钾肥的点位占比较高，为 61.1%（表 4-11）。施钾点位的每 667m² 施钾量主要集中在 1.0～3.0kg，点位占比 32.8%，每 667m² 施用量在 3.0kg 以上的点位占 6.1%。甜菜施钾水平较高，每 667m² 施钾量主要集中在 3.0～6.0kg，点位占比 57.4%，每 667m² 施钾量平均为 3.6kg。其他调查作物仅有少量施钾点位。

表 4-11　主要作物钾素化肥不同施用水平

作物	灌溉情况	项　别	每 667m² 施钾（K_2O）水平（kg）			
			不施肥	1.0～3.0	3.0～6.0	>6.0
玉米	水浇地	每 667m² 用量（kg）		2.0	2.2	6.2
		样点（个）	4 576	2 539	120	246
		百分率（%）	61.2	33.9	1.6	3.3
春小麦	水浇地	每 667m² 用量（kg）	—	1.2	—	—
		样点（个）	213	84	8	—
		百分率（%）	70.3	27.7	2.6	—
向日葵	水浇地	每 667m² 用量（kg）	—	—	—	—
		样点（个）	109	—	46	—
		百分率（%）	70.3	—	29.7	—
马铃薯	水浇地	每 667m² 用量（kg）	—	1.5	—	—
		样点（个）	39	19	—	—
		百分率（%）	67.2	32.8	—	—
甜菜	水浇地	每 667m² 用量（kg）	—	1.1	3.6	6.0
		样点（个）	33	24	81	3
		百分率（%）	23.4	17.0	57.4	2.1
其他	水浇地	每 667m² 用量（kg）	—	1.0	—	9.0
		样点（个）	136	71	2	5
		百分率（%）	63.6	33.2	0.9	2.3

（续）

作物	灌溉情况	项　别	每 667m² 施钾（K_2O）水平（kg）			
			不施肥	1.0～3.0	3.0～6.0	>6.0
调查作物		每 667m² 用量（kg）	—	—	—	—
		样点（个）	5 106	2 737	257	254
		百分率（%）	61.1	32.8	3.1	3.0

（三）各镇（苏木）钾肥施用水平

各镇（苏木）钾肥施用水平列于表 4-12。

从表 4-12 可以看出，各镇（苏木）不施钾素的点位占比均较大，其中展旦召苏木最大，为 91.2%；施用钾素的每 667m² 施用量集中在 1～3kg，其中点位占比最大的是王爱召镇，为 62.3%；每 667m² 施钾量 3kg 以上的各镇（苏木）除树木召镇和中和西镇外点位占比均不到 5%。全旗每 667m² 施钾量 1～3kg 的点位占比是 32.8%，每 667m² 施钾量平均为 1.6kg，每 667m² 施钾量 3kg 以上的点位占比是 6.1%。

表 4-12　各镇（苏木）钾素化肥不同施用水平

镇（苏木）	项　别	每 667m² 施钾（K_2O）水平（kg）			
		不施肥	1.0～3.0	3.0～6.0	>6.0
吉格斯太镇	每 667m² 用量（kg）	—	2.4	4.5	7.6
	样点（个）	386	331	30	55
	百分率（%）	48.1	41.3	3.7	6.9
白泥井镇	每 667m² 用量（kg）	—	1.8	4.0	8.4
	样点（个）	930	83	10	32
	百分率（%）	88.2	7.9	0.9	3.0
王爱召镇	每 667m² 用量（kg）	—	1.0	0.0	0.0
	样点（个）	529	873	0	0
	百分率（%）	37.7	62.3	0.0	0.0
树林召镇	每 667m² 用量（kg）	—	1.6	4.7	9.7
	样点（个）	682	484	178	77
	百分率（%）	48.0	34.1	12.5	5.4
展旦召苏木	每 667m² 用量（kg）	—	1.0	5.2	26.0
	样点（个）	1 200	114	1	1
	百分率（%）	91.2	8.7	0.1	0.1
昭君镇	每 667m² 用量（kg）	—	1.4	4.2	12.9
	样点（个）	657	179	1	23
	百分率（%）	76.4	20.8	0.1	2.7
恩格贝镇	每 667m² 用量（kg）	—	1.8	4.3	7.5
	样点（个）	363	354	4	1
	百分率（%）	50.3	49.0	0.6	0.1

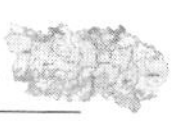

（续）

镇（苏木）	项　别	每 667m² 施钾（K_2O）水平（kg）			
		不施肥	1.0～3.0	3.0～6.0	>6.0
中和西镇	每 667m² 用量（kg）	—	1.7	5.4	9.8
	样点（个）	359	319	33	65
	百分率（%）	46.3	41.1	4.3	8.4
全旗	每 667m² 用量（kg）	—	1.6	4.0	10.2
	样点（个）	5 106	2 737	257	254
	百分率（%）	61.1	32.8	3.1	3.0

四、硼肥施用现状及施用水平

对调查样点的统计表明，达拉特旗硼肥施用的作物主要有甜菜、玉米、马铃薯、小麦。施用硼肥的点位占调查样点的 26.3%，每 667m² 施用量大多为硼砂 0.5kg。

五、锌肥施用现状及施用水平

对调查样点的统计表明，达拉特旗锌肥施用的作物主要有玉米、小麦。施用锌肥的点位占调查样点的 38.1%，每 667m² 施用量大多为硫酸锌 1.0kg。

第三节　习惯施肥模式及存在的问题

一、主要作物习惯施肥组合模式

施肥组合模式是指农户对某种作物施用有机肥数量和施用氮磷钾化肥数量的组合模式。施用中微量元素肥料的农户较少，施用量也很小，所以本节分析不考虑与中、微量元素的组合。由于达拉特旗各地的地力水平、生产条件、经济条件等有所不同，形成了不同的施肥习惯，如有机肥与氮磷钾各种化肥的组合、氮磷组合、氮钾组合等，而且同一种组合中的各种肥料用量也不相同，这样就形成了各种各样的组合。根据施用肥料的用量范围，将单位面积有机肥用量划分为 6 个施用水平，将氮磷肥用量划分为 5 个水平，将钾肥用量划分为 4 个水平，分别用 1、2、3、4、5、6 代表不同的施肥水平（表 4-13），施肥组合模式是指有机肥、氮肥、磷肥、钾肥不同施肥量的组合，用上述阿拉伯数字组成 4 位数字代表。

表 4-13　有机肥和化肥不同施肥水平及代码

有机肥		化肥 N		化肥 P_2O_5		化肥 K_2O	
每 667m² 施肥水平（kg）	代码	每 667m² 施肥水平（kg）	代码	每 667m² 施肥水平（kg）	代码	每 667m² 施肥水平（kg）	代码
不施肥	1	不施肥	1	不施肥	1	不施肥	1
<500	2	<5.0	2	<5.0	2	<3.0	2
500～1 000	3	5.0～10.0	3	5.0～10.0	3	3.0～6.0	3
1 000～1 500	4	10.0～20.0	4	10.0～15.0	4	>6.0	4
1 500～2 000	5	20.0～30.0	5	>15.0	5	—	—
>2 000	6						

根据全旗8 354个样点的农户施肥情况调查结果，统计了玉米、小麦、马铃薯、甜菜4种作物农户习惯施肥组合模式，结果见表4-14。

从表4-14中可以看出，达拉特旗主要几种作物习惯组合模式比较集中，在施肥中，除马铃薯施用有机肥外，其他作物大多不施有机肥。玉米习惯施肥模式有3种，即1432、1442、1342，分别占玉米调查样点的17.0%、41.0%、28.9%。3种组合占调查样点的86.9%；有两个组合氮肥每667m² 施用量为10～20kg，占58.0%；有两个组合每667m² 磷施用量为10～15kg，占69.9%，所有组合每667m² 钾施用量在3kg以下。

小麦习惯施肥组合主要有两种，共占调查样点的73.8%，其中小麦每667m² 施氮量5.0～10.0kg、施磷量10.0～15.0kg的占42.3%；每667m² 施氮量10.0～20.0kg、施磷量5.0～10.0kg的占31.5%。调查样点小麦不施钾肥。

马铃薯习惯施肥组合主要为4331，占74.1%，即一般每667m² 施有机肥1 500kg、氮肥5.0～10.0kg、磷肥5.0～10.0kg，调查样点农户不施钾肥。

甜菜习惯施肥组合主要有两种，共占调查样点的68.1%，其中甜菜每667m² 施氮量10.0～20.0kg、施磷量0～5kg、施钾量3.0～6.0kg的占36.2%；每667m² 施氮量10.0～20.0kg、施磷量10.0～15.0kg、施钾量3.0kg以下的占31.9%。

表4-14　主要作物习惯施肥组合模式

作物	灌溉情况	组合模式代码	每667m² 施用量水平（kg）				样点（个）	占调查样点的百分率（%）	每667m² 产量（kg）
			有机肥	N	P_2O_5	K_2O			
玉米	水浇地	1432	0	10.2	9.1	1.4	1 271	17.0	734
		1442	0	10.1	11.3	1.4	3 068	41.0	764
		1342	0	7.4	10.8	1.4	2 163	28.9	733
小麦	水浇地	1341	0	9.1	10.4	0.0	129	42.3	416
		1431	0	12.7	7.1	0.0	93	31.5	401
马铃薯	水浇地	4331	1 500	7.6	6.2	0.0	43	74.1	1 894
甜菜	水浇地	1423	0	10.7	4.5	3.1	51	36.2	2 660
		1442	0	11	10.1	2.7	45	31.9	2 580

二、习惯施肥模式存在的主要问题

根据上述调查结果，综合分析达拉特旗施肥现状主要存在以下几个问题：

（1）主要化肥品种结构不尽合理，肥料产品不能满足科学施肥要求。主要表现在“重氮磷肥、轻有机肥、忽视钾肥和微肥”，施肥的比例长期严重失调，对提高氮肥利用率、投入产出比有较大影响。

（2）与测土配方推荐施肥量相比较，较大一部分农户氮磷肥料施用量偏高，钾肥的投入量偏低，甚至一些农户根本不施钾肥；有机肥投入不足，导致耕地土壤性能下降，耕地土壤难以持久养护，最终耕地地力得不到有效提高。

（3）作物之间施肥不平衡，甜菜施氮量过大，马铃薯、向日葵钾肥的施用量严重不足。

（4）调查中发现农户施肥方式不科学，撒施、表施现象较为普遍，严重影响肥料利用率，产生较大的肥料浪费。

第五章

主要作物施肥指标体系的建立

肥料效应田间试验是在田间自然的土壤气候条件下，以作物生长发育的各种性状、产量和品质等作为指标，研究作物与土壤、肥料效应关系的生物试验方法。它的任务就是在田间条件下研究作物的营养过程，阐明各种肥料的效应，肥料之间的配合，不同农作物经济有效的施肥技术，建立主要作物施肥技术指标体系，为不同的土壤、气候、农业技术条件下选择最佳施肥方案，为合理施肥提供科学依据。肥料肥效田间试验是建立施肥指标体系的基础，2006—2013 年，达拉特旗共计完成“3414”肥料肥效田间试验 124 个，三区对比试验 253 个，中微量元素肥效试验 35 个，化肥利用率对比试验 6 个，氮肥施肥时期试验 2 个，氮肥施肥方式 1 个，蕴丰硫基复合肥试验 3 个。其中玉米“3414”肥料肥效田间试验 50 个，三区对比试验 115 个，中微量元素肥效试验 10 个，化肥利用率对比试验 3 个，氮肥施肥时期试验 2 个，氮肥施肥方式 1 个，蕴丰硫基复合肥试验 3 个；甜菜“3414”肥料肥效田间试验 59 个，三区对比试验 128 个，中微量元素肥效试验 25 个；小麦“3414”肥料肥效田间试验 10 个，三区对比试验 10 个，化肥利用率对比试验 3 个。通过对这些试验结果的统计分析，确定了各种施肥参数，建立了达拉特旗主要作物的施肥技术指标体系。

第一节　田间试验设计与实施

一、试验设计

(一)“3414”试验设计

“3414”肥料肥效田间试验是指氮（N）、磷（P_2O_5）、钾（K_2O）3 个因素、4 个水平，共 14 个处理的试验设计。氮、磷、钾肥的 4 个施肥水平，分别为：0 水平，指不施肥；2 水平，指当地推荐施肥量；1 水平是指 2 水平的一半（施肥不足），即 2 水平×0.5；3 水平是 2 水平的 1.5 倍，即 2 水平×1.5。同时为摸清微量元素的效应，玉米、甜菜分别增设了 N2P2K2＋Zn、N2P2K2＋B 处理，试验方案设计见表 5-1。

表 5-1　“3414”试验方案设计

试验编号	处理	N	P	K
1	N0P0K0	0	0	0
2	N0P2K2	0	2	2

（续）

试验编号	处理	N	P	K
3	N1P2K2	1	2	2
4	N2P0K2	2	0	2
5	N2P1K2	2	1	2
6	N2P2K2	2	2	2
7	N2P3K2	2	3	2
8	N2P2K0	2	2	0
9	N2P2K1	2	2	1
10	N2P2K3	2	2	3
11	N3P2K2	3	2	2
12	N1P1K2	1	1	2
13	N1P2K1	1	2	1
14	N2P1K1	2	1	1
15	N2P2K2＋Zn（或 B）	2	2	2

所有“3414”试验不设重复，指试验点分布在全旗沿河各镇主要种植区域的不同土壤肥力水平的地块上，在遴选地块时，地块的肥力水平是根据前3年的平均产量水平和分析化验结果来确定。

试验品种：玉米为哲单7号、丰田6号；甜菜为KWS0149；小麦为永良4号。

设计施肥量（每667m²）：玉米2水平施肥量分别为2006年N 13.8kg、P_2O_5 10.4kg、K_2O 5kg；2007年N 18kg、P_2O_5 10.4kg、K_2O 5kg；2008年施肥水平同2007年。小麦2010年2水平施肥量为N 12.8kg、P_2O_5 9.2kg、K_2O 5kg。甜菜2水平施肥量分别为2006年N为16kg、P_2O_5 10kg、K_2O 3kg；2007年同2008年N，分别为14kg、P_2O_5 10kg、K_2O 6kg。施锌肥处理用硫酸锌，每667m² 1kg；施硼肥处理用硼砂，每667m² 1kg。

几种作物试验小区面积均为50m²，长10m、宽5m。小区排列采用随机排列，为便于观察施用效果，一般将处理1、2、4、6、8小区顺序排在一起。每个试验各小区的管理除施肥数量不同外，其他可能影响作物产量的所有管理因素尽量保持完全一致。氮肥的30%、磷、钾肥和微量元素肥料全部在播种前作基肥深施，剩余氮肥分两次进行追施。试验用肥料种类主要有尿素（含N 46%）、重过磷酸钙（含P_2O_5 46%）、硫酸钾（含K_2O 50%）、硫酸锌及硼肥。

（二）玉米氮肥施肥时期试验设计

采用单因子试验设计，供试肥料为尿素，在施用磷、钾肥的基础上进行。氮、磷、钾用量是根据前几年“3414”试验和土壤测验值结果确定的每667m²最佳施肥配方的氮、磷、钾用量，分别为N 13kg，P_2O_5 6.5kg，K_2O 2kg。磷、钾肥以基（种）肥的方式一次深施。尿素在同一用量的基础上设计不同的施肥时期，每个试验分10个处理，即：①无肥区（不施用任何肥料）；②无氮区（一次基深施磷、钾肥）；③基(种）肥施用；④拔

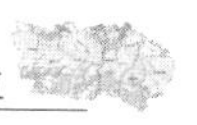

节期追肥施用；⑤大喇叭口期追肥施用；⑥基（种）肥施用1/3，拔节期追施2/3；⑦基（种）肥施用1/3，大喇叭口期追用2/3；⑧拔节期追施2/3，大喇叭口期追施1/3；⑨拔节期追施1/3，大喇叭口期追施2/3；⑩基（种）肥1/3，拔节期追施1/3，大喇叭口期追施1/3。试验地选择在中等肥力的土壤上，重复3次，随机排列，小区面积$40m^2$。试验用氮、磷、钾肥为尿素（N 46%），重过磷酸钙（P_2O_5 46%），硫酸钾（K_2O 50%）。

（三）中微量元素肥料设计

1. 玉米中微量元素肥料设计　试验采用多点分散方法，各试验点分布在不同地区、不同土壤条件、中微量元素含量差异较大的地块上，共安排10个试验点，各试验点不设重复。供试肥料为锌和硫两种中微量元素肥料，在施用氮、磷、钾肥料为底肥的基础上进行。共5个处理，处理Ⅰ：不施肥区（完全空白）；处理Ⅱ：推荐施肥区［配方肥（N-P-K）16-19-5+小调整］。处理Ⅲ：推荐施肥+锌。处理Ⅳ：推荐施肥+硫；处理Ⅴ：施有机肥区。各处理随机排列，小区面积$50m^2$，各供试肥料一律以基肥方式施用。硫酸锌（$ZnSO_4 \cdot 7H_2O$，含锌23%）每$667m^2$用量为1.5kg，将硫酸锌拌入20～25kg的干细土混合均匀撒于地表，随耕地翻入土中。用硫酸铵［$(NH_4)_2SO_4$，含硫24%］作硫肥，每$667m^2$用量为7.5kg，但同时要在总施氮量中减去1.5kg的氮。有机肥采用腐熟好的有机肥品种，并根据当地的常规用量确定施肥量，一般为每$667m^2$ 2 500kg。

各试验点试验作物品种、栽培措施以及氮、磷、钾肥料品种、施肥时期、方法等，均保持一致。

2. 甜菜中微量元素肥料设计　安排甜菜中微量元素肥料试验25个试验点，每个试验点11个处理，供试肥料为各种中微量元素肥料，在施用氮、磷、钾肥料为底肥的基础上进行。处理Ⅰ：不施肥区（绝对空白）；处理Ⅱ：推荐施肥区［配方肥（N-P-K）7-20-5+小调整］；处理Ⅲ：推荐施肥区+硼；处理Ⅳ：推荐施肥+锌；处理Ⅴ：推荐施肥+硫；处理Ⅵ：推荐施肥+铁；处理Ⅶ：推荐施肥+铜；处理Ⅷ：推荐施肥+硅；处理Ⅸ：推荐施肥+镁；处理Ⅹ：推荐施肥+锰；处理Ⅺ：推荐施肥+钼。各处理随机排列，小区面积$50m^2$，各供试肥料一律以基肥方式施用。硼酸（H_3BO_3，含硼量17%）每$667m^2$用量为0.5kg，与干细土混合均匀做基肥；硫酸锌（$ZnSO_4 \cdot 7H_2O$，含锌23%）每$667m^2$用量为1.5kg，用20～25kg的干细土混合均匀撒于地表，随耕地翻入土中；硫酸铵［$(NH_4)_2SO_4$，含硫24%］每$667m^2$用量7.5kg，但同时要在总施氮量中减去1.5kg的氮；硫酸亚铁（$FeSO_4 \cdot 7H_2O$，含铁19%）每$667m^2$用量0.1kg；硫酸铜（$CuSO_4 \cdot 5H_2O$，含量25%～35%）每$667m^2$用量1kg；硅酸钠硅肥每$667m^2$用量20kg；硫酸锰（$MnSO_4 \cdot 7H_2O$，含锰24%～28%）每$667m^2$用量1kg；钼酸铵［$(NH_4)_6Mo_7O_2 \cdot 4H_2O$，含钼54%］每$667m^2$用量0.1kg。各处理随机排列，小区面积$50m^2$，各试验点试验作物品种、栽培措施以及氮、磷、钾肥料品种、施肥时期、方法等，均保持一致。

（四）化肥利用率对比试验设计

通过试验获得测土配方施肥与常规施肥肥料利用率参数，验证测土配方施肥与常规施肥肥料利用率对比结果，试验共设8个处理：①无肥区（对照CK）；②常规N；③常规P；④常规NP；⑤配方NP；⑥配方PK；⑦配方NK；⑧配方NPK。试验点分别分布在高、中、低肥力水平的地块上，每个试验点设3次重复，小区面积：玉米$50m^2$，小麦

$30m^2$。小区采用随机排列，利用“3414”试验已确定的形成单位经济产量吸收的养分量计算出各个处理吸收的N、P、K养分含量，通过差减法计算出肥料利用率。试验用肥料为尿素（N 46%）、磷酸二铵（P_2O_5 46%）、硫酸钾（K_2O 50%）。

2010年完成玉米化肥利用率对比试验设计3个，每$667m^2$常规用肥量为：高肥力N 11.8kg、P_2O_5 9.2kg，中肥力N 17kg、P_2O_5 8.3kg，低肥力N 22kg、P_2O_5 12kg；每$667m^2$配方用肥量为：高肥力N 10.9kg、P_2O_5 4.75kg、K_2O 1.25kg，中肥力为N 11.7kg、P_2O_5 5.7kg、K_2O 1.5kg，低肥力为N 12.5kg、P_2O_5 6.65kg、K_2O 1.75kg。

2011年完成小麦化肥利用率对比试验3个，每$667m^2$常规用肥量为：高肥力N 12.8kg、P_2O_5 9.2kg，中肥力N 16kg、P_2O_5 10.5kg，低肥力N 21kg、P_2O_5 12kg；每$667m^2$配方用肥量为：高肥力为N 12.8kg、P_2O_5 9.5kg、K_2O 2.5kg，中肥力为N 15.8kg、P_2O_5 11.5kg、K_2O 2kg，低肥力为N 19.5kg、P_2O_5 12kg、K_2O 2.5kg。

（五）玉米氮肥施肥方式试验

为探索不同氮肥追肥方式对玉米产量形成和肥料利用率的影响，试验在水浇地玉米上进行，设计7个处理，在玉米氮肥追施时，分别采用：①表面株施；②表面撒施；③开沟条施，施肥深度5cm；④穴施，施肥深度5cm；⑤穴施，施肥深度10cm；⑥穴施，施肥深度15cm；⑦无氮区（CK）。追施肥料根据不同处理准确计量到小区（撒施）、单行（沟施）、单株（株施、穴施），沟施和穴施距离植株8～10cm。

小区面积$40m^2$，3次重复，采用随机排列。试验在磷、钾肥施用的基础上进行，氮、磷、钾肥用量以当地测土配方施肥确定的最佳施肥量为准。磷、钾肥以基（种）肥的方式一次施入，氮肥30%作种肥，70%作追肥。追肥中的1/3于拔节期施入，2/3于大喇叭口期施入。追肥时结合灌溉。

二、取样测试

每个试验地块在施肥播种前采集一个耕层混合土样，分析化验土壤pH及有机质、全氮、碱解氮、有效磷、速效钾、有效硼、有效锌等含量，分析化验方法同前述。

“3414”肥料肥效试验，在供试作物的成熟期，分别在高、中、低肥力水平的地块上各选择一个典型试验点，所选试验点的所有小区全部采集完整的植株样品，干燥后分经济器官和茎叶（包含其他非果实部分）计算单位面积的干重。选取典型完整植株的经济器官和茎叶分别粉碎保存，测定氮、磷、钾的含量，用于计算作物的养分吸收。测定项目及方法为：全氮：H_2SO_4-H_2O_2消煮—凯氏蒸馏法；全磷：H_2SO_4-H_2O_2消煮—钒钼黄比色法；全钾：H_2SO_4-H_2O_2消煮—火焰光度计法。

三、收获测产

田间试验的收获和脱粒应分小区进行，严防发生混杂、丢失和差错，以免影响试验的效果。收获前需事先准备好收获、脱粒用的工具，收获时应去除边行，按小区单打单收，折算出单位面积产量，并对相关性状进行调查和考种。

四、试验结果统计分析

“3414”方案既吸收了回归最优设计的处理少、效率高的优点，又符合肥料试验和施

肥决策的专业要求。“3414”试验及相关试验结果资料的统计分析主要有回归分析、方差分析、施肥参数计算等，以拟合肥料效应方程、确定养分丰缺指标、建立施肥指标体系和推荐施肥配方。一般采用计算机软件进行，如 Excel、Visual、FoxPro 等统计软件。

第二节 肥料肥效分析

在推荐施肥中，一种重要的方法就是肥料效应函数法，即设置不同肥料用量水平，用合适的方程去拟合肥料用量与作物产量直接的关系。不同作物不同土壤气候条件，体现在肥料效应方程的参数上的不同，只有在当地进行有代表性的肥料效应田间试验，取得方程参数，才能建立肥料效应方程，据此提出达到最高产量或最大经济效益的施肥量。

分高、中、低肥力水平统计了不同作物各试验点“3414”试验常规 5 个处理的产量结果，用于统计分析氮、磷、钾肥的肥料效应。

一、玉米

玉米不同肥力水平、不同处理的产量、施肥量见表 5-2，玉米不同产量、施肥量养分肥效分析见表 5-3。

从表 5-2、表 5-3 中可以看出，玉米施用氮、磷、钾肥的增产效果较为明显，增产率平均为 29.2%。其中，增产作用最大的是氮肥，增产率平均为 16.3%；其次为磷肥，平均增产率为 12.5%；最小的是钾肥，增产率平均为 9.8%。

表 5-2 玉米不同肥力水平、不同处理的产量和施肥量

每 667m^2 产量水平（kg）	试验数（个）	每 667m^2 产量（kg）					每 667m^2 施肥量（kg）			
		N0P0K0	N0P2K2	N2P0K2	N2P2K0	N2P2K2	N	P_2O_5	K_2O	$N+P_2O_5+K_2O$
高>750	16	667.1	724.6	736.4	754.3	825.8	13.8	10.4	5	29.2
中 650～750	17	554.5	624.2	645.0	662.5	725.1	13.8	10.4	5	29.2
低<650	17	474.3	531.1	558.7	570.8	630.9	13.8	10.4	5	29.2
平均		565.3	626.6	646.7	662.5	727.3	13.8	10.4	5	29.2

表 5-3 玉米不同产量、施肥量养分肥效分析表

每 667m^2 产量水平（kg）	增产率（%）				千克养分增产（kg）				化肥（$N+P_2O_5+K_2O$）贡献率（%）
	N	P_2O_5	K_2O	$N+P_2O_5+K_2O$	N	P_2O_5	K_2O	$N+P_2O_5+K_2O$	
高>750	14.0	12.1	9.4	23.7	7.3	8.6	14.2	5.4	19.2
中 650～750	16.2	12.4	9.5	30.9	7.3	7.7	12.6	5.9	23.6
低<650	18.6	12.9	10.5	32.9	7.2	6.9	12.0	5.3	24.8
平均	16.3	12.5	9.8	29.2	7.3	7.7	12.9	5.5	22.5

玉米氮、磷、钾肥的千克养分增产量为 5.3～5.9kg，平均为 5.5kg。增产作用最大的是钾肥，其千克增产量为 12.0～14.2kg，平均为 12.9kg；其次为磷肥，千克增产量为 6.9～8.6kg，平均为 7.7kg；最小的为氮肥，千克增产量为 7.2～7.3kg，平均为 7.3kg。玉米产量化肥贡献率为 22.5%，土壤贡献率为 77.5%。

不同肥力水平的地块，肥料的增产效益有较大差异。随着耕地肥力水平的提高，玉米施用氮、磷、钾肥的综合增产率由低肥力水平的32.9%下降到高肥力水平的23.7%，呈降低趋势，说明同一施肥水平在低肥力耕地上的增产效果较高肥力水平耕地上的增产效果明显。氮、磷、钾肥的增产率亦呈下降趋势，千克养分增产量变化不明显，土壤贡献率呈升高趋势，化肥贡献率呈降低趋势。

二、小麦

小麦不同肥力水平、不同处理的产量、施肥量见表5-4，小麦不同产量、施肥量养分肥效分析见表5-5。

从表5-4、表5-5中可以看出，小麦施用氮、磷、钾肥的增产效果较为明显，增产率平均为34.6%。其中，增产作用最大的是氮肥，增产率平均为11.5%；其次为磷肥，平均增产率为11.4%；最小的是钾肥，增产率平均为7.1%。

表5-4 小麦不同肥力水平、不同处理的产量和施肥量

每667m² 产量水平（kg）	试验数（个）	每667m² 产量（kg）					每667m² 施肥量（kg）			
		N0P0K0	N0P2K2	N2P0K2	N2P2K0	N2P2K2	N	P_2O_5	K_2O	$N+P_2O_5+K_2O$
高（>400）	3	347.7	417.6	414.2	428.1	457.5	12.8	9.2	5	27
中（300～400）	4	292.2	350.8	351.5	363.2	389.7	12.8	9.2	5	27
低（<300）	3	196.1	239.0	241.4	253.0	272.6	12.8	9.2	5	27
平均		278.7	335.8	335.7	348.1	373.3	12.8	9.2	5	27

表5-5 小麦不同产量、施肥量养分肥效分析表

每667m² 产量水平（kg）	增产率（%）				千克养分增产（kg）				化肥（$N+P_2O_5+K_2O$）贡献率（%）
	N	P_2O_5	K_2O	$N+P_2O_5+K_2O$	N	P_2O_5	K_2O	$N+P_2O_5+K_2O$	
高（>400）	9.6	10.4	6.8	31.7	3.1	4.7	5.8	4.1	24.1
中（300～400）	11.1	10.8	7.2	33.2	3.0	4.1	5.2	3.6	24.9
低（<300）	13.8	12.9	7.5	38.8	2.6	3.4	3.8	2.8	27.9
平均	11.5	11.4	7.1	34.6	2.9	4.1	4.9	3.5	25.6

小麦氮、磷、钾肥组合的千克养分增产量为2.6～4.9kg，平均为3.5kg。增产作用最大的是钾肥，其千克增产量为3.8～5.8kg，平均为4.9kg；其次为磷肥，千克增产量为3.4～4.7kg，平均为4.1kg，最小的为氮肥，千克增产量为2.6～3.1kg，平均为2.9kg。小麦产量化肥贡献率为25.6%，土壤贡献率为74.4%。

不同肥力水平的地块，肥料的增产效应有较大差异。随着耕地肥力水平的提高，小麦施用氮、磷、钾肥的综合增产率由低肥力水平的38.8%下降到高肥力水平的31.7%，呈降低趋势，说明同一施肥水平在低肥力耕地上的增产效果较高肥力水平耕地上的增产效果明显。氮、磷、钾肥的增产率亦呈下降趋势，千克养分增产量变化不明显，土壤贡献率呈升高趋势，化肥贡献率呈降低趋势。

三、甜菜

甜菜不同肥力水平、不同处理的产量、施肥量见表5-6，甜菜不同产量、施肥量养分

肥效分析见表 5-7。

从表 5-6、表 5-7 中可以看出，甜菜施用氮、磷、钾肥的增产效果较为明显，增产率平均为 16.8%。其中，增产作用最大的是氮肥，增产率平均为 15.7%；其次为磷肥，平均增产率为 6.1%；最小的是钾肥，增产率平均为 5.3%。

表 5-6　甜菜不同肥力水平、不同处理的产量和施肥量

每 667m² 产量水平（kg）	试验数（个）	每 667m² 产量（kg）					每 667m² 施肥量（kg）			
		N0P0K0	N0P2K2	N2P0K2	N2P2K0	N2P2K2	N	P_2O_5	K_2O	$N+P_2O_5+K_2O$
高（>6000）	13	5 492.1	5 691.3	5 972.4	6 022.2	6 317.9	14	10	3	27
中（5 000～6 000）	22	4 847.3	5 238.5	5 342.7	5 382.6	5 667.2	14	10	3	27
低（<5000）	17	4 032.0	4 354.9	4 481.0	4 511.8	4 775.5	14	10	3	27
平均		4 790.5	5 094.9	5 265.4	5 305.5	5 586.9	14	10	3	27

表 5-7　甜菜不同产量、施肥量养分肥效分析表

每 667m² 产量水平（kg）	增产率（%）				千克养分增产（kg）				化肥（$N+P_2O_5+K_2O$）贡献率（%）
	N	P_2O_5	K_2O	$N+P_2O_5+K_2O$	N	P_2O_5	K_2O	$N+P_2O_5+K_2O$	
高（>6 000）	14.5	5.8	4.9	15.0	44.7	34.5	98.3	30.6	13.1
中（5 000～6 000）	15.7	6.1	5.3	16.9	30.6	32.5	95.0	30.4	14.5
低（<5 000）	17.1	6.6	5.9	18.4	30.1	29.4	88.0	27.5	15.6
平均	15.7	6.1	5.3	16.8	34.0	32.0	93.5	29.5	14.4

甜菜氮、磷、钾肥的千克养分增产量为 27.5～30.6kg，平均为 29.5kg。增产作用最大的是钾肥，其千克增产量为 88.0～98.3kg，平均为 93.5kg；其次为氮肥，千克增产量为 30.1～44.7kg，平均为 34.0kg；最小的为磷肥，千克增产量为 29.4～34.5kg，平均为 32.0kg。甜菜产量化肥贡献率为 14.4%，土壤贡献率为 85.6%。

不同肥力水平的地块，肥料的增产效应有较大差异。随着耕地肥力水平的提高，甜菜施用氮、磷、钾肥的综合增产率由低肥力水平的 15.6%下降到高肥力水平的 13.1%，呈降低趋势，说明同一施肥水平在低肥力耕地上的增产率较高肥力水平耕地上的增产率高。氮、磷、钾肥的增产率亦呈下降趋势，千克养分增产量随地力的变化其变化不明显，土壤贡献率呈升高趋势，化肥贡献率呈降低趋势。

四、玉米氮肥施肥时期试验结果分析

玉米氮肥施肥时期试验结果见表 5-8。经方差分析，处理间差异显著，重复间差异不显著，说明同等用量的氮肥在不同时期施用，对玉米的增产效果有较大差异。

表 5-8　玉米氮肥施肥时期试验每 667m² 产量（kg）结果统计表

重　复	处　理									
	1	2	3	4	5	6	7	8	9	10
Ⅰ	482.2	582.8	730.8	758.9	767.7	784.6	833.0	779.3	729.5	850.2
Ⅱ	503.1	611.7	712.8	734.1	804.2	810.0	861.0	812.9	755.8	847.6
Ⅲ	458.6	570.1	719.7	745.7	749.0	766.1	815.3	764.2	713.5	833.7
平均	481.3	588.2	721.1	746.2	773.6	786.9	836.4	785.5	732.9	843.8

从表 5-9、表 5-10 可以看出，玉米氮肥做基肥，或者部分做基肥、部分做追肥比单纯做追肥增产作用大，其中以基（种）肥 1/3、追肥二次各追施 1/3 增产作用为最大。氮肥不做基（种）肥，单纯做追肥也有良好的增产作用，以分两次，且第一次追施 2/3、第二次追施 1/3 增产作用最大。

因此，玉米氮肥的施用应以基种肥施用 1/3，拔节期和大喇叭口时期各追总氮肥量的 1/3 为最好。

表 5-9　玉米氮肥不同追肥时期的产量效应（施基肥）

项　目	氮肥不同施用时期				
	基施磷、钾肥（CK）	基（种）肥（不追肥）	基（种）肥 1/3，第一次追施 2/3	基（种）肥 1/3，第二次追施 2/3	基（种）肥 1/3，二次各追施 1/3
每 667m² 产量（kg）	588.2	721.1	786.9	836.4	843.8
增产率（%）	—	22.6	33.8	42.2	43.5

表 5-10　玉米氮肥不同追肥时期的产量效应（不施基肥）

项　目	氮肥不同施用时期				
	基施磷、钾肥（CK）	第一次追施	第二次追施	第一次追施 2/3，第二次追施 1/3	第一次追施 1/3，第二次追施 2/3
每 667m² 产量（kg）	588.2	746.2	773.6	785.5	732.9
增产率（%）	—	26.9	31.5	33.5	24.6

五、玉米氮肥追肥方式试验结果分析

玉米氮肥追肥方式试验结果见表 5-11。经方差分析，处理间差异显著，重复间差异不显著，说明同等用量的氮肥在不同的追施方式下，对玉米的增产效果有较大差异。

表 5-11　玉米氮肥施肥方式试验每 667m² 产量（kg）结果统计表

重　复	处　理						
	1	2	3	4	5	6	7
Ⅰ	701.6	686.4	722.3	789.3	806.7	757.2	528.1
Ⅱ	673.9	659.4	673.2	771.4	798.5	735.7	549.5
Ⅲ	703.1	651.6	686.2	754.0	787.6	721.1	497.9
平均	692.9	665.8	693.9	771.6	797.6	738.0	525.2

表 5-12　氮肥不同施肥方式效果分析

试验处理	每 677m² 产量（kg）	每 677m² 增产量（kg）	增产率（%）	氮农业效率（kg/kg）	氮肥利用率（%）
无氮区	525.2	—	—	—	—
表面株施	692.9	167.7	24.2	14.3	22.2

（续）

试验处理	每 677m² 产量（kg）	每 677m² 增产量（kg）	增产率（%）	氮农业效率（kg/kg）	氮肥利用率（%）
表面撒施	665.8	140.6	21.1	12.0	18.6
开沟 5cm	693.9	168.7	24.3	14.4	22.3
穴施 5cm	771.6	246.4	31.9	21.1	32.6

表 5-13　氮肥不同追施深度效果分析

试验处理	每 677m² 产量（kg）	每 677m² 增产量（kg）	增产率（%）	氮农业效率（kg/kg）	氮肥利用率（%）
无氮区	525.2	—	—	—	—
穴施 5cm	771.6	246.4	31.9	21.1	32.6
穴施 10cm	797.6	272.4	34.2	23.3	36.1
穴施 15cm	738.0	212.8	28.8	18.2	28.2

基于本次玉米氮肥的施肥方式，从表 5-12、表 5-13 可以看出，不同的施肥方式玉米的氮肥农业效率和利用率都有显著差异，穴施 5cm 处理氮肥的农业效率和利用率均为最高，分别为 21.1kg/kg（N）和 32.6%。从氮肥不同追施深度分析看，穴施 10cm 处理氮肥的农业效率和利用率均为最高，分别为 23.3kg/kg（N）和 36.1%。因此，玉米氮肥的追施应选择深穴施 10cm 效果最好。

第三节　施肥模型分析

应用数理统计或数学回归分析方法对“3414”肥料试验结果进行整理分析，建立起作物产量与施肥量之间的数学模型，即施肥效应函数或施肥效应方程式。通过建立的方程式可以直接获得某一区域、某种作物的氮、磷、钾肥料经济合理施肥量，进而为肥料配方和施肥推荐提供依据。

一、三元二次肥料效应方程及合理施肥量

三元二次肥料效应函数的主要优点在于考虑了肥料的交互作用，但该函数在对“3414”试验进行拟合并计算推荐施肥量时可能会存在以下问题：一是试验成功率低，有相当一部分试验不能得到典型函数；二是拟合成功的函数往往也存在推荐施肥量偏高的问题，不但造成施肥的经济效益下降，同时也对环境不利；三是拟合常常忽略了试验中得到的某些试验点不需要施肥或某一养分不需要施用的信息，因此可能对推荐施肥产生误导。本次统计分析的所有试验均无拟合成功的三元二次肥料效应方程，因此本节不再分析采用。

二、一元二次肥料效应方程及合理施肥量

采用一元二次肥料效应函数计算“3414”试验推荐施肥量时，拟合成功率高，可以开

发三元二次肥料效应函数不能利用的信息资源，结果更为全面合理。根据玉米、小麦、马铃薯“3414”肥料试验结果，应用一元二次模型，建立了每个试验点的施肥模型，并计算出最佳经济施肥量和最高单产施肥量。一元二次肥料效应模型为：

$$y=b_0+b_1x+b_2x^2$$

式中：y 为每 667m^2 产量（kg）；x 为氮（N）、磷（P_2O_5）、钾（K_2O）中任一肥料的每 667m^2 施用量（kg）；b_0、b_1、b_2为回归系数。

（一）玉米

经回归分析，玉米试验拟合成氮肥效应一元二次方程典型模型 27 个，占试验点数的 60%；磷肥效应模型 21 个，占试验点数的 47%；钾肥效应模型 9 个，占试验点数的 20%。玉米氮、磷、钾一元二次肥料效应方程及合理施肥量分别见表 5-14、表 5-15、表 5-16。

表 5-14　玉米氮肥一元二次模型及合理施肥量

试验编号	土测值（全氮，g/kg）	肥料效应模型方程	每 667m^2 最佳经济施肥量（kg）	最高产量每 667m^2 施肥量（kg）
2008-1	0.32	$y=-0.5842x^2+22.284x+486.89$	15.93	19.07
2008-3	0.65	$y=-0.4223x^2+11.951x+802.54$	9.81	14.15
2008-4	0.61	$y=-0.5251x^2+14.906x+549.19$	10.70	14.19
2008-5	1.01	$y=-0.4555x^2+12.881x+653.07$	10.12	14.14
2007-1	0.23	$y=-0.3583x^2+16.125x+302.08$	18.69	22.50
2007-2	0.36	$y=-1.2990x^2+46.403x+396.64$	16.81	17.86
2007-3	0.84	$y=-0.1904x^2+7.851x+516.30$	13.44	20.61
2007-4	0.99	$y=-0.2816x^2+18.529x+503.49$	28.04	32.90
2007-5	0.52	$y=-0.5110x^2+20.843x+545.03$	17.72	20.40
2007-6	0.74	$y=-0.7001x^2+26.272x+665.91$	16.81	18.76
2007-7	0.93	$y=-0.7255x^2+25.545x+524.46$	7.45	7.82
2007-8	0.66	$y=-0.3152x^2+8.499x+388.77$	6.86	12.21
2007-9	0.86	$y=-0.4165x^2+23.293x+478.31$	24.68	27.96
2007-12	0.69	$y=-0.2973x^2+9.403x+710.49$	11.22	15.81
2007-13	1.50	$y=-0.2190x^2+5.696x+758.63$	6.77	13.01
2007-14	1.23	$y=-0.6887x^2+10.797x+788.30$	5.85	7.84
2007-16	0.96	$y=-0.6327x^2+20.761x+624.00$	14.25	16.41
2007-17	1.02	$y=-0.3318x^2+19.231x+603.08$	24.86	28.98
2007-18	0.69	$y=-0.2561x^2+10.653x+595.33$	15.46	20.80
2007-19	0.36	$y=-0.6503x^2+29.933x+334.61$	20.91	23.01
2006-2	1.00	$y=-1.1206x^2+35.088x+433.51$	14.14	15.66
2006-6	0.87	$y=-0.1848x^2+6.122x+568.04$	7.36	16.56
2006-8	0.61	$y=-0.4668x^2+19.062x+518.70$	16.77	20.42
2006-9	1.16	$y=-0.8832x^2+23.488x+501.97$	11.37	13.30

（续）

试验编号	土测值（全氮，g/kg）	肥料效应模型方程	每667m² 最佳经济施肥量（kg）	最高产量每667m² 施肥量（kg）
2006-11	0.71	$y=-1.4923x^2+31.323x+527.48$	9.36	10.49
2006-12	0.34	$y=-1.1920x^2+25.144x+702.64$	9.12	10.55
2006-13	0.42	$y=-0.4175x^2+12.167x+578.51$	10.50	14.57

表 5-15 玉米磷肥一元二次模型及合理施肥量

试验编号	土测值（有效磷，mg/kg）	肥料效应模型方程	每667m² 最佳经济施肥量（kg）	最高产量每667m² 施肥量（kg）
2008-1	6.75	$y=-2.2365x^2+33.752x+575.37$	5.98	7.55
2008-3	25.10	$y=-0.6352x^2+15.145x+771.50$	6.41	11.92
2008-4	13.40	$y=-1.4672x^2+35.342x+385.24$	9.66	12.04
2008-5	3.65	$y=-0.9364x^2+11.629x+746.41$	2.47	6.21
2007-2	41.56	$y=-0.9502x^2+14.096x+707.86$	5.84	7.42
2007-4	9.73	$y=-0.6768x^2+32.973x+457.21$	21.90	24.36
2007-5	44.08	$y=-0.328x^2+4.558x+676.77$	2.38	6.95
2007-6	20.49	$y=-0.5765x^2+11.143x+819.58$	7.06	9.66
2007-7	71.56	$y=-1.5306x^2+26.208x+544.06$	9.96	11.74
2007-8	15.23	$y=-1.6201x^2+28.436x+326.85$	7.85	8.78
2007-9	1.26	$y=-0.815x^2+23.753x+614.79$	12.73	14.57
2007-10	4.69	$y=-2.1006x^2+38.435x+650.61$	8.43	9.15
2007-11	8.70	$y=-0.4174x^2+9.3649x+635.65$	7.62	11.22
2007-13	81.29	$y=-1.6896x^2+27.309x+767.66$	7.19	8.08
2007-15	15.23	$y=-3.26x^2+49.285x+683.06$	7.10	7.56
2007-17	21.64	$y=-2.377x^2+44.638x+569.31$	8.76	9.39
2006-1	5.50	$y=-0.9357x^2+5.2038x+682.66$	0.96	2.78
2006-3	8.06	$y=-3.3923x^2+52.8595x+750.7145$	7.29	7.79
2006-4	13.40	$y=-2.9845x^2+47.5231x+748.42$	7.39	7.96
2006-5	3.86	$y=-1.7659x^2+25.1058x+551.05$	6.15	7.11
2006-12	6.47	$y=-2.5823x^2+43.5048x+653.475$	7.77	8.42

表 5-16 玉米钾肥一元二次模型及合理施肥量

试验编号	土测值（速效钾，mg/kg）	肥料效应模型方程	每667m² 最佳经济施肥量（kg）	最高产量每667m² 施肥量（kg）
2008-1	108	$y=-2.726x^2+40.377x+506.93$	6.37	7.41
2008-3	199	$y=-1.0403x^2+9.634x+852.93$	1.91	4.63
2008-4	222	$y=-5.5195x^2+57.775x+444.01$	4.72	5.23
2007-3	140	$y=-0.344x^2+6.421x+588.31$	2.90	3.73

（续）

试验编号	土测值（速效钾，mg/kg）	肥料效应模型方程	每 $667m^2$ 最佳经济施肥量（kg）	最高产量每 $667m^2$ 施肥量（kg）
2007-4	203	$y=-4.3x^2+33.798x+678.97$	3.46	3.93
2007-5	123	$y=-15.996x^2+86x+663.27$	2.58	2.69
2007-7	215	$y=-1.4047x^2+13.488x+615.29$	1.72	1.92
2007-8	170	$y=-12.384x^2+101.48x+262.3$	3.95	4.10
2007-9	172	$y=-6.364x^2+72.67x+608.45$	5.43	5.71
2007-10	235	$y=-2.064x^2+33.024x+742.61$	7.13	8.00
2007-14	170	$y=-12.728x^2+98.986x+669.4$	3.75	3.89
2007-17	184	$y=-15.05x^2+99.373x+756.91$	3.18	3.30
2007-18	163	$y=-2.6373x^2+18.06x+693.73$	2.74	3.42
2007-19	92	$y=-9.46x^2+103.63x+379.12$	5.27	5.48
2006-2	225	$y=-2.552x^2+11.836x+728.09$	1.65	2.32
2006-3	220	$y=-5.452x^2+33.982x+860.305$	2.80	3.12
2006-4	152	$y=-12.544x^2+112.808x+672.12$	4.36	4.50
2006-7	78	$y=-5.984x^2+46.288x+511.72$	3.58	3.87
2006-10	225	$y=-10.404x^2+74.594x+679.485$	3.42	3.58
2006-11	98	$y=-2.728x^2+26.644x+567.86$	4.26	4.88
2006-12	88	$y=-2.22x^2+38.646x+683.465$	7.94	8.70

（二）小麦

经回归分析，小麦试验拟合成氮肥效应一元二次方程典型模型 7 个，占试验点数的 70%；磷肥效应模型 8 个，占试验点数的 80%；钾肥效应模型 7 个，占试验点数的 70%。小麦氮、磷、钾一元二次肥料效应方程及合理施肥量分别见表 5-17、表 5-18、表 5-19。

表 5-17　小麦氮肥一元二次模型及合理施肥量

试验编号	土测值（全氮，g/kg）	肥料效应模型方程	每 $667m^2$ 最佳经济施肥量（kg）	最高产量每 $667m^2$ 施肥量（kg）
2010-2	0.73	$y=-0.392x^2+8.3063x+268.92$	7.41	10.60
2010-3	0.56	$y=-0.8106x^2+31.199x+194.5$	17.70	19.24
2010-6	0.45	$y=-1.472x^2+31.337x+206.15$	9.79	10.64
2010-7	0.39	$y=-0.5889x^2+23.039x+277.15$	17.44	19.56
2010-8	0.39	$y=-0.3623x^2+7.8443x+369.28$	7.38	10.83
2010-9	0.50	$y=-0.4264x^2+4.9645x+467.81$	2.89	5.82
2010-10	0.67	$y=-0.428x^2+14.571x+293.64$	8.68	12.81

表 5-18　小麦磷肥一元二次模型及合理施肥量

试验编号	土测值（有效磷，g/kg）	肥料效应模型方程	每 667m² 最佳经济施肥量（kg）	最高产量每 667m² 施肥量（kg）
2010-1	37.2	$y=-1.2755x^2+19.854x+338.52$	5.91	7.78
2010-2	30.3	$y=-1.2023x^2+22.942x+243.05$	7.56	9.54
2010-3	37.6	$y=-2.6604x^2+45.883x+226.14$	7.73	8.62
2010-4	0.1	$y=-2.6659x^2+35.275x+299.86$	5.72	6.62
2010-5	33.8	$y=-1.5758x^2+20.764x+381.12$	5.07	6.59
2010-8	11.3	$y=-2.9482x^2+50.265x+277.22$	7.72	8.52
2010-9	4.6	$y=-2.199x^2+26.834x+465.36$	5.02	6.10
2010-10	0.5	$y=-2.199x^2+26.834x+465.36$	3.49	11.09

表 5-19　小麦钾肥一元二次模型及合理施肥量

试验编号	土测值（速效钾，g/kg）	肥料效应模型方程	每 667m² 最佳经济施肥量（kg）	最高产量每 667m² 施肥量（kg）
2010-1	75	$y=-6.9563x^2+58.265x+326.71$	3.91	4.19
2010-2	93	$y=-2.8486x^2+7.688x+341.24$	0.67	1.35
2010-3	85	$y=-7.6608x^2+67.926x+314.06$	4.18	4.43
2010-4	152	$y=-2.0755x^2+20.451x+335.00$	4.00	4.93
2010-6	121	$y=-1.5763x^2+14.378x+364.97$	3.33	4.56
2010-7	142	$y=-4.8227x^2+38.454x+334.14$	3.59	3.99
2010-10	18	$y=-3.8966x^2+29.307x+357.12$	4.08	5.00

（三）甜菜

经回归分析，甜菜试验拟合成氮肥效应一元二次方程典型模型 35 个，占试验点数的 78%；磷肥效应模型 35 个，占试验点数的 78%；钾肥效应模型 32 个，占试验点数的 71%。甜菜氮、磷、钾一元二次肥料效应方程及合理施肥量分别见表 5-20、表 5-21、表 5-22。

表 5-20　甜菜氮肥一元二次模型及合理施肥量

试验编号	土测值（全氮，g/kg）	肥料效应模型方程	每 667m² 最佳经济施肥量（kg）	最高产量每 667m² 施肥量（kg）
2008-2	0.64	$y=-8.9947x^2+221.45x+4445.5$	11.60	12.31
2008-5	0.72	$y=-2.9983x^2+109.0357x+5027.4$	16.05	18.18
2008-7	0.62	$y=-2.3403x^2+108.1164x+4892.0$	20.36	23.10
2008-8	0.99	$y=-1.9014x^2+70.6429x+4515.0$	15.21	18.58
2008-9	0.54	$y=-6.1429x^2+99.5143x+4523.6$	7.06	8.10
2008-10	0.78	$y=-8.4828x^2+133.5007x+3751.0$	7.11	7.87
2008-11	0.65	$y=-2.7786x^2+81.2843x+4933.5$	11.53	14.63

（续）

试验编号	土测值（全氮，g/kg）	肥料效应模型方程	每667m²最佳经济施肥量（kg）	最高产量每667m²施肥量（kg）
2008-12	0.75	$y=-2.267\,2x^2+65.833\,1x+5\,140.6$	10.73	14.52
2008-13	0.65	$y=-6.435\,7x^2+158.082\,4x+5\,148.5$	10.95	12.28
2008-14	0.54	$y=-1.170\,2x^2+37.678\,3x+5\,223.1$	10.62	16.10
2008-15	1.04	$y=-6.581\,8x^2+148.864x+5\,019.5$	10.34	11.31
2008-18	0.91	$y=-10.682\,0x^2+294.716\,7x+4\,864.7$	13.20	13.80
2008-20	0.65	$y=-6.874\,0x^2+177.936\,0x+4\,527.9$	12.01	12.94
2008-25	0.35	$y=-2.193\,9x^2+64.5x+5\,461$	11.78	14.70
2007-1	0.71	$y=-3.144\,6x^2+87.126\,2x+4\,709.2$	11.53	13.85
2007-2	0.69	$y=-2.084\,2x^2+38.751\,2x+5\,137.4$	5.78	9.30
2007-3	0.85	$y=-0.365\,6x^2+25.902x+5\,542.0$	15.40	35.42
2007-5	0.63	$y=-2.778\,9x^2+112.41x+5\,180.1$	17.59	20.23
2007-6	0.55	$y=-1.096\,9x^2+24.06x+5\,120.6$	4.29	10.97
2007-7	0.33	$y=-1.682x^2+109.24x+3\,244.4$	28.12	32.47
2007-8	0.47	$y=-1.316\,3x^2+33.376x+4\,949.3$	7.12	12.68
2007-10	1.18	$y=-5.557\,8x^2+187.15x+4\,470.6$	15.52	16.84
2007-11	1.56	$y=-3.363\,9x^2+85.795x+5\,352.1$	10.58	12.75
2007-12	0.69	$y=-1.901\,4x^2+45.662x+5\,049.6$	8.16	12.01
2007-13	0.63	$y=-2.413\,3x^2+39.007x+3\,863.6$	5.05	8.08
2007-14	0.66	$y=-3.583\,3x^2+78.731x+6\,076.6$	8.94	10.99
2007-15	0.88	$y=-4.972\,8x^2+83.952x+5\,955.5$	6.97	8.44
2007-16	1.02	$y=-0.950\,7x^2+72.588x+4\,048.5$	30.48	38.18
2007-18	0.88	$y=-3.363\,9x^2+112x+6\,402.7$	14.47	16.65
2007-19	0.82	$y=-10.165x^2+164.53x+7\,759.4$	7.37	8.09
2007-23	0.47	$y=-0.992\,2x^2+30.436x+6\,371$	8.04	15.34
2007-24	0.61	$y=-5.896x^2+57.64x+5\,579.2$	3.38	4.89
2006-1	0.34	$y=-16.026\,2x^2+382.297x+5\,327.3$	11.48	11.93
2006-3	0.66	$y=-7.105\,5x^2+227.394x+3\,409.7$	14.98	16.00
2006-4	0.71	$y=-11.546\,9x^2+257.25x+5\,126.3$	10.51	11.14

表 5-21　甜菜磷肥一元二次模型及合理施肥量

试验编号	土测值（全氮，g/kg）	肥料效应模型方程	每667m²最佳经济施肥量（kg）	最高产量每667m²施肥量（kg）
2008-2	3.20	$y=-13.473x^2+280.07x+4\,525$	9.81	10.39
2008-5	6.65	$y=-17.63x^2+310.03x+4\,710.65$	8.35	8.79
2008-6	23.50	$y=-14.62x^2+245.1x+4\,407.5$	7.85	8.38
2008-7	5.65	$y=-6.593\,3x^2+167.7x+4\,937.8$	11.53	12.72
2008-10	10.25	$y=-11.323x^2+213.71x+2\,688.2$	8.75	9.44
2008-11	2.98	$y=-3.726\,7x^2+92.02x+5\,082.6$	7.94	12.35
2008-12	3.05	$y=-2.006\,7x^2+57.62x+5\,261.8$	6.18	14.36

（续）

试验编号	土测值（全氮，g/kg）	肥料效应模型方程	每667m² 最佳经济施肥量（kg）	最高产量每667m² 施肥量（kg）
2008-13	1.30	$y=-1.4333x^2+49.5933x+5666$	5.85	17.30
2008-18	9.30	$y=-15.48x^2+247.68x+4764.4$	7.50	8.00
2008-20	1.45	$y=-5.8767x^2+119.97x+5251$	8.88	10.21
2008-25	2.60	$y=-8.314x^2+182.614x+4883.37$	10.04	10.98
2007-1	42.48	$y=-8.6x^2+137.03x+4469.1$	6.93	7.97
2007-2	10.65	$y=-4.3x^2+77.687x+5125.6$	6.96	9.03
2007-4	42.94	$y=-10.75x^2+171.28x+4876.9$	7.14	7.97
2007-5	29.77	$y=-17.487x^2+346.01x+4962.2$	9.38	9.89
2007-6	55.42	$y=-3.87x^2+29.097x+5334.2$	1.45	3.76
2007-7	5.84	$y=-12.327x^2+161.97x+4601$	5.85	6.57
2007-8	8.59	$y=-2.7233x^2+45.723x+5130.6$	5.12	8.39
2007-12	34.12	$y=-6.7367x^2+108.22x+5421.6$	6.71	8.03
2007-14	32.17	$y=-5.4467x^2+61.633x+6235$	4.02	5.66
2007-16	70.53	$y=-8.0267x^2+119.25x+4107.9$	6.32	7.43
2007-18	51.18	$y=-9.7467x^2+130.72x+7039.1$	5.79	6.71
2007-19	28.17	$y=-5.4467x^2+122.41x+7062$	9.60	11.24
2006-1	14.70	$y=-6.822x^2+166.898x+4381$	10.93	12.23
2006-2	15.00	$y=-12.78x^2+270.38x+2439$	9.88	10.58
2006-4	3.86	$y=-3.04x^2+88.4x+6024$	11.62	14.54
2006-5	4.15	$y=-5.896x^2+57.64x+5579.2$	3.38	4.89
2006-6	3.38	$y=-10.394x^2+190.426x+6436$	8.31	9.16
2006-8	4.15	$y=-13.64x^2+204.6x+5229$	6.85	7.50

表 5-22　甜菜钾肥一元二次模型及合理施肥量

试验编号	土测值（速效钾，g/kg）	肥料效应模型方程	每667m² 最佳经济施肥量（kg）	最高产量每667m² 施肥量（kg）
2008-1	102	$y=-35.8333x^2+467.267x+4831.1$	6.26	6.52
2008-2	159	$y=-25.481x^2+278.07x+4904.9$	5.09	5.46
2008-3	84	$y=-35.8333x^2+467.267x+4831.1$	6.26	6.52
2008-4	80	$y=-9.5556x^2+61.156x+5486.8$	2.22	3.20
2008-6	220	$y=-19.511x^2+248.69x+4694.9$	5.89	6.37
2008-7	165	$y=-28.267x^2+333.23x+5090.2$	5.56	5.89
2008-9	147	$y=-16.722x^2+48.256x+4960.8$	0.88	1.44
2008-11	183	$y=-7.5648x^2+115.38x+5040.3$	5.87	7.63
2008-13	183	$y=-16.722x^2+184.9x+5542.7$	4.73	5.53
2008-14	167	$y=-1.5926x^2+75.489x+5185.8$	17.81	23.70
2008-15	346	$y=-11.944x^2+91.256x+5433.8$	3.04	3.82
2008-17	159	$y=-35.833x^2+467.267x+4831.1$	6.26	6.52

（续）

试验编号	土测值（速效钾，g/kg）	肥料效应模型方程	每 $667m^2$ 最佳经济施肥量（kg）	最高产量每 $667m^2$ 施肥量（kg）
2008-18	269	$y=-35.833x^2+467.267x+4\,831.1$	6.26	6.52
2008-19	283	$y=-35.833x^2+467.267x+4\,831.1$	6.26	6.52
2008-20	122	$y=-52.954x^2+433.11x+5\,248.2$	3.91	4.09
2008-21	147	$y=-28.269x^2+306.49x+4\,352.3$	5.09	5.42
2008-22	102	$y=-35.833x^2+467.267x+4\,831.1$	6.26	6.52
2008-23	181	$y=-35.833x^2+467.267x+4\,831.1$	6.26	6.52
2008-24	114	$y=-35.833x^2+467.267x+4\,831.1$	6.26	6.52
2008-25	116	$y=-5.972\,2x^2+95.317x+5\,596.5$	6.41	7.98
2007-1	234	$y=-8.759\,3x^2+29.144x+5\,111.3$	0.44	1.66
2007-5	113	$y=-13.935x^2+225.27x+5\,585.0$	7.31	8.08
2007-6	127	$y=-15.528x^2+104.87x+5\,503.3$	2.69	3.38
2007-7	85	$y=-14.333x^2+93.644x+4\,064.9$	2.52	3.27
2007-11	116	$y=-4.379\,6x^2+58.05x+5\,585.0$	4.18	6.63
2007-13	338	$y=-19.111x^2+212.13x+3\,646.4$	4.99	5.55
2007-15	175	$y=-17.917x^2+172.24x+5\,619.4$	4.21	4.81
2007-20	180	$y=-363.7x^2+1\,091.2x+5\,456.4$	1.48	1.50
2007-21	215	$y=-154.6x^2+672.09x+3\,222.5$	2.14	2.17
2007-24	78	$y=-319.73x^2+129\,6.24x+4\,619.6$	2.01	2.03
2006-2	118	$y=-101.11x^2+212.33x+5\,729.0$	1.00	1.05
2006-4	152	$y=-176.82x^2+117\,4.62x+4\,831.0$	3.29	3.32

三、土测值与合理施肥量关系函数模型建立

利用“3414”肥料试验各试验点的土壤养分测试结果和拟合建立的一元二次施肥模型计算出的施肥量，采用对数函数模拟建立了玉米、小麦、甜菜等不同作物最佳施氮量与土壤全氮测定值、最佳施磷量与土壤有效磷测定值、最佳施钾量与土壤有效钾测定值的数学函数式（表 5-23），可用于计算不同农户、不同地块在不同土壤养分条件下的氮、磷、钾的合理施肥量，并制作施肥建议卡发放到农户手中，具体指导每个农户科学施肥。

表 5-23　不同作物最佳施肥量与土测值关系函数模型

作物	养分	最佳施肥量与土测值关系函数模型	R^2	拟合试验点数
小麦	N	$y=-12.506\ln(x)+3.153$	0.707 8	4
	P	$y=-9.361\,6\ln(x)+29.082$	0.931 0	5
	K	$y=-5.589\ln(x)+31.254$	0.619 7	5
玉米	N	$y=-9.914\,5\ln(x)+9.842$	0.623 2	23
	P	$y=-3.506\,6\ln(x)+17.202$	0.677 8	16
	K	$y=-4.126\,3\ln(x)+24.953$	0.708 5	19

（续）

作物	养分	最佳施肥量与土测值关系函数模型	R^2	拟合试验点数
甜菜	N	$y=-15.951\ln(x)+6.237$	0.538 5	29
	P	$y=-9.321\,6\ln(x)+7.730$	0.677 3	24
	K	$y=-4.780\,8\ln(x)+28.556$	0.620 3	24

上述函数模型方程中，y 为合理施肥量，分别为氮（N）、磷（P_2O_5）、钾（K_2O）的每 667m^2 施用量（kg）；x 为土壤养分含量测定值，分别为全氮（g/kg）、有效磷（mg/kg）和速效钾（mg/kg）；R^2 为相关系数。

四、土壤养分测定值与无肥区产量相关关系

"3414"肥料试验中，处理 1（N0P0K0）为无肥区，即不施任何肥料的空白区，其产量为基础地力产量。利用"3414"肥料试验各试验点的土壤养分含量测定值和无肥区产量，模拟建立的相关数学函数式见表 5-24。结果显示小麦、玉米、甜菜无肥区产量与土壤氮、磷、钾测定值的相关关系较好，可以达到通过土壤养分测定值来估算地力产量的目的。

表 5-24　不同作物无肥区产量与土测值关系函数模型

作物	养分	无肥区产量与土测值关系函数模型	R^2	拟合试验点数
小麦	N	$y=1\,227.2x-182.26$	0.515 3	5
	P	$y=5.614\,9x+58.82$	0.615 1	6
	K	$y=1.444\,9x+55.34$	0.611 2	5
玉米	N	$y=195.32x+393.06$	0.560 4	32
	P	$y=10.487x+436.43$	0.603 6	23
	K	$y=1.243\,8x+356.40$	0.605 9	29
甜菜	N	$y=3\,613.1x+2\,317.90$	0.601 3	28
	P	$y=117.31x+3\,435.40$	0.620 0	24
	K	$y=18.278x+1\,613.60$	0.625 9	21

上述函数模型方程中，y 为无肥区产量（即每 667m^2 地力产量，kg）；x 为土壤养分含量测定值，分别为全氮（g/kg）、有效磷（mg/kg）、速效钾（mg/kg）；R^2 为相关系数。

五、目标产量与基础产量相关关系

目标产量即计划产量，是决定肥料用量的重要依据。目标产量并不是随意估计的，而是根据土壤肥力水平来确定的，因为肥料是决定产量的基础。目标产量的确定，通常用经验公式来表达。先做田间试验，用不施任何肥料的空白区（无肥区）和最经济产量区（或最高产量区）的产量进行比较。在不同土壤肥力条件下，通过多点试验，获得大量的产量数据，以空白区产量为土壤肥力指标，并用 x 表示为自变量，以最佳经济产量（或最高

产量）为因变量，用 y 表示，求得一元一次方程的经验公式。公式模型如下：

$$y=a+bx$$

由“3414”多点试验组成基础产量和最佳经济产量的多对数据进行回归。数据的具体获取方法是：用每个“3414”试验中的处理1（N0P0K0）与处理6（N2P2K2）的基础产量和最佳经济产量的多对数据建立经验公式。理论上讲，在试验方案设计合理时，处理6的产量是最理想的产量，但实际情况可能会很复杂，所以实际是用“3414”试验所有处理中的最高产量取代处理6的产量，作最高产量和基础产量的直线及双曲线函数关系模拟。3种作物最高产量与基础产量的函数关系均以线性函数的相关性较大，结果列于表5-25，可用于计算目标产量。

表5-25　不同作物基础产量与最高产量关系函数模型

作物	函数名称	函数关系模型	R^2	试验点数
玉米	直线	$y=1.492\,1x+13.56$	0.627 8	32
小麦	直线	$y=0.428\,7x+435.12$	0.687 7	8
甜菜	直线	$y=0.817\,3x+2\,039.00$	0.685 3	40

上述函数模型方程中，y 为目标产量（即每667m^2 最高产量，kg）；x 为基础产量（即无肥区每667m^2 产量，kg）；R^2为相关系数。

第四节　土壤养分丰缺指标及分级划分

一、土壤养分丰缺指标及分级划分

“3414”肥料肥效试验缺素区（即处理2、4、8）产量占全肥区（即处理6）产量的百分数即是缺素区的相对产量，以相对产量的高低及其所对应的土壤养分含量测定值来表示土壤养分的丰缺状况，从而确定适用于某一区域、某种作物的土壤养分丰缺指标及对应的肥料合理施用数量。

缺素区相对产量＝（缺素区产量/全肥区产量）×100％

根据“3414”肥料肥效试验各试验点的土测值和产量结果，分别模拟玉米、小麦、甜菜各试验点土壤全氮、有效磷、速效钾与相对产量的对数函数模型，按照相对产量＜50％、50％～65％、65％～75％、75～90％、90％～95％、＞95％分别划分玉米、小麦、甜菜的土壤养分丰缺指标。将所有“3414”试验点的土壤养分测定值与相对产量一起模拟对数函数模型，划分出全旗土壤养分的丰缺指标标准，结果见表5-26至表5-28。

可以看出，不同作物在同一种土壤养分丰缺程度下的指标值具有一定差异。因此，在指导施肥判断土壤养分丰缺程度时，按不同作物的丰缺指标更准确。但是，在分析全旗土壤养分丰缺状况时要用全旗耕地土壤养分的分级标准。

全旗土壤养分的丰缺指标与第二次土壤普查时全自治区的养分丰缺指标对比时可以看出，氮和磷丰缺指标比第二次土壤普查时明显提高，钾丰缺指标比第二次土壤普查有一定提高。

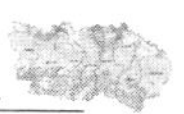

表 5-26　达拉特旗玉米土测值与相对产量函数关系及养分丰缺指标

土壤养分	试验数量（个）	相对产量（%）	丰缺程度	丰缺指标（土测值）	对数函数方程	R^2
全氮	23	<50		<0.26	$y=28.284\ln(x)+88.066$	0.806 7
		50～65	极低	0.26～0.44		
		65～75	低	0.44～0.63		
		75～90	中	0.63～1.07		
		90～95	高	1.07～1.28		
		>95	极高	>1.28		
有效磷	23	<50		<5.9	$y=24.412\ln(x)+6.688$	0.851 7
		50～65	极低	5.9～10.9		
		65～75	低	10.9～16.4		
		75～90	中	16.4～30.3		
		90～95	高	30.3～37.2		
		>95	极高	>37.2		
速效钾	23	<50		<53	$y=33.651\ln(x)-83.609$	0.548 9
		50～65	极低	53～83		
		65～75	低	83～111		
		75～90	中	111～174		
		90～95	高	174～202		
		>95	极高	>202		

注：函数方程式中，y 为缺素区相对产量；x 为土壤养分测定值；R^2 为相关系数。下同。

表 5-27　达拉特旗小麦土测值与相对产量函数关系及养分丰缺指标

土壤养分	试验数量（个）	相对产量（%）	丰缺程度	丰缺指标（土测值）	对数函数方程	R^2
全氮	8	<50		<0.43	$y=0.8295\ln(x)+1.2048$	0.809 6
		50～65	极低	0.43～0.51		
		65～75	低	0.51～0.58		
		75～90	中	0.58～0.69		
		90～95	高	0.69～0.74		
		>95	极高	>0.74		
有效磷	8	<50		<12.5	$y=0.4065\ln(x)-0.5266$	0.989 7
		50～65	极低	12.5～18.1		
		65～75	低	18.1～23.1		
		75～90	中	23.1～33.4		
		90～95	高	33.4～37.8		
		>95	极高	>37.8		

（续）

土壤养分	试验数量（个）	相对产量（%）	丰缺程度	丰缺指标（土测值）	对数函数方程	R^2
速效钾	8	＜50		＜44	$y=0.3577\ln(x)-0.8506$	0.876 3
		50～65	极低	44～66		
		65～75	低	66～87		
		75～90	中	87～133		
		90～95	高	133～154		
		＞95	极高	＞154		

表 5-28　达拉特旗甜菜土测值与相对产量函数关系及养分丰缺指标

土壤养分	试验数量（个）	相对产量（%）	丰缺程度	丰缺指标（土测值）	对数函数方程	R^2
全氮	17	＜50		＜0.19	$y=24.694\ln(x)+91.121$	0.617 9
		50～65	极低	0.19～0.35		
		65～75	低	0.35～0.52		
		75～90	中	0.52～0.96		
		90～95	高	0.96～1.17		
		＞95	极高	＞1.17		
有效磷	17	＜50		＜2.9	$y=16.352\ln(x)+32.479$	0.726 6
		50～65	极低	2.9～7.3		
		65～75	低	7.3～13.5		
		75～90	中	13.5～33.7		
		90～95	高	33.7～45.8		
		＞95	极高	＞45.8		
速效钾	17	＜50		＜8	$y=13.867\ln(x)+20.756$	0.713 0
		50～65	极低	8～24		
		65～75	低	24～50		
		75～90	中	50～147		
		90～95	高	147～211		
		＞95	极高	＞211		

二、不同土壤养分丰缺指标下经济合理施肥量

将土壤养分丰缺指标带入不同作物最佳施肥量与土测值关系函数式中（见表 5-23），得出不同作物各级丰缺指标下的经济合理施肥量，结果列于表 5-29，可用于制定不同地力水平条件下的区域性的施肥配方。

表 5-29 达拉特旗各主栽作物土壤养分丰缺指标及合理施肥量

作物	相对产量（%）	丰缺程度	丰缺指标			每 667m² 经济合理施肥量（kg）		
			全氮（g/kg）	有效磷（mg/kg）	速效钾（mg/kg）	N	P_2O_5	K_2O
玉米	<65	极低	0.26～0.44	5.9～10.9	53～83	≥18.0	≥17.3	≥6.7
	65～75	低	0.44～0.63	10.9～16.4	83～111	14.4～18.0	17.3～14.0	5.5～6.7
	75～90	中	0.63～1.07	16.4～30.3	111～174	9.2～14.4	14.0～9.1	3.7～5.5
	90～95	高	1.07～1.28	30.3～37.2	174～202	7.4～9.2	7.5～9.1	3.1～3.7
	>95	极高	>1.28	>37.2	>202	<7.4	<7.5	<3.1
小麦	<65	极低	0.43～0.51	12.5～18.1	44～66	≥15.6	≥10.6	≥7.4
	65～75	低	0.51～0.58	18.1～23.1	66～87	11.4～15.6	8.8～10.6	5.9～7.4
	75～90	中	0.58～0.69	23.1～33.4	87～133	11.4～10.6	7.6～8.8	3.5～5.9
	90～95	高	0.69～0.74	33.4～37.8	133～154	10.6～9.5	5.8～7.6	2.7～3.5
	>95	极高	>0.74	>37.8	>154	<9.5	<5.8	<2.7
甜菜	<65	极低	0.19～0.35	2.9～7.3	8～24	≥17.5	≥15.8	≥13.4
	65～75	低	0.35～0.52	7.3～13.5	24～50	13.8～17.5	12.3～15.8	9.9～13.4
	75～90	中	0.52～0.96	13.5～33.7	50～147	8.1～13.8	7.0～12.3	4.7～9.9
	90～95	高	0.96～1.17	33.7～45.8	147～211	6.3～8.1	5.2～7.0	3.0～4.7
	>95	极高	>1.17	>45.8	>211	<6.3	<5.2	<3.0

三、中、微量元素增产效果及丰缺值（临界值）

（一）玉米施用锌肥、甜菜施用硼肥增产效果及临界值确定

根据“3414”肥料肥效试验各试验点的加锌、加硼小区产量、平均产量以及土测值结果，分别模拟玉米、甜菜对数函数模型，计算增产效果及临界值结果列表于表 5-30 和表 5-31。

表 5-30 玉米施用锌（Zn）元素增产效果及临界值

作物	年份	试验数（个）	每 667m² 平均产量（kg）		增产率（%）	临界值（mg/kg）
			N2P2K2	N2P2K2+Zn		
玉米	2006	9	745.4	776.7	4.2	0.523 7
	2007	23	798.7	847.2	6.1	
	2008	5	671.1	711.6	6.0	

可见，玉米增施微量元素锌肥有一定的增产效果，平均增产率为 5.6%。以增产率 5%为临界点，求得土壤有效锌含量的临界值为 0.523 7mg/kg，即土壤有效锌含量测定值低于 0.523 7mg/kg 时，施用锌肥玉米增产效果显著。达拉特旗耕地土壤有效锌含量平均为 0.70mg/kg，平均含量大于临界值。但含量低于 0.523 7mg/kg 的耕地有 46 700.64hm²，占总面积的 31.1%，几乎 1/3 耕地普遍缺锌。所以，在玉米栽培中应

注重锌肥的施用。

表 5-31　甜菜施用硼（B）元素增产效果及临界值

作物	年份	试验数（个）	每 667m² 平均产量（kg）		增产率（%）	临界值（mg/kg）
			N2P2K2	N2P2K2+B		
甜菜	2006	19	4 981.1	5 387.2	8.2	0.260 1
	2007	25	5 948.3	6 302.5	6.0	
	2008	9	6 091.7	6 389.4	4.9	

甜菜增施微量元素硼肥有一定的增产效果，平均增产率为 6.6%。以增产率 5%为临界点，求得土壤有效硼含量的临界值为 0.260 1mg/kg，即土壤有效硼含量测定值低于 0.260 1mg/kg 时，施用硼肥甜菜增产效果显著。达拉特旗耕地土壤有效硼含量平均为 0.39mg/kg，平均含量大于临界值，但含量低于 0.260 1mg/kg 的耕地 21 022.25hm²，占耕地面积的 14.0%。所以，在甜菜栽培中应注重硼肥的施用。

（二）玉米、甜菜施用硫、硼、锌、铁、铜、硅、镁、锰、钼肥增产效果及临界值确定

2010 年安排了 25 个甜菜中、微量元素试验，2011 年安排了 10 个玉米中、微量元素试验，试验增产效果及养分临界值列于表 5-32 和表 5-33。

表 5-32　玉米施用中、微量元素增产效果及临界值

试验数（个）	处理	每 667m² 产量（kg）	增产率（%）	临界值（mg/kg）
10	底肥+锌	765.2	6.1	0.587
10	底肥+硫	755.4	6.3	22.835

从表 5-32 中可以看出，玉米施用锌肥、硫肥增产作用较为明显，增产率分别为 6.1% 和 6.3%，通过计算其相应养分临界值，玉米有效锌的临界值为 0.587mg/kg，玉米有效硫的临界值为 22.835mg/kg。

表 5-33　甜菜施用中、微量元素增产效果及临界值

试验数（个）	处理	每 667m² 产量（kg）	增产率（%）	临界值（mg/kg）
25	底肥+锌	4 900.2	8.5	0.597
25	底肥+硼	4 650.1	5.7	0.228 1
25	底肥+硫	4 996.6	5.8	18.435
25	底肥+硅	4 899.4	3.7	—
25	底肥+铜	4 739.8	0.4	—
25	底肥+铁	4 687.5	—	—
25	底肥+锰	5 056.5	2.1	—
25	底肥+镁	5 116.3	—	—
25	底肥+钼	4 759.8	0.8	—

从表 5-33 可以看出，甜菜施用锌肥、硼肥、硫肥增产作用较为明显，增产率分别为 8.5%、5.7%和 5.8%，通过计算其相应养分临界值：甜菜有效锌的临界值为 0.597mg/kg；

有效硼的临界值为0.228 1mg/kg；有效硫的临界值为18.435mg/kg。甜菜施用硅肥、铜肥、锰肥、钼肥增产效果不明显，其他中、微量元素几乎没有增产效果。

第五节　施肥技术参数分析

一、单位经济产量养分吸收量

“3414”肥料肥效试验在测产时，每年度按不同作物、不同土壤肥力水平选取3个试验点，在选取的试验点的每个处理小区均采集植株样，每种作物2年试验共选取6个试验点，利用植株样测试结果，分别计算不同年度不同肥力水平下各作物6个试验点的每一个小区的单位经济产量吸收的氮（N）、磷（P_2O_5）、钾（K_2O）等养分数量，求其平均值，进行分析。单位经济产量吸收养分量计算公式为：

百千克籽粒养分量（kg）＝［经济产量×经济器官中元素含量（%）＋茎叶产量（kg）×茎叶中元素含量（%）×100］/经济产量（%）

（一）不同产量水平单位经济产量吸收养分量

以全肥区（处理6）产量为依据，不同作物产量水平下形成单位经济产量吸收养分量计算结果见表5-34。

表5-34　不同作物不同产量水平形成单位经济产量吸收养分量

作物	每667m² 产量水平(kg)	试验数量（个）	100kg 经济产量吸收养分量（kg）		
			N	P_2O_5	K_2O
玉米	<650	16	1.352	0.699	1.705
	650～750	17	1.408	0.712	1.779
	>750	17	1.435	0.716	1.805
	平均		1.398	0.711	1.758
甜菜	<5 000	17	1.225	0.389	2.238
	5 000～6 000	22	1.427	0.427	2.300
	>6 000	13	1.477	0.462	2.307
	平均		1.373	0.423	2.281

从表5-34可以看出，达拉特旗玉米形成百千克经济产量（籽粒）需要从土壤中吸收各养分的平均值为氮（N）1.398kg、磷（P_2O_5）0.711kg、钾（K_2O）1.785kg，吸收比例1.0∶0.5∶1.3。甜菜形成百千克经济产量（籽粒）需要从土壤中吸收各养分的平均值为氮（N）1.373kg、磷（P_2O_5）0.423kg、钾（K_2O）2.281kg，吸收比例1.0∶0.3∶1.7。

随着产量水平的提高，玉米单位经济产量吸收氮素量、磷素量呈增加趋势，吸收钾素量变化趋势不明显；甜菜单位经济产量吸收氮素量、磷素量、钾素量均呈增加趋势。

（二）施肥量对作物单位经济产量吸收养分量的影响

不同作物的不同施肥量对单位经济产量吸收养分量的影响列于表5-35。

表 5-35 单位经济产量吸收养分量随施肥量增加的变化

施氮水平	百千克籽粒吸收 N（kg）		施磷水平	百千克籽粒吸收 P_2O_5(kg)		施钾水平	百千克籽粒吸收 K_2O(kg)	
	玉米	甜菜		玉米	甜菜		玉米	甜菜
N0P2K2	1.192	1.216	N2P0K2	0.642	0.384	N2P2K0	1.349	2.015
N1P2K2	1.469	1.090	N2P1K2	0.636	0.374	N2P2K1	1.577	2.116
N2P2K2	1.495	1.515	N2P2K2	0.681	0.425	N2P2K2	1.601	2.300
N3P2K2	1.185	1.487	N2P3K2	0.681	0.389	N2P2K3	1.611	2.118
平均值	1.335	1.327	平均值	0.660	0.393	平均值	1.535	2.137

可以看出，玉米单位经济产量吸收氮素量随施氮量的增加而呈先升后降趋势，100kg经济产量吸收氮养分量先从 1.192kg 增加到 1.495kg，而后降到 1.185kg；吸收磷素量变化不明显；吸收钾素量随施钾量的增加小幅增加。甜菜单位经济产量吸收氮素量随施氮量的增加而增加的趋势不稳定，100kg 经济产量吸收氮的养分量先从 1.216kg 降到 1.090kg，再增加到 1.515kg，而后降到 1.487kg；吸收磷素、钾素量变化不明显。

二、土壤养分矫正系数

土壤养分矫正系数是指作物吸收的养分量占土壤有效养分测定值的比率。由于测出来的土壤有效养分值不可能全被作物利用，与肥料一样，也有利用率的问题，这种土壤有效养分利用率就是土壤养分矫正系数。利用土壤有效养分测定值来计算土壤为作物提供的养分量时，必须使用土壤养分矫正系数，因为有效养分测定值是一个相对数值，只有乘以这一系数才能表达土壤真正提供的养分量。

$$\text{土壤养分矫正系数}=\frac{\text{每 }667m^2\text{ 缺素区作物吸收的养分（kg）}}{\text{土壤有效养分测定值（mg/kg）}\times 0.15}$$

缺素区作物吸收的养分量＝缺素区产量×单位产量吸收养分量

在计算氮、磷、钾矫正系数时，缺素区产量分别为“3414”肥料肥效试验中的处理 2（缺氮）、处理 4（缺磷）、处理 8（缺钾）产量；单位产量吸收养分量用处理 6（N2P2K2）确定的单位产量吸收氮（N）、磷（P_2O_5）、钾（K_2O）的养分量。

同一作物不同土壤由于全氮、有效磷、速效钾含量的不同，其养分矫正系数也不同。利用多年多点试验的土壤有效养分测定值和矫正系数的成对数据，分别求取不同作物的土壤氮矫正系数和土壤全氮含量、土壤磷矫正系数与土壤有效磷含量、土壤钾矫正系数与土壤速效钾含量的幂函数，结果列于表 5-36。相关函数的建立，可以达到通过土壤养分的测定来计算土壤养分矫正系数的目的，方便了生产实际应用。

表 5-36 不同作物土壤养分校正系数与土壤养分的相关性

作物	试验数量（个）	土壤养分	相关方程	R^2
玉米	47	全氮（g/kg）	$y=0.0636x^{-0.6923}$	0.6900
		有效磷（mg/kg）	$y=1.165x^{-0.96}$	0.9499
		速效钾（mg/kg）	$y=3.5197x^{-0.8912}$	0.8130

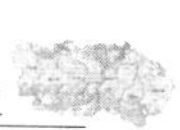

（续）

作物	试验数量（个）	土壤养分	相关方程	R^2
甜菜	23	全氮（g/kg）	$y=0.538\,4x^{-0.801}$	0.680 6
		有效磷（mg/kg）	$y=6.009x^{-0.98}$	0.959 2
		速效钾（mg/kg）	$y=65.044x^{-1.003\,1}$	0.694 8

注：表中 y 代表土壤养分矫正系数；x 代表土壤养分测定值。

根据玉米、甜菜的土壤养分丰缺指标，利用土壤养分矫正系数与土壤养分测定值的相关方程，对各作物的土壤全氮、有效磷、速效钾养分矫正系数进行分段求取平均值，结果列于表 5-37。

表 5-37　不同作物不同丰缺指标下的土壤养分校正系数

作物	丰缺程度	全氮		有效磷		速效钾	
		丰缺指标（g/kg）	校正系数	丰缺指标（mg/kg）	校正系数	丰缺指标（mg/kg）	校正系数
玉米	极低	<0.44	0.596 0	<10.9	0.261 4	<83	0.080 1
	低	0.44～0.63	0.722 1	10.9～16.4	0.090 2	83～111	0.059 9
	中	0.63～1.07	0.418 8	16.4～30.3	0.069 0	111～174	0.042 1
	高	1.07～1.28	0.231 8	30.3～37.2	0.025 9	174～202	0.039 2
	极高	>1.28	0.156 2	>37.2	—	>202	0.027 9
	平均		0.425 0		0.112 0		0.049 8
甜菜	极低	<0.35	0.911 3	<7.3	0.831 4	<24	—
	低	0.35～0.52	0.754 6	7.3～13.5	0.671 6	24～50	—
	中	0.52～0.96	0.750 8	13.5～33.7	0.311 5	50～147	0.623 9
	高	0.96～1.17	0.551 9	33.7～45.8	0.148 1	147～211	0.381 2
	极高	>1.17	0.434 9	>45.8	0.109 1	>211	0.247 4
	平均		0.680 7		0.414 3		0.417 5

从表 5-37 可以看出，土壤全氮、有效磷、速效钾含量不同，其养分矫正系数也不同；土壤养分丰缺指标不同，养分矫正系数也不同，随着丰缺指标的提高，矫正系数整体呈下降趋势。玉米土壤全氮、有效磷、速效钾平均矫正系数分别为 0.425 0、0.112 0、0.049 8；甜菜土壤全氮、有效磷、速效钾平均矫正系数分别为 0.680 7、0.414 3、0.417 5。

三、肥料利用率

任何一种肥料施入土壤后都不能全部被作物吸收利用，其中一部分由于淋失、挥发或被土壤固定而成为作物不可利用的形态。影响肥料利用率的因素有很多，如肥料的品种、作物的种类、土壤状况、栽培管理措施、环境条件、施肥数量、施肥方法及施肥时期等。

（一）化肥肥分利用率

肥料（肥分）利用率利用差减法计算，基本公式为：

肥料利用率（%）=［施肥区农作物吸收养分量（kg/hm²）－缺素区作物吸收养分量（kg/hm²）］×100%/肥料养分施用量（kg/hm²）

应用多年多点各作物“3414”田间肥料肥效试验的测产结果及土壤和植株样的测试结果，计算出不同作物不同施肥处理的氮肥利用率、磷肥利用率、钾肥利用率，结果列于表5-38。

表5-38　达拉特旗各主栽作物肥料利用率

作物	试验数量（个）	氮肥利用率（%）				磷肥利用率（%）				钾肥利用率（%）			
		N1P2K2	N2P2K2	N3P2K2	平均	N2P1K3	N2P2K2	N2P3K2	平均	N2P2K1	N2P2K2	N2P2K3	平均
玉米	35	36.7	28.5	13.4	26.2	24.0	15.8	11.4	17.1	43.2	33.1	26.0	34.1
甜菜	21	44.3	43.1	41.3	42.9	32.4	30.6	22.0	28.3	40.1	37.5	28.5	35.3

从表5-38可以看出，玉米、甜菜氮、磷、钾肥的利用率随着施肥量的增加而呈逐渐递减的趋势，玉米氮、磷、钾肥平均利用率分别为26.2%、17.1%、34.1%，甜菜氮、磷、钾肥平均利用率分别为42.9%、28.3%、35.3%。

（二）化肥利用率对比试验结果分析

2010年完成玉米化肥利用率对比试验3个，2011年完成小麦化肥利用率对比试验3个，由于小麦试验缺少植株样品数据，所以在此只对玉米化肥利用率对比试验结果进行分析。试验产量结果见表5-39，化肥氮、磷、钾肥分利用率对比见表5-40。

表5-39　玉米化肥利用率对比试验每667m² 产量（kg）

地块	无肥区（CK）	常规（N）	常规（P）	常规（NP）	配方（NP）	配方（PK）	配方（NK）	配方（NPK）
高肥力	477.9	444.0	430.0	524.3	521.6	417.4	423.6	525.4
中肥力	402.5	383.0	396.5	503.5	380.6	404.5	382.0	475.5
低肥力	250.3	310.1	388.1	440.0	314.8	347.1	312.0	432.4
平均	376.9	379.0	404.9	489.3	405.7	389.7	372.5	477.8

表5-40　玉米化肥氮、磷、钾肥分利用率对比

地块	常规施肥区肥料利用率（%）			配方施肥区肥料利用率（%）			配方区利用率－常规区利用率（%）		
	氮肥	磷肥	钾肥	氮肥	磷肥	钾肥	氮肥	磷肥	钾肥
高肥力	17.9	8.4	—	22.3	11.2	30.6	4.4	2.8	30.6
中肥力	20.5	11.1	—	25.6	17.3	34.9	5.1	6.2	34.9
低肥力	25.3	15.9	—	30.7	22.3	37.3	5.4	6.4	37.3
平均	21.2	11.8	—	26.2	16.9	34.3	5.0	5.1	34.3

从表5-40看出，通过合理的配方施肥，玉米氮、磷肥分利用率均较常规的利用率提高幅度较大，其中氮肥平均提高5.0个百分点，磷肥平均提高5.1个百分点。由于常规中没有钾肥的施入，因此没有分析钾肥利用率的变化，配方施肥区钾肥利用率平均为34.3%。

第六章

施肥配方设计与应用现状

在对当前耕地主要土壤类型、养分状况、作物生产和施肥现状进行充分调研的基础上，结合肥效试验和专家建议提出该地区区域配肥的主要指导思想，指导肥料生产企业产品研发和生产，科学调整产品配方，从而科学指导当前农民的施肥习惯，使农民逐渐克服当前作物施肥中出现的问题。

第一节　施肥配方设计

一、施肥配方设计原则

在土壤调查采样、土样测试、田间试验的基础上，综合考虑土壤类型、土壤质地、种植结构、作物需肥规律等因素，统计分析结果，优化设计不同分区的肥料配方，提出氮、磷、钾和微肥的适宜用量和比例以及相应的施肥技术，以满足作物均衡吸收各种营养，维持和改善土壤肥力水平。具体设计时应本着“大配方、小配肥”的原则，即为每种作物设计制定一个肥料配方，使施肥配方能够满足至少60%以上的耕地土壤，使在不同区域大面积应用时适当调整配方肥的用量来达到科学合理施肥的目的。

二、建立土壤养分丰缺指标

通过在当地条件下田间试验和土壤测试，使土壤测试值、土壤供肥能力、作物产量、施肥水平建立关系，以作物相对产量为依据，按照土壤测试值将土壤供肥能力划分为若干级别，根据田间试验结果制定出土壤测试值与施肥量的检索表，进行推荐施肥，这就是推荐施肥方法中的土壤养分丰缺指标法。对每一种作物，通过多年多点试验，按照相对产量<50%、50%～60%、60%～75%、75%～90%、>95%，将土壤全氮、有效磷、速效钾分别划分出极缺、缺、中、高、极高，建立起不同作物土壤全氮、有效磷、速效钾含量的分级标准，结果列于表6-1。

表6-1　达拉特旗不同作物养分丰缺指标

作物	丰缺程度		极缺	缺	中	高	极高
	相对产量（%）	<50	50～65	65～75	75～90	90～95	>95
玉米	土壤全氮（g/kg）	<0.26	0.26～0.44	0.44～0.63	0.63～1.07	1.07～1.28	>1.28
	土壤有效磷（mg/kg）	<5.9	5.9～10.9	10.9～16.4	16.4～30.3	30.3～37.2	>37.2
	土壤速效钾（mg/kg）	<53	53～83	83～111	111～174	174～202	>202

（续）

作物	丰缺程度		极缺	缺	中	高	极高
	相对产量（%）	<50	50～65	65～75	75～90	90～95	>95
小麦	土壤全氮（g/kg）	<0.43	0.43～0.51	0.51～0.58	0.58～0.69	0.69～0.74	>0.74
	土壤有效磷（mg/kg）	<12.5	12.5～18.1	18.1～23.1	23.1～33.4	33.4～37.8	>37.8
	土壤速效钾（mg/kg）	<44	44～66	66～87	87～133	133～154	>154
甜菜	土壤全氮（g/kg）	<0.19	0.19～0.35	0.35～0.52	0.52～0.96	0.96～1.17	>1.17
	土壤有效磷（mg/kg）	<2.9	2.9～7.3	7.3～13.5	13.5～33.7	33.7～45.8	>45.8
	土壤速效钾（mg/kg）	<8	8～24	24～50	50～147	147～211	>211

三、不同土壤养分丰缺指标最佳施肥量

可以通过试验，取得土壤养分供应量、作物吸收养分量等参数，同时进行土壤有效养分测定，建立起不同土壤养分丰缺指标体系，以获取作物最佳施肥量，用于推荐施肥。利用综合效应函数在给定的肥料单价和农产品单价下计算出不同养分丰缺指标下的最佳施肥量。

利用玉米“3414”试验结果，建立每个试验点的氮、磷、钾的一元二次方程肥料效应函数，分别计算最佳施肥量。根据多点的最佳施肥量和土测值建立最佳施氮量与土壤全氮测定值、最佳施磷量与土壤有效磷测定值、最佳施钾量与土壤速效钾测定值的对数关系函数，利用最佳施肥量和土测值的相关关系函数计算不同丰缺指标下的最佳施肥量，结果列于表6-2。

表6-2 达拉特旗不同养分丰缺指标下的每667m² 最佳施肥量（kg）

作物	丰缺程度	极缺	缺	中	高	极高
玉米	N	18.1	14.4	9.2	7.4	7.2
	P_2O_5	17.5	14.0	9.1	7.5	7.3
	K_2O	6.7	5.5	3.7	3.1	3.0
小麦	N	15.6	11.4	10.6	9.5	9.0
	P_2O_5	10.6	8.8	7.6	5.8	5.5
	K_2O	7.4	5.9	3.5	2.7	2.5
甜菜	N	17.5	13.8	8.1	6.3	6.0
	P_2O_5	15.8	12.3	8.0	5.2	5.0
	K_2O	13.4	9.9	4.7	3.5	3.0

四、土壤养分测定值面积分布

根据达拉特旗采集的土壤样品的土测值结果，基于GIS系统进行空间插值，形成土壤养分含量分级面积图，进而统计不同土壤养分丰缺指标下的耕地土壤面积分布百分率，结果列于表6-3。

表 6-3 达拉特旗土壤养分测定值面积分布

作物	土壤养分	项目		极缺	缺	中	高	极高
玉米	全氮(g/kg)	丰缺指标	<0.26	0.26～0.44	0.44～0.63	0.63～1.07	1.07～1.28	>1.28
		面积（hm^2）	3 440.28	26 766.34	55 638.27	58 682.68	4 554.33	995.24
		百分率（%）	2.29	17.84	37.07	39.10	3.03	0.66
	有效磷(g/kg)	丰缺指标	<5.9	5.9～10.9	10.9～16.4	16.4～30.3	30.3～37.2	>37.2
		面积（hm^2）	14 020.32	38 150.34	39 352.08	47 390.07	6 885.97	4 278.36
		百分率（%）	9.34	25.42	26.22	31.58	4.59	2.85
	速效钾(mg/kg)	丰缺指标	<53	53～83	83～111	111～174	174～202	>202
		面积（hm^2）	297.32	7 067.81	19 813.32	81 090.87	22 367.56	19 440.3
		百分率（%）	0.20	4.71	13.20	54.03	14.90	12.95
小麦	全氮(g/kg)	丰缺指标	<0.43	0.43～0.51	0.51～0.58	0.58～0.69	0.69～0.74	>0.74
		面积（hm^2）	27 167.31	22 494.57	22 860.42	31 036.21	10 368.81	36 149.8
		百分率（%）	18.10	14.99	15.23	20.68	6.91	24.09
	有效磷(g/kg)	丰缺指标	<12.5	12.5～18.1	18.1～23.1	23.1～33.4	33.4～37.8	>37.8
		面积（hm^2）	64 743.08	36 309.74	21 729.51	19 471.07	3 854.83	3 968.91
		百分率（%）	43.14	24.19	14.48	12.97	2.57	2.64
	速效钾(mg/kg)	丰缺指标	<44	44～66	66～87	87～133	133～154	>154
		面积（hm^2）	7.16	1 200.21	7 950.27	46 377.25	28 608.94	65 933.3
		百分率（%）	0.00	0.80	5.30	30.90	19.06	43.93
甜菜	全氮(g/kg)	丰缺指标	<0.19	0.19～0.35	0.35～0.52	0.52～0.96	0.96～1.17	>1.17
		面积（hm^2）	933.23	11 265.87	41 013.01	85 508.5	9 111.11	2 245.42
		百分率（%）	0.62	7.51	27.33	56.98	6.07	1.50
	有效磷(g/kg)	丰缺指标	<2.9	2.9～7.3	7.3～13.5	13.5～33.7	33.7～45.8	>45.8
		面积（hm^2）	1 684.98	22 020.87	48 877.33	70 152.12	6 032.13	1 309.71
		百分率（%）	1.12	14.67	32.57	46.74	4.02	0.87
	速效钾(mg/kg)	丰缺指标	<8	8～24	24～50	50～147	147～211	>211
		面积（hm^2）	0	1.54	102.3	75 290.03	59 875.39	14 807.9
		百分率（%）	0.00	0.00	0.07	50.17	39.90	9.87

五、配方施肥量确定

从表 6-3 中分别查找土壤全氮、有效磷、速效钾频率分布达到 60%以上的土测值范围，然后再按照土测值范围查对表 6-2 中的对应最佳施肥量，提出制定配方的氮（N）、磷（P_2O_5）、钾（K_2O）用量。

在设计计算施肥配方时，首先要考虑肥料的施用方法，配方设计不应该包含追肥部分。通常磷、钾肥全部作基（种）肥，因此，上述确定的用量全部参与配方计算；氮肥应视生产实际一次基（种）肥或分基（种）肥和追肥，用基（种）肥施入量参与配方的计算，结果列于表 6-4。

表 6-4　达拉特旗不同作物配方施肥量

作物	土壤养分	面积>60%丰缺范围	计算机配方每 667m^2 施肥量（kg）			
			N		P_2O_5	K_2O
			追肥	基（种）肥		
玉米	全氮	0.44～1.07	5.8	2.9		
	有效磷	5.9～30.3			8.9	
	速效钾	111～202				3.3
小麦	全氮	0.43～0.76	7	3.5		
	有效磷	5.0～18.1			8.8	
	速效钾	133～154				2.5
甜菜	全氮	0.35～0.96	5	2.5		
	有效磷	7.3～33.7			7	
	速效钾	50～211				3.5

六、配方计算及建议施肥量

在配方施肥量确定的基础上，配方中氮（N）、磷（P_2O_5）、钾（K_2O）含量的计算公式：

$$配方中N含量（\%）=\frac{配方N施用量（kg/hm^2）}{配方（N+P_2O_5+K_2O）总施用量（kg/hm^2）}\times配方中（N+P_2O_5+K_2O）总含量（\%）$$

$$配方中P_2O_5含量（\%）=\frac{配方P_2O_5施用量（kg/hm^2）}{配方（N+P_2O_5+K_2O）总施用量（kg/hm^2）}\times配方中（N+P_2O_5+K_2O）总含量（\%）$$

$$配方中K_2O含量（\%）=\frac{配方K_2O施用量（kg/hm^2）}{配方（N+P_2O_5+K_2O）总施用量（kg/hm^2）}\times配方中（N+P_2O_5+K_2O）总含量（\%）$$

根据上述计算公式及表 6-4 中提供的施肥量，在设定施用配方肥总养分含量为 45%的条件下计算肥料配方，玉米、小麦及甜菜肥料配方（N-P_2O_5-K_2O）分别为 9-26-10、11-26-8和 9-24-12。

由于达拉特旗大部分耕地相对来说磷、钾素较为丰富，氮长期严重缺乏，同时考虑到经济效益以及部分作物氮肥追施时期的差异比较大，因此适当提高玉米、小麦、甜菜配方中氮的含量，减少磷、钾的含量。经专家组讨论决定将上述作物的肥料配方（N-P_2O_5-K_2O）分别由 9-26-10、11-26-8 和 9-24-12 调整为 15-24-6、13-23-7 和 13-20-12。将符合达拉特旗农业生产实际的肥料配方及建议施肥量列于表 6-5 和表 6-6，表中建议施肥量是根据各丰缺指标下的最佳磷肥施用量计算的，不足的氮肥在苗期用追肥来补充。

表 6-5　达拉特旗不同作物适宜配方施肥量

作物	土壤养分	面积＞60%丰缺范围	计算机配方每 $667m^2$ 施肥量（kg）			
			N		P_2O_5	K_2O
			追肥	基（种）肥		
玉米	全氮	0.44～1.07	5.3	3.5		
	有效磷	5.9～30.3			7.2	
	速效钾	111～202				1.8
小麦	全氮	0.43～0.76	7.0	4.1		
	有效磷	5.0～18.1			7.3	
	速效钾	133～154				2.2
甜菜	全氮	0.35～0.96	5.0	4.0		
	有效磷	7.3～33.7			6.0	
	速效钾	50～211				3.5

表 6-6　达拉特旗不同作物肥料配方及建议施肥量（总养分含量 45%）

作物	肥料配方（$N-P_2O_5-K_2O$）	配方施肥建议每 $667m^2$ 施用量（kg）					苗期氮（N）肥每 $667m^2$ 追肥量(kg)
		极缺	缺	中	高	极高	
玉米	15-24-6	59.6	53.8	35.0	28.8	28.1	—
小麦	13-23-7	40.8	33.8	29.2	22.3	21.2	—
甜菜	13-20-12	65.8	51.3	33.3	21.7	20.8	—

七、养分平衡法推荐施肥量确定

（一）基本原理与计算方法

根据作物目标产量需肥量与土壤供肥量之差估算施肥量，也就是说种植某种作物，一般有个合理的预期产量，形成这个预期产量要从土壤中吸收一定量的土壤养分，而土壤本身能够供给作物一定量的养分，但两者之间有个差额，这部分不足的养分量就要靠合理施肥来补充。

计算公式为：

$$\text{施肥量}(\text{kg/hm}^2)=\frac{\text{作物单位产量养分吸收量}(\text{kg/kg})\times\text{目标产量}(\text{kg/hm}^2)-\text{土壤测定值}(\text{mg/kg})\times0.15\times\text{土壤有效养分校正系数}}{\text{肥料中养分含量}(\%)\times\text{肥料利用率}(\%)}$$

如果以肥料纯养分量来计算，则公式为：

$$\text{施肥量}(\text{kg/hm}^2)=\frac{\text{作物单位产量养分吸收量}(\text{kg/kg})\times\text{目标产量}(\text{kg/hm}^2)-\text{土壤测定值}(\text{mg/kg})\times0.15\times\text{土壤有效养分校正系数}}{\text{肥料利用率}(\%)}$$

公式中涉及的目标产量、作物单位产量养分吸收量、土壤养分含量测定值、土壤有效养分校正系数、肥料利用率及肥料中养分含量等施肥参数，需通过确定或计算得出。

（二）有关参数的确定计算

1. 目标产量　目标产量可采用平均单产法来确定，即利用施肥区前 3 年平均单产和年递增率为基础确定目标产量。

其计算公式是：目标产量（kg/hm^2）＝（1＋递增率）×前3年平均单产（kg/hm^2）

一般粮食作物的递增率为10%～15%，露地蔬菜为20%，设施蔬菜为30%。或者根据生产实际，直接确定。

2. 作物单位产量养分吸收量 通过对正常成熟的农作物全株养分的分析，测定各种作物百千克经济产量所需养分量。根据前述的分析计算（见表5-34），玉米每100kg经济产量吸收养分量约为氮1.398kg、磷0.711kg、钾1.785kg；甜菜每100kg经济产量吸收养分量约为氮1.373kg、磷0.423kg、钾2.281kg。

3. 土壤测试值 即土壤农化样养分的测试分析值，也即土壤有效养分含量的测定值，单位为mg/kg。

4. 土壤有效养分校正系数 土壤有效养分校正系数＝［不施肥区每667m^2产量×单位产量养分吸收量］/（土壤养分测定值×0.15）；或校正系数＝［缺素区每667m^2产量×单位产量养分吸收量］/（土壤养分测定值×0.15）。

0.15为系数，即若土壤中某种养分元素的测定值是1mg/kg，每667m^2 0～20cm的表层土壤有约15万kg土壤，则每667m^2该养分含量为：150 000kg×1mg/kg＝0.15kg。

假设不施肥时的每667m^2产量为200kg，生产100kg籽粒产量从土壤中吸收该养分1kg，土壤测定值为25mg/kg，则土壤有效养分校正系数为：（200×1/100）/（25×0.15）＝0.53。也就是说该土壤这种营养元素的利用效率为53%。

在采用养分平衡法计算适宜施肥量时，应注意土壤养分校正系数实际上是一个变动的数值，一般土壤养分测定值增大、校正系数减少，测定值减小、校正系数增大。所以一般应根据校正系数与土测值关系函数式计算出相应土测值对应的校正系数，而不宜直接采用校正系数平均值。

5. 肥料利用率 一般通过差减法来计算。施肥区作物吸收的养分量减去不施肥区农作物吸收的养分量，其差值视为肥料供应的养分量，再除以所用肥料养分量就是肥料利用率。

以计算氮肥利用率为例来进一步说明：

施肥区（NPK区）农作物每667m^2吸收养分量（kg）：“3414”方案中处理6的作物总吸氮量；

缺氮区（PK区）农作物每667m^2吸收养分量（kg）：“3414”方案中处理2的作物总吸氮量；

每667m^2肥料施用量（kg）：施用的氮肥肥料用量；

肥料中养分含量（%）：施用的氮肥肥料所标明的含氮量。

如果同时使用了不同品种的氮肥，应计算所用的不同氮肥品种的总氮量。

6. 肥料养分含量 供施肥料包括无机肥料与有机肥料。无机肥料、商品有机肥料含量按其标明量，不明养分含量的有机肥料养分含量可参照当地不同类型有机肥养分平均含量。

（三）合理推荐施肥量的确定

将上述施肥参数代入公式，即可计算出氮（N）、磷（P_2O_5）、钾（K_2O）的合理施肥

量。再根据肥料养分的含量计算出各种肥料的施用实物量。

应用这种方法计算出的适宜施肥量与应用肥料效应函数法计算出的适宜施肥量有一定差异，所以在确定适宜推荐施肥量时，应几种方法互相比较、验证，特别是应结合生产实际综合考虑确定。

第二节 测土配方施肥技术推广

测土配方施肥技术是集土壤测试、肥料试验、专用肥料配制、施肥技术指导、推广为一体的技术体系，也是目前我国广泛推广使用的比较先进的科学施肥技术。2006年以来，经过达拉特旗农业科技人员的共同努力与实践，达拉特旗测土配方施肥技术推广形成了“测土—配方研制—配方肥生产—供货商—乡镇供应点—农户”的运作模式，建立了供肥网点，实行挂牌售肥，同时也建立示范样板田，让农民亲身感受配方肥的效果，为广大农民提供了较好的配方施肥技术推广服务。

一、转变传统施肥观念、提高科学施肥水平

科技人员通过发放技术宣传资料、广播电视、墙体广告、核心示范区和种植大户的示范、现场会等多种方式的测土配方施肥宣传，使达拉特旗农民施肥观念发生较大的转变，“配方施肥”和“配方肥”的概念逐步被广大农民接受，农作物施肥结构发生很大的变化：一是改变了过去氮肥施用越多增产越多的错误观念，实现了按照目标产量以产定肥的科学施肥新观念；二是玉米施用肥料品种结构发生很大的变化，过去一直使用的是以氮素为主要增产因子的碳酸氢铵、磷酸二铵、尿素等化肥，目前是配方肥、磷酸二铵、尿素、硫酸钾、硫酸锌等多元素肥料的科学混配施用的新模式；三是施肥方法有较大的变化，作物基肥由过去的表施变为深施配方肥或按方配肥，追肥由过去的撒施逐步改为节水根灌追施、叶面喷施和深穴施等，提高了肥料的利用率。

二、制作发放配方施肥建议卡

运用测土配方施肥中的“养分丰缺指标法”，根据不同土壤养分含量和不同作物的需肥特点制定出测土配方施肥建议卡，再由旗、镇（苏木）两级农技人员将测土配方施肥建议卡亲自送到农民手上并对建议卡内容进行讲解，在施肥时期对农民进行施肥技术指导。在填制施肥建议卡时采取了以下技术措施，确保为每个农户提出科学的施肥建议。

（一）制作土壤养分分布图

一是利用第二次土壤普查的土壤图和1993年国土部门的土壤利用现状图叠加形成工作底图，建立了空间数据库；二是将每个采样点的经纬度和样点的测试分析结果录入计算机建立了土壤养分属性数据库；三是空间数据库与属性数据库连接，制作了各种养分的土壤养分点位图；四是应用空间插值法由点位图生成养分分布图，这样就明确了每块耕地的土壤养分状况，可为每个地块研制施肥配方提供土壤养分的基础数据。

（二）计算施肥量，填制施肥建议卡

要为某一农户或某一地块填制施肥建议卡，首先确定农户或地块的空间位置，查找地块的土壤氮、磷、钾含量，然后利用建立起的土壤全氮、有效磷、速效钾与最佳施肥量的函数模型（见表5-23），计算种植作物的适宜施肥量，再填制施肥建议卡。施肥建议卡上不仅填写了肥料的种类、品种和施肥数量，而且明确了施肥时期、施肥方式等，确保农户能够看得懂、用得准。

（三）填制施肥建议卡具体方法

1. 基于田块的施肥配方和施肥建议卡制定 首先确定农户或地块的氮、磷、钾肥料养分的适宜施用量，然后确定相应的肥料组合和配比；再提出建议施肥方法；最后填制和发放配方施肥建议卡，指导农民合理施用配方肥或按方施肥。微量元素的施用根据土壤测定值与丰缺临界值来判别，土测值低于丰缺临界值，则适量施用，高于丰缺临界值则不施。

2. 基于施肥分区的区域施肥配方与施肥建议卡制定 首先按照不同作物的土壤养分丰缺指标，进行施肥分区，然后参照土壤养分分级及适宜施肥量表（表6-1、表6-2），结合生产实际和专家经验，确定施肥分区的氮、磷、钾肥料养分的适宜施用量；再确定相应的肥料组合和配比，制定相应的区域施肥配方；最后按照“大配方、小配肥”的原则，结合农户的具体情况，制定针对不同农户的施肥建议卡，并提出施肥方法建议。技术人员在具体指导农民配方施肥时，可以通过增减配方肥用量或增减某一种肥料用量的方式，调整区域配方，使之更符合实际。

也可以GIS为操作平台，基于区域土壤养分分级指标，制作土壤养分分区图，针对土壤养分的空间分布特征，结合作物养分需求规律和施肥决策系统，生成县域施肥分区图和施肥分区配方，包括应用于施肥分区的区域施肥配方和田块的肥料施用配方，再针对具体农户、具体地块制定相应的配方施肥建议卡，供农户具体施肥和技术人员施肥技术指导参考。

（四）施肥建议卡主要内容

1. 农户或地块基本情况 包括姓名、所属镇（苏木）和村、地块位置、面积、土壤养分含量（土壤测定值）等。

2. 推荐施肥量及肥料配比 根据土壤养分测试值、作物种类、施肥模型、施肥指标、目标产量和肥料特征等，确定氮、磷、钾等大量元素肥料的施肥量、施用比例及相应施肥配方。

3. 合理施用微量元素肥料 增施微量元素肥料可以有效地缓解作物缺素症状，增加作物结实率和产量，改善产品品质。

4. 合理施用有机肥 合理施用农家肥或结合化肥施用一定量的商品有机肥。建议2～3年进行一次秸秆还田。

5. 施肥时期和施肥方法的确定 改变农民传统的一次性播施基（种）肥为因作物基肥、追肥分期施用，推广氮肥后移施肥技术；因地制宜结合耕翻等农事活动实施秋冬施肥技术，建议将所施全部底肥的2/3秋冬季深施，剩余1/3随播种分层施入；改表施、撒施为深条施、穴施。

测土配方施肥地块测试结果及配方施肥建议卡格式如下：

（正面格式）

达拉特旗测土配方施肥建议卡

农户姓名：________________

________________镇（苏木）________________村________________社

地块编号：________________

地块位置：________________代表面积________________公顷

技术指导：　内蒙古自治区土壤肥料工作站
　　　　　　鄂尔多斯市土壤肥料工作站
　　　　　　达拉特旗农技推广中心

联系电话：　×××××××

（背面格式）

土壤测试值	测试项目	测试值	养分水平评价（玉米）				养分水平评价（甜菜）			
			极低	低	中	高	极低	低	中	高
	全氮（mg/kg）									
	有效磷（mg/kg）									
	速效钾（mg/kg）									

作物	玉米	目标产量（kg/hm^2）	

方案一		肥料品种	用量	方案二		肥料品种	用量（kg/hm^2）	施肥时期	施肥方法
	基肥	配方肥（16-19-5）			基肥	磷酸二铵		基肥作底肥播种时施入，追肥分两次在拔节期和大喇叭口期施入。	基肥与种子分层并深施，追肥结合浇水穴施。
						尿素			
						硫酸钾			
	追肥	尿素			追肥	尿素			

作物	甜菜	目标产量（kg/hm^2）	

方案一		肥料品种	用量	方案二		肥料品种	用量（kg/hm^2）	施肥时期	施肥方法
	基肥	配方肥			基肥	磷酸二铵		基肥作底肥播种时施入，追肥在封垄前一次性施入。	基肥随耕翻施入，追肥结合浇水穴施。
						尿素			
						硫酸钾			
	追肥	尿素			追肥	尿素			

技术指导员：　　　　手机：　　　　单位：达拉特旗农技推广中心

（五）施肥建议卡发放

施肥建议卡的发放主要是组织旗、镇（苏木）两级科技人员进村入户进行发放，同时详细讲解施肥卡的内容。还可以利用科技培训讲座、现场会等形式将施肥建议卡发放到农民手中。

三、配方肥的生产、销售与推广

根据土壤样品采集农户调查档案、农户施肥现状调查、土样测试数据、田间各项试验以及结合专家经验进行分析制定达拉特旗作物施肥指标体系，分析提炼出适合达拉特旗60%以上耕地作物的肥料大配方，然后与肥料生产企业合作，加工生产配方肥。在新的科学施肥体系建设中，肥料企业必须发挥主力军作用，通过肥料企业与农技推广部门的配合，把作物肥料营养配方物化为商业产品，完善测土配方及先进施肥技术的推广、服务功能。

自治区土肥管理部门负责对配方肥生产企业进行认定，并且进行统一协调、统一质量监控、统一标识，对各定点生产企业实行质量保证制度，确保生产的配方肥按批次检验合格出厂。达拉特旗农技部门对每一批次都要进行抽样检测，抽检合格后方可配送，确保配方肥的质量。在配方肥供应上，始终贯彻让利于民的宗旨，对参与配方肥销售的企业进行招标确定，有条件的地区采取直供到村的形式，减少中间流通环节，让农民及时买到质量有保证、价格优惠的放心配方肥。

充分发挥试验示范、典型引路的作用，并在实践中认真总结和探索测土配方施肥有效推广模式的典型经验和做法。协助企业建立供肥网点，实行挂牌售肥，同时积极协助肥料生产企业与村组织架构起生产与销售的桥梁。科技人员分组进村亲自深入田间地头进行现场技术指导并回答农民提出的问题。

第三节　应用效果评价

为了加强示范宣传和校验施肥配方，评价测土配方施肥技术效果，在大面积测土配方施肥田中设置了1～2个对比校正试验示范点。通过对比示范、综合比较肥料投入、作物产量、经济效益、肥料利用率等指标，客观评价测土配方施肥效益，为测土配方施肥技术参数的矫正以及进一步优化施肥配方提供依据，也使广大农民直观地看到测土配方施肥的增产增收效果。

一、试验点数量及分布

2007—2008年，累计设置实施129个对比矫正试验示范点，其中玉米85个，甜菜44个。

对比试验示范点均设置在有代表性的施肥分区，分布在不同土壤类型、不同土壤肥力等级耕地上。

二、试验设计及结果

（一）试验处理

试验设置测土配方施肥处理区、农民习惯施肥处理区和不施肥处理区（空白区）3个处理，即“三区对比”试验。对于每一个试验示范点，可以利用3个处理之间产量、肥料成本、产值等方面的比较，从增产、增收等角度进行分析对比，也可以通过测土配方施肥产量结果与计划产量之间的比较进行参数校验。

（二）小区面积及田间排列

测土配方施肥处理区500m^2以上，农民习惯施肥处理区500m^2，空白区50m^2，试验

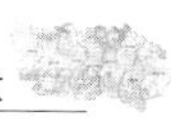

小区田间排列方式见图 6-1。

常规区 $500m^2$	配方区 $500m^2$	无肥区 $50m^2$

图 6-1　“三区对比”试验田间排列示意

（三）施肥种类、数量和方法

试验只进行氮、磷、钾 3 种大量元素肥料的对比示范。

测土配方施肥处理只是按照施肥配方要求改变施肥数量和方式；习惯施肥处理按照试验点农民习惯意愿进行施肥管理；空白区（CK）不施用任何肥料。其他管理均与习惯施肥处理相同，具体施肥种类及数量见表 6-7。

（四）试验结果

各作物测土配方施肥对比矫正试验结果见表 6-8。

三、试验结果分析

（一）分析方法与依据

增产增收效果以不施肥处理区为对照，分别进行测土配方施肥、农民习惯施肥的相关计算，以《测土配方施肥技术规范》规定的相关计算方法为依据。

产品价格、肥料价格均按当地当年市场平均价格计：

2007 年：玉米籽实 1.4 元/kg；甜菜产品 0.28 元/kg；肥料价格分别按折纯氮（N）4.1 元/kg、磷（P_2O_5）4.5 元/kg、钾（K_2O）5.4 元/kg。

2008 年：玉米籽实 1.4 元/kg；甜菜产品 0.28 元/kg；肥料价格分别按折纯氮（N）4.5 元/kg、磷（P_2O_5）5.4 元/kg、钾（K_2O）6.3 元/kg。

1. 增产率　配方施肥产量与对照（习惯施肥区或不施肥处理）产量的差值相对于对照产量的比率或百分数。

$$A=\frac{Y_p-Y_k(\text{或}\,Y_c)}{Y_k(\text{或}\,Y_c)}\times 100\%$$

式中：A 代表增产率；Y_p代表测土配方施肥每 $667m^2$ 产量（kg）；Y_k代表不施肥空白区每 $667m^2$ 产量（kg）；Y_c习惯施肥每 $667m^2$ 产量（kg）。

2. 增收　首先根据各处理产量、产品价格、肥料用量和肥料价格计算各处理产值与施肥成本，然后计算配方施肥比对照（不施肥或习惯施肥）新增纯收益。

$$I=[Y_p-Y_k(\text{或}\,Y_c)]\times P_y-\sum_i^n F_i\times P_i$$

式中：I 代表测土配方施肥比对照（空白或习惯）施肥每 $667m^2$ 增加的收益（元）；Y_p代表测土配方施肥每 $667m^2$ 产量（kg）；Y_k代表不施肥空白区每 $667m^2$ 产量（kg）；Y_c代表习惯施肥每 $667m^2$ 产量（kg）；P_y代表产品价格（元/kg）；F_i代表肥料每 $667m^2$ 用

表 6-7　达拉特旗测土配方施肥对比校正试验结果及施肥量统计表（平均值）

作物	年度	试验个数	测土配方施肥每 667m² 产量及施肥量（kg）						农民习惯施肥每 667m² 产量及施肥量（kg）						测土配方施肥量每 667m² 增减（kg）				不施肥每 667m² 产量（kg）
			产量	N	P_2O_5	K_2O	合计	N∶P∶K	产量	N	P_2O_5	K_2O	合计	N∶P∶K	N	P_2O_5	K_2O	合计	
玉米	2007	33	760.1	17.0	7.5	1.5	26.1	1∶0.4∶0.1	671.5	20.5	8.6		29.1	1∶0.4∶0	−3.5	−1.1	+1.5	−3.1	441.4
	2008	52	781.2	13.3	7.4	1.5	22.2	1∶0.6∶0.1	714.9	17.6	9.3		26.9	1∶0.5∶0	−4.3	−1.9	+1.5	−4.7	554.7
	平均		770.6	15.2	7.5	1.5	24.1	1∶0.5∶0.1	693.2	19.0	9.0		28.0	1∶0.5∶0	−3.9	−1.5	+1.5	−3.9	498.0
甜菜	2007	19	5 331.8	13.1	10.8	4.4	28.3	1∶0.8∶0.3	5 040.5	20.5	13.7	1.1	35.3	1∶0.7∶0.0	−7.4	−2.9	+3.3		3 419.2
	2008	25	5 099.0	14.9	11.6	4.1	30.6	1∶0.8∶0.3	4 802.3	16.8	15.9	1.1	33.8	1∶0.9∶0.0	−1.9	−4.3	+3.0	−3.2	4 040.5
	平均		5 215.4	14.0	11.2	4.3	29.5	1∶0.8∶0.3	4 921.4	18.6	14.8	1.1	34.6	1∶0.9∶0.0	−4.6	−3.6	+3.2	−5.1	3 729.8

表 6-8　达拉特旗测土配方施肥对比校正试验增产增收统计分析表

作物	年度	测土配方施肥区								农民习惯施肥区						不施肥空白区	
		每 667m² 产量（kg）	每 667m² 产值（元）	每 667m² 施肥量（kg）	每 667m² 施肥成本（元）	每 667m² 较习惯增产（kg）	较习惯增产率（%）	每 667m² 较空白增产（kg）	较空白增产率（%）	每 667m² 产量（kg）	每 667m² 产值（元）	每 667m² 施肥量（kg）	每 667m² 施肥成本（元）	每 667m² 较空白增产（kg）	较空白增产率（%）	每 667m² 产量	每 667m² 产值
玉米	2007	760.1	1 064.1	26.1	111.9	88.6	13.2	318.7	72.2	671.5	940.1	29.1	122.9	230.4	52.2	441.4	618.0
	2008	781.2	1 093.7	22.2	109.3	66.3	9.3	226.5	40.8	714.9	1 000.8	26.9	129.4	160.2	28.9	554.7	776.6
	平均	770.6	1 078.9	24.1	110.6	77.5	11.2	272.6	54.7	693.2	970.4	28.0	126.1	195.2	39.2	498.0	697.3
甜菜	2007	5 331.8	1 492.9	28.3	126.3	291.3	5.8	1 912.6	55.9	5 040.5	1 411.3	35.3	151.7	1 621.3	47.4	3 419.2	957.4
	2008	5 099.0	1 427.7	30.6	155.7	296.7	6.2	1 058.5	26.2	4 802.3	1 344.7	33.8	146.4	761.8	18.9	4 040.5	1 131.3
	平均	5 215.4	1 460.3	29.5	141.0	294.0	6.0	1 485.6	39.8	4 921.4	1 378.0	34.6	149.0	1 191.6	31.9	3 729.8	1 044.3

量（kg）；P_i代表肥料价格（元/kg）。

3. 产出投入比　简称产投比，是施肥新增纯收益与施肥成本之比。可以同时计算配方施肥的产投比和习惯施肥的产投比，然后进行比较。如产投比小于1，表明投资亏本；大于1，表明投资有盈利。

$$D=\frac{[Y_p-Y_k\text{（或}Y_c\text{）}]\times P_y-\sum_i^n F_i\times P_i}{\sum_i^n F_i\times P_i}$$

式中：D代表产投比；Y_p代表测土配方施肥每667m^{2}产量（kg）；Y_k代表不施肥空白区每667m^{2}产量（kg）；Y_c代表习惯施肥每667m^{2}产量（kg）；P_y代表产品价格（元/kg）；F_i代表肥料每667m^{2}用量（kg）；P_i代表肥料价格（元/kg）。

4. 施肥效应　单位面积每增施1kg肥料产生的增产效果。

$$\text{施肥效应}=\frac{\text{配方施肥每667m}^2\text{产量或习惯施肥每667m}^2\text{产量（kg）}-\text{不施肥空白区每667m}^2\text{产量（kg）}}{\text{配方施肥肥料每667m}^2\text{用量或习惯施肥肥料每667m}^2\text{用量（kg）}}$$

（二）增产率分析

玉米配方施肥较习惯施肥增产率平均为11.2%，配方施肥较不施肥增产率平均为54.7%，习惯施肥较不施肥增产率平均为39.2%。甜菜配方施肥较习惯施肥增产率平均为6.0%，配方施肥较不施肥增产率平均为39.8%，习惯施肥较不施肥增产率平均为31.9%（见表6-8）。

（三）增收效果分析

玉米配方施肥较习惯施肥每667m^{2}节本增收139.6元，配方施肥较不施肥每667m^{2}平均增收271.0元，习惯施肥比不施肥每667m^{2}平均增收147.0元；甜菜配方施肥较习惯施肥每667m^{2}节本增收90.3元，配方施肥较不施肥每667m^{2}平均增收275.0元，习惯施肥比不施肥每667m^{2}平均增收184.7元（表6-9）。

（四）产出投入比分析

玉米测土配方施肥肥料产出投入比为3.5∶1，习惯施肥肥料产出投入比为2.2∶1，配方施肥较习惯施肥提高59.1%；甜菜测土配方施肥肥料产出投入比为2.9∶1，习惯施肥肥料产出投入比为2.2∶1，配方施肥较习惯施肥提高31.8%（表6-10）。

（五）施肥效应分析

测土配方施肥平均每千克肥料较不施肥对照增产：玉米11.3kg，甜菜50.4kg；习惯施肥平均每千克肥料较不施肥对照增产：玉米7.0kg，甜菜34.5kg，分别提高了61.4%和46.1%（见表6-10）。

四、配方施肥区推荐施肥量准确性矫正结果

通过对2007—2008年129个对比矫正试验示范点的产量反馈信息与施肥配方预计的理论产量进行对比分析，检验了推荐施肥量的准确性。总体吻合度平均值为0.951，变异标准差为0.098，变异系数为9.76%，符合标准规定要求（吻合度=实际产量/理论预计产量）。

表 6-9　达拉特旗测土配方施肥对比校正试验增产增收统计分析表

单位：kg、元

作物	年度	每 667m² 测土配方施肥区								每 667m² 农民习惯施肥区					每 667m² 不施肥空白区	
		产量	产值	施肥量	施肥成本	较习惯增收	较习惯施肥节本	较习惯节本增收	较空白增收	产量	产值	施肥量	施肥成本	较空白增收	产量	产值
玉米	2007	760.1	1 064.1	26.1	111.9	135.0	11.0	146.0	334.3	671.5	940.1	29.1	122.9	199.2	441.4	618.0
	2008	781.2	1 093.7	22.2	109.3	113.0	20.2	133.2	207.8	714.9	1 000.8	26.9	129.4	94.8	554.7	776.6
	平均	770.6	1 078.9	24.1	110.6	124.0	15.6	139.6	271.0	693.2	970.4	28.0	126.1	147.0	498.0	697.3
甜菜	2007	5 331.8	1 492.9	28.3	126.3	433.2	25.4	107.0	409.2	5 040.5	1 411.3	35.3	151.7	302.2	3 419.2	957.4
	2008	5 099.0	1 427.7	30.6	155.7	406.0	−9.4	73.7	140.7	4 802.3	1 344.7	33.8	146.4	67.0	4 040.5	1 131.3
	平均	5 215.4	1 460.3	29.5	141.0	419.6	8.0	90.3	275.0	4 921.4	1 378.0	34.6	149.0	184.7	3 729.8	1 044.3

表 6-10　达拉特旗测土配方施肥对比校正试验产投比及施肥效应分析表

单位：kg、元、kg/kg

作物	年度	每 667m² 测土配方施肥区						每 667m² 农民习惯施肥区						每 667m² 不施肥空白区	
		产量	产值	施肥量	施肥成本	产投比	施肥效应	产量	产值	施肥量	施肥成本	产投比	施肥效应	产量	产值
玉米	2007	760.1	1 064.1	26.1	111.9	4.0∶1	12.2	671.5	940.1	29.1	122.9	2.6∶1	7.9	441.4	618.0
	2008	781.2	1 093.7	22.2	109.3	2.9∶1	10.2	714.9	1 000.8	26.9	129.4	1.7∶1	6.0	554.7	776.6
	平均	770.6	1 078.9	24.1	110.6	3.5∶1	11.3	693.2	970.4	28.0	126.1	2.2∶1	7.0	498.0	697.3
甜菜	2007	5 331.8	1 492.9	28.3	126.3	4.2∶1	67.5	5 040.5	1 411.3	35.3	151.7	3.0∶1	45.9	3 419.2	957.4
	2008	5 099.0	1 427.7	30.6	155.7	1.9∶1	34.6	4 802.3	1 344.7	33.8	146.4	1.5∶1	22.5	4 040.5	1 131.3
	平均	5 215.4	1 460.3	29.5	141.0	2.9∶1	50.4	4 921.4	1 378.0	34.6	149.0	2.2∶1	34.5	3 729.8	1 044.3

第七章

主要作物施肥技术

第一节　春小麦施肥技术

小麦是达拉特旗主栽粮食作物之一，常年播种面积10 000hm^{2}左右，占全旗总播种面积的7%左右，种植方式主要为水地条播，麦麻带状套作，全程机械化作业，种植品种主要是永良4号。产量水平历年为5 000～7 000kg/hm^2。小麦产量由其品种特性与环境因素相互作用所决定，其中环境因素包括土壤、光照、温度、水分和养分等。而土、肥、水是限制小麦高产稳产最基本的要素，因此改善土、肥、水条件，合理施肥，不断提高地力，是获得小麦持续高产的最基本的增产措施。

一、小麦需肥特性

小麦在一生中需从土壤、空气和水中吸收多种营养元素，包括碳、氢、氧、氮、磷、钾、钙、镁、硫等吸收量较多的大、中量元素和铁、锌、锰、硼、钼、铜、氯等吸收量很少的微量元素。氮、磷、钾主要通过根系从土壤溶液中吸收。小麦植株从土壤中吸收氮、磷、钾的数量，因小麦品种、自然条件、产量水平以及栽培技术条件的不同而存在一定的差异，一般认为每形成100kg籽粒，需要从土壤中吸收氮（N）2.5～3.5kg，磷（P_2O_5）1～1.7kg，钾（K_2O）2.0～3.5kg，氮、磷、钾三者的吸收比例为3∶1∶3。由于这三种营养元素作物吸收量大，土壤中的有效储存量不能满足连年持续生产的需要，因此必须通过施肥加以补充。其余如钙、镁、硫的吸收量一般占小麦干物质总积累量的千分之几，微量元素仅占万分之一以下，小麦对中、微量元素的需求量虽小，但对小麦营养生理却起着不可替代的至关重要的作用，在小麦产量水平大幅度提高的情况下，对土壤增施中、微量元素肥料也已成为重要的栽培措施。

小麦植株不同部位的氮、磷、钾含量有很大差异，氮、磷主要集中于籽粒，分别占全株总含量的77%和85.2%，钾主要集中于茎秆，占全株总含量的71.6%。

小麦在不同生育期吸收氮、磷、钾养分的规律基本相似。一般氮的吸收有两个高峰：一是从出苗到拔节阶段，吸收氮量占总吸收量的40%左右；二是拔节到孕穗开花阶段，吸收氮量占总量的30%～40%。根据小麦不同生育期吸收氮、磷、钾养分的特点，通过施肥措施，协调和满足小麦对养分的需要，是争取小麦高产的一项关键措施。在小麦苗期，初生根细小，吸收养分能力较弱，应有适量的氮素营养和一定的磷、钾肥，促使麦苗早分蘖、早发根，形成壮苗。小麦拔节至孕穗、抽穗期，植株从营养生长过渡到营养生长和生殖生长并进的阶段，是小麦吸收养分最多的时期，也是决定麦穗大小和穗粒数多少的关键时期。因此，适期施拔节肥，对增加穗粒数和提高产量有明显的作用。小麦在抽穗至乳熟期，仍应保持良好的氮、磷、钾营养，以延长上部叶片的功能期，提高光合效率，促进光合产物的转化运转，有利于小麦籽粒灌浆、饱满和增重。小麦后期缺肥，可采取根外追肥。

氮素的作用：氮肥对增加小麦产量和提高籽粒蛋白质含量有着非常重要的作用。氮是构成细胞原生质的主要成分，是所有氨基酸、蛋白质的组成成分，也是叶绿素、激素、核酸、酶的重要组成成分。氮素营养往往是反映小麦营养状况的重要指标。小麦对氮素的吸收形式主要是硝态氮、铵态氮。在小麦生产上，土壤中氮肥的供应状况直接影响小麦的产量和品质。氮素肥料的作用主要是促进小麦根、茎、叶和分蘖的生长，增加绿色面积，增强光合作用和营养物质的积累。在幼穗分化、生殖细胞形成以及开花和籽粒形成时期，氮素与磷素适当配合，可增加小穗、小花数，提高结实率。在小麦生长后期适量使用氮素，可提高千粒重及改善籽粒品质。

磷素的作用：磷是小麦细胞核中核酸、核蛋白的主要组成成分，并且形成磷脂参与细胞膜的构成，它与蛋白质的形成、细胞的分裂、细胞生长有着密切的关系。小麦对磷肥的吸收形式主要是磷酸氢根和磷酸二氢根。磷在植株体内能够自由运转，可以促进幼苗生长、新根发育和植株体内糖分的积累，加速生长发育进程和生殖器官的形成，使小麦早生早发，促进根系和分蘖发达，增加抗旱、抗寒能力，提早成熟，籽粒饱满，高产、优质。磷与氮是彼此具有相互促进作用的营养元素，磷在植株体内可影响含氮物质的代谢，提高植株组织中蛋白质的含量，在改善小麦的营养生长方面则能发挥以磷促氮的作用。

钾素的作用：钾与氮、磷不同，不直接作为有机化合物的组成成分，是以离子形式被吸收进入小麦体内的，并在体内以钾离子形态存在于小麦植株的茎、叶组织，尤其是大量积聚在新生组织如幼芽、嫩叶、根尖中。钾在植物体内主要是起酶的活化剂的作用，使叶片中的糖分向正在生长的器官输送。对氮素代谢有良好的影响，能够增强植株对氮素的吸收能力，增强小麦抵抗低温、高温和干旱以及抗倒伏的能力。

钙、镁、硫及微量元素的作用：钙是植物细胞壁保健层中果胶酸钙的成分，钙在植物体内难以移动，缺钙时，细胞分裂不能进行或不能完成，小麦根系停止生长，新叶枯萎卷曲。镁以离子状态进入植物体，是叶绿素的成分，又是多种酶的活化剂。缺镁时叶子卷曲，生育期延迟。硫是小麦蛋白质的主要组成成分，缺硫时蛋白质合成受阻，影响小麦籽粒的品质。

铁、硼、锰、铜、锌、钼等微量元素虽然在小麦体内含量极微，但是对其生长发育却是不可缺少的，随着作物产量的不断提高和土地利用强度的加大，作物每年从土壤中带走的微量元素得不到补充，土壤微量元素缺乏的情况在逐渐加剧，导致许多地区出现作物缺素症状，影响作物的产量和品质。

二、小麦缺素症状

缺氮症状：植株矮小，叶片淡绿，呈直立状。叶片由下向上变黄，尖端干枯致死。

缺磷症状：次生根少，分蘖少，叶色暗绿，叶尖黄，新叶蓝绿、叶尖紫红，穗小粒

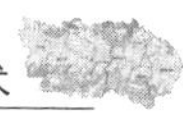

少，籽粒不饱满，千粒重低。

缺钾症状：首先是下部老叶的叶尖、叶缘变黄，以后逐步变褐，叶脉仍呈绿色，火烧状。严重缺钾时整叶干枯，茎秆细小而柔弱，易倒伏。

缺锌症状：苗期叶片失绿，心叶白化。中后期节间变短，植株矮小，中部叶缘过早干裂皱缩，根系变黑，空秕粒多，千粒重低。

缺锰症状：表现为顶芽不枯死，上部新叶脉纹理清晰且出现褐色细小斑点，病斑发生在叶片中部，病叶干枯后叶片卷曲或折断下垂。

缺硼症状：表现为分蘖不正常，有时不出穗或只开花不结实。

三、施肥原则

（1）有机肥与无机肥相结合　有机肥具有肥源广，成本低，养分全，肥效长，含有机质多，能改良土壤等优点，不仅能促进当年增产，而且是保证连年增产的基础，但有机肥由于养分含量低，用量大，肥效慢，当小麦急需某种养分时，还必须用化学肥料来补充，互相取长补短，才能真正达到提高土壤肥力和持续增产的目的。

（2）施足基肥，合理施用种肥和追肥　基肥的用量一般占总施肥量的60%～80%，施足基肥，对于促进幼苗早发，培育壮苗，增加有效分蘖率和壮秆促穗均具有重要作用。施足基肥不仅可以在小麦整个生育期间源源不断地供给养分，对控制麦株前期旺长和防止后期早衰有良好的作用，同时，还能够改良土壤，促进土壤微生物的繁殖与活动，从而不断提高土壤肥力。

在施足基肥的基础上，合理追肥是充分利用肥源来提高产量的主要措施。所谓合理追肥，就是根据小麦一生的需肥规律，有目的地及时满足作物对肥料的需求。追肥时，均以5～10cm深施为好。深施可以使化肥被泥土覆盖，防止挥发和流失，肥效稳定，有利于根系吸收，提高化肥利用率，充分发挥肥效。深施比地面撒施一般可提高肥效10%～30%。

（3）基肥分层深施　基肥分层施是指分两层施用肥料，第一次撒施有机肥后深耕翻埋和耙地，第二次结合播种用小麦分层播种机条施、深施。这样可使小麦在苗期得到一定的速效养分，而翻埋到土壤下层的肥料则能保证小麦生长后期的需要。

（4）测土配方，平衡施肥　结合土壤供肥性能、小麦需肥规律及肥料特性进行测土配方施肥，合理配合施用氮、磷、钾三要素肥料。

（5）注重微肥和叶面肥施用　结合土壤养分测试和苗情长势，合理增施微量元素肥料，适时适量喷施叶面肥。

四、推荐施肥技术及方法

依据土壤肥力条件和产量水平，有机、无机肥配合施用，小麦当季施优质农家肥30 000kg/hm^2，或腐熟的饼肥或商品有机肥1 500kg/hm^{2}以上，免耕留高茬秸秆耙茬直接还田量1 500～3 000kg/hm^2。

1. 施足基种肥　基肥以农家肥为主，基种肥以化肥为主，根据土壤养分情况测土配方，设计好各种养分的配比及用量，基种肥分层施。一般情况下，化肥施用量为：单产

5 500～6 500kg/hm^2水平时，氮、磷、钾肥总施用量（纯量）285～330kg/hm^2，N：P_2O_5：K_2O=1：1.2：0.6，折合尿素120～150kg/hm^2，磷酸二铵265～290kg/hm^2，硫酸钾120～150kg/hm^2。

基种肥施用方法：在适宜秋耕翻灌溉的地区，结合秋耕翻深施有机肥，也可将基肥的2/3一并施入（剩余1/3作种肥），翻压深度5～10cm；春翻春灌地区，可将基种肥随播种一次性施用，实行种肥分箱分层侧深施。播种时将基肥的3/4放入播种机的施肥箱中，剩余1/4与小麦种子混合均匀放在播种箱随种子播入土壤。

2. 适时追肥　小麦生长进入三叶期是小麦第一个追肥关键期，结合浇水追施尿素225kg/hm^2。应该使用播种机进行条施，也可结合灭草叶面喷施尿素7.5kg/hm^2，喷施磷酸二氢钾1.5kg/hm^2。小麦拔节期进入第二次追肥期，追施尿素75kg/hm^2。拔节至灌浆期应叶面喷施磷酸二氢钾1.5kg/hm^2。喷灌地块可结合水肥一体化进行叶面喷施。

3. 合理施用微肥和叶面肥　近几年，达拉特旗的一些地方土壤出现缺少微量元素现象，尤以缺锌、硫、硼、锰等较重，合理补充这些微量元素肥料，增产效果显著。微肥施用应以作基肥为主，辅以追肥、拌种、喷施相应叶面肥等。常见的可在播种时加入硼砂15kg/hm^2。三叶期结合灭草喷施速乐硼750g/hm^2。拔节前喷施矮壮素、麦叶丰等可防倒伏，根据苗情适时喷施喷施宝、绿农素等叶面肥。

4. 叶面喷施技术要点　叶面喷肥以9:00前或16:00后为宜，尤以16:00～17:00效果最好。扬花期喷施应避开本日内的开花时间，否则，影响授精结实，导致减产。因此，要选择空气湿度较大、阳光较弱的阴天或傍晚进行，避免雨天或高温干燥时喷施。要严格掌握溶液浓度，浓度低时效果不明显，过高时会引起肥害；在不产生肥害的情况下，适当提高溶液浓度对吸收有利；在多种肥料、农药混合时，浓度应按比例下降；春季进行喷施，浓度可略高些；夏天高温干旱季节喷施，浓度应适当降低；喷洒时要有足够的喷洒量，适宜的喷洒量是肥液在叶片上呈欲滴未滴的状态或稍见滴液即可。一般每公顷用肥液量750～1 050kg，以喷洒2～3次、相隔时间7～10d为宜。

第二节　玉米施肥技术

玉米是达拉特旗第一大粮食作物，全旗种植面积历年稳定在6.7万hm^2上下，占全旗总播种面积的53.6%。种植方式主要为露地单作、地膜覆盖、大小垄种植等，机管机收面积达到80%。种植品种主要有丰田833、丰田6号、康地3564及农华101等。产量水平历年在7 800kg/hm^2左右。

一、玉米需肥特性

玉米是一种高产作物，是需要水肥较大的作物，要想获得较高的产量，必须有充足的肥料保证。据分析，玉米每生产100kg的籽实，需要吸收氮（N）2.1～2.8kg，磷（P_2O_5）0.8～1.8kg，钾（K_2O）1.7～3.0kg，氮、磷、钾三者之比为1：0.48：1。

玉米在不同的生长发育时期对养分的需求比例不同。

三叶期至拔节期：玉米苗期植株小，生长慢，对养分吸收的速度慢，数量少。随着幼

苗的生长发育，玉米对养分的消耗量也不断增加，虽然这个时期对养分的需求量还较少，但是获得高产的基础，只有满足这个时期的养分需求，才能获得优质的壮苗。

拔节期至抽穗期：是玉米果穗形成的重要时期，尤其是在大喇叭口期，是决定成穗数、穗粒数的关键期，也是养分需求量最高的时期。这一时期吸收的氮占整个生育期的1/3，磷占1/2，钾占2/3。此期如果营养供应充足，可使玉米植株高大、茎秆粗壮、穗大粒多。

抽穗开花期：此期植株生长基本结束，此期氮的消耗量占整个生育期的1/5、磷占1/5、钾占1/3。

灌浆至成熟期：灌浆开始后，玉米的需肥量又迅速增加，以形成籽粒中的蛋白质、淀粉和脂肪，一直到成熟为止。这一时期吸收的氮占整个生育期的1/2，磷占1/3。

二、玉米缺素症状

缺氮：玉米在生长初期氮素不足时，植株生长缓慢，呈黄绿色；旺盛生长期氮素不足时，叶色浅黄，一般自下部叶片的叶尖开始变黄，从叶尖沿中脉向基部扩展，顺叶尖向内部发展形成倒V形，先黄后枯，最后全部干枯。

缺磷：玉米在整个生长发育过程中，有两个时期最容易缺磷。第一个时期是幼苗期，玉米从发芽至三叶期前，如果此期磷素不足，下部叶片便开始出现暗绿色，此后从边缘开始出现紫红色；极端缺磷时，叶边缘从叶尖开始变成褐色，此后生长更加缓慢。第二个时期是开花期，玉米开花期植株内部的磷开始从叶片和茎向籽粒中转移，如果此时缺磷，雌蕊花丝延迟抽出，植株受精不完全，往往就会生长出籽实行列歪曲的畸形果穗。

缺钾：玉米幼苗期缺钾，植株生长缓慢，茎秆矮小，嫩叶呈黄色或黄褐色；严重缺钾时，叶缘或顶端呈火烧状。较老的植株缺钾时，叶脉变黄，节间缩短；根系生长发育弱，易倒伏；果穗顶部缺粒，籽粒小，产量低，壳厚淀粉少，品质差，籽粒成熟晚。

缺锌：白苗、死叶，有“白花叶病”之称。叶片具浅白条纹，逐渐扩展，中脉两侧出现白化宽带组织区，中脉和边缘仍为绿色，有时叶缘、叶鞘呈褐色或红色。先在老龄叶片出现细小的白色斑点，并迅速扩展形成局部的白色区，呈半透明的“白绸”状。新生幼叶呈淡黄玉色，拔节后，病叶两侧出现黄白条斑，严重时呈宽而白的斑块，病叶遇风容易撕裂。

缺硫：植株矮化，叶丛发黄，成熟期延迟。

缺铁：上部叶片脉间失绿，呈条纹花叶。心叶症状重，严重时心叶不出，生育延迟，甚至不能抽穗。

缺硼：前期缺硼，幼苗叶片展开困难，叶组织遭到破坏，叶脉间呈现白色宽条纹，根部变粗、变脆；开花期缺硼，雄穗不易抽出，雄花退化，雌穗也不能正常发育，甚至会形成空秆；果穗籽实行列弯曲不齐，穗顶部变黑。嫩叶叶脉间出现不规则白色斑点，逐渐融合成白色条纹，严重的节间伸长受抑，不能抽雄及吐丝。

缺钙：叶缘有白色斑纹并有锯齿状不规则横向开裂，顶叶卷成“弓”状，叶片粘连，不能正常伸展。

缺锰：幼叶的脉间组织逐渐变黄，但叶脉及其附近部分仍保持绿色，因而形成黄、绿相间的条纹；叶片弯曲、下披，根系较细，长而白。严重时，叶片会出现黑褐色斑点，并逐渐扩展到整个叶片。

三、施肥原则

（1）增施有机肥，秸秆还田或玉米当季施优质农家肥 35 000kg/hm^{2}以上。

（2）依据测土配方应一次性施入磷肥、钾肥、锌肥和氮肥总量的 30%～40%作底肥。氮肥总量的 30%～50%在大喇叭口期追施，氮肥总量的 10%～20%在抽雄期追施。

（3）氮肥分期施用，依据测土配方施肥结果，适当调减氮肥施用量，并实行氮肥分期施用，适当减少氮素基肥的施用比例，适当增加追肥比例，推广氮肥后移追施技术。

（4）依据土壤钾素状况，高效施用钾肥。注重锌和硫的配合施用。

（5）肥料施用应与农机、农艺、节水灌溉等高产优质栽培技术相结合，推广化肥条施、穴施和缓控释肥技术。

四、推荐施肥技术及方法

根据玉米全生育期所需要的养分量和土壤养分供应量及肥料利用率可直接计算确定玉米施肥量。再把纯养分量转换成肥料的实物量来指导施肥。

1. 施足基肥 基肥以农家肥为主，同时要把全部磷、钾肥作为基肥施入。基肥可根据当地自然立地条件与习惯在秋翻地或春耕时施入。

一般情况下，目标单产 10 500kg/hm^{2}水平时，化肥施用量为：氮、磷钾肥总施用量（纯量）290kg/hm^2，$N:P_2O_5:K_2O=1:1.6:0.4$，折合尿素 75kg/hm^2，磷酸二铵 330kg/hm^2，硫酸钾 75kg/hm^2。

基肥施用方法：在适宜秋耕翻灌溉的地区，结合秋耕翻深施有机肥及磷、钾肥，翻压深度 8～10cm。春翻春灌地区，可种、肥分层一次性播种；也可先将基肥深施入土壤中，然后再进行玉米精量点播。

2. 适时追肥 玉米生长进入拔节期是玉米第一个追肥关键期，结合浇水追施尿素 120～150kg/hm^2。应该使用播种机进行条施、穴施，缺锌的地块结合补锌。大喇叭口期是玉米第二个追肥关键期，追施尿素 150kg/hm^2，叶面喷施磷酸二氢钾 1.5kg/hm^2。抽穗至灌浆期根据实际情况补施氮肥。

喷灌地区的追肥可结合喷灌进行水肥一体化叶面喷施。

3. 合理施用微肥和叶面肥 近年来，达拉特旗一些地区的土壤出现缺少微量元素现象，尤以缺锌、硫等较重，合理补充这些微量元素肥料，增产效果显著。施用应以作基肥为主，辅以喷施相应叶面肥等。

第三节 马铃薯施肥技术

马铃薯是达拉特旗主栽粮食作物，全旗种植面积在 7 000hm^{2}左右，占全旗总播种面积的 5.5%。种植方式主要为露地单作、地膜覆盖等，其中露地喷灌单作种植面积占到 90%以上。产量水平历年平均在 31 000kg/hm^{2}左右。

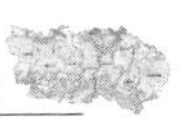

马铃薯是高产喜肥作物，对肥料的反应极为敏感，产量形成与土壤营养条件关系密切。因此，合理施用肥料，采用测土配方施肥技术是实现马铃薯高产、优质和高效的关键措施之一。

一、马铃薯需肥特性

马铃薯整个生育期间，因生育阶段不同，其所需营养物质的种类和数量也不同。从发芽到幼苗期，由于块茎中有丰富的营养物质，所以这个时期植株从土壤中吸肥量就较少，约占全生育期的25%；块茎形成期至块茎增长期，由于茎叶大量生长和块茎迅速形成，所以吸收养分较多，约占全生育期的50%以上；淀粉积累期吸收养分有所减少，约占全生育期的25%。三要素中马铃薯对钾的吸收量最多，磷最少。试验资料表明，每生产1 000kg块茎，需吸收氮（N）3.5～5.5kg、磷（P_2O_5）2～3kg、钾（K_2O）11～12kg，氮、磷、钾比例基本为1∶0.5∶2。

营养元素在马铃薯生长中的作用：

氮素：氮能促进植株生长，提高叶绿素含量，增强光合作用强度，从而提高马铃薯产量。

磷素：磷可促进根系生长，提高抗寒、抗旱能力，增强块茎中干物质和淀粉积累，提高块茎的耐贮性。

钾素：钾可促进植株体内蛋白质、淀粉、纤维素及糖类的合成，使茎秆增粗、抗倒，并能增强植株抗寒性。

微量元素：锰、硼、锌、钼等微量元素具有加速马铃薯植株发育、延迟病害出现、改进块茎品质和提高耐储性的作用。

二、马铃薯缺素症状

缺氮：植株矮小，生长弱，叶色淡绿，继而发黄，到生长后期，基部小叶的叶缘完全失去叶绿素而皱缩，有时呈火烧状，叶片脱落。

缺磷：早期缺磷影响根系发育和幼苗生长。孕蕾至开花期缺磷，叶部皱缩，呈深绿色，严重时基部叶片变为淡紫色，植株僵立，叶柄、小叶及叶缘朝上，不向水平展开，叶面积缩小，色暗绿。

缺钾：植株缺钾的症状出现较迟，一般到块茎形成期才呈现出来。钾不足时叶片皱缩，叶片边缘和叶尖萎缩，甚至呈枯焦状，枯死组织棕色，叶脉间具青铜色斑点。茎上部节间缩短，茎叶过早干缩，严重降低产量。

缺硼：生长点与顶芽尖端坏死，侧芽生长迅速，节间短，全株呈矮丛状；叶片增厚，边缘向上卷曲；根短且粗，褐色，根尖易死亡；块茎小，表面上常现裂痕。

缺铁：幼龄叶片轻微失绿，小叶的尖端边缘处长期保持其绿色，褪色的组织呈现清晰的浅黄色至纯白色，褪绿的组织向上卷曲。

缺锰：叶片脉间失绿，有的品种呈淡绿色。缺锰严重的叶脉间几乎变为白色，症状首先在新生的小叶上出现，后沿脉出现很多棕色的小斑点，小斑点从叶面枯死脱落，致叶面残缺不全。

缺硫：叶片、叶脉普遍黄化，与缺氮类似，但叶片不干枯，植株生长受抑。缺硫严重时，叶片上现斑点。

三、施肥原则

（1）基肥应重施有机肥，根据土壤肥力状况增磷补钾、合理施用氮肥。

（2）控制氮肥用量，及早追肥。

（3）注重钾肥的施用，但不宜施用过多的含氯肥料。

（4）适时补充微量元素。

四、推荐施肥技术及方法

马铃薯施肥首先应确定目标产量，目标产量就是当年种植马铃薯的预期产量，它由耕地的土壤肥力高低情况而确定。可根据地块前 3 年马铃薯的平均产量，再提高 10％～15％作为马铃薯的目标产量。其次计算土壤养分供应量，即根据测定土壤中有效养分含量，计算出单位面积地块的养分含量。由于多种因素影响土壤养分的有效性，土壤中所有的有效养分并不能全部被马铃薯吸收利用，因此需要乘上一个土壤养分校正系数。测土配方施肥参数研究表明，碱解氮的校正系数为 0.3～0.7（Olsen 法），有效磷校正系数为 0.4～0.5，速效钾的校正系数为 0.5～0.85。氮、磷、钾化肥利用率为：氮 30％～35％，磷 10％～20％，钾 40％～50％。根据马铃薯全生育期所需要的养分量、土壤养分供应量及肥料利用率即可直接计算出马铃薯的施肥量。再把纯养分量转换成肥料的实物量，即可用于指导施肥。

一般每公顷产 37 500kg 马铃薯块茎需要：氮素 187.5kg，磷素 75kg，钾素 397.5kg。每公顷增产 7 500kg/hm^2，需增施氮 42.0kg、磷 16.5kg、钾 76.5kg。在实际施肥指导实践中，肥料实际施用量计算应略高于这个理论数字。

（一）基肥

包括有机肥与氮、磷、钾肥。马铃薯吸取养分有 80％靠底肥供应，有机肥含有多种养分元素及刺激植株生长的其他有益物质，可于秋冬耕前施入以达到肥土混合。如冬前未施，也可春施，但要早施。磷、钾肥要开沟条施或与有机肥混合施用，氮肥可于播种前施入。达拉特旗马铃薯施肥：一般单产 37 500kg/hm^2 水平时，氮、磷、钾肥总施用量（纯量）405kg/hm^2，$N:P_2O_5:K_2O=1:1:1.9$，折合尿素 140kg/hm^2，磷酸二铵 228kg/hm^2，硫酸钾 390kg/hm^2。

（二）追肥

由于早春温度较低，幼苗生长慢，土壤中养分转化慢，养分供应不足。为促进幼苗迅速生长，促根壮苗为结薯打好基础，强调早追肥，尤其是对于基肥不足或苗弱小的地块，应尽早追施部分氮肥，以促进植株营养体生长，为新器官的发生分化和生长提供丰富的有机营养。苗期追施以纯氮 50～75kg/hm^2 为宜。块茎形成初期，主茎及主茎叶全部建成，分枝及分枝叶扩展，根系扩大，块茎逐渐膨大，生长中心转向块茎，此期追肥要视情况而定，采取促控结合协调进行。为控制茎叶徒长，防止养分大量消耗在营养器官，使其适时进入结薯期以提高马铃薯产量，此期原则上不追施氮肥，如需施肥，早期或结薯初期结合

施入磷、钾肥时追施部分氮肥，也可叶面喷施0.25%的尿素溶液或0.1%的磷酸二氢钾溶液。

马铃薯对微量元素硼、锌较敏感，如果土壤中有效锌含量低于0.5mg/kg，则需要施用锌肥。土壤中锌的有效性在酸性条件下比碱性条件下要高，所以碱性和石灰性土壤易缺锌。长期施磷肥的地区，由于磷与锌的拮抗作用，易诱发缺锌，应给予补充。常用锌肥为硫酸锌，基肥用量7.5～30kg/hm^2。如果复合肥中含有一定量的锌，即不必单独施锌肥。

第八章

耕地土壤改良利用与主要作物高产栽培技术

耕地是不可再生的自然资源，是人类赖以生存的主要生产资料，是农业持续发展的重要物质基础。耕地质量的优劣不仅关系到农产品的产量，而且对农产品的品质有着极其重要的影响。加强耕地保护、地力建设及土壤改良，对现有的各等级耕地进行分区域改良治理利用，不断提高土地的综合生产能力，对于优质、高产、高效生态农业的发展意义十分重大。

第一节　耕地土壤改良利用分区

耕地土壤改良利用分区应根据达拉特旗的地形地貌、气候、水文和生态等因素，同时结合耕地的适宜性、生产性能，以及本着以耕地的改良利用及其地力的提高等要素为核心，将土壤的改良利用在宏观上分为三大区域。

一、河套平原潮土灌溉农业区

该区地貌由黄河冲积平原、洪积扇和台地组成，黄河水和地下水源丰富，地下水埋藏浅，水质好，可供人畜饮水和灌溉，为农牧业生产的发展提供了十分有利的条件。气候属于半干旱气候区，年均气温5～7℃，≥10℃积温2 800～3 300℃，无霜期130～140d，年降水量300～430mm。该区农田多为水浇地，粮食、油料、经济等作物产量稳定。

该区耕地总面积为107 537.60hm^2，占全旗耕地总面积的71.7%。该区面积较大的土壤类型主要为潮土、风沙土、盐土，分别为潮土68 671.95hm^2，占该区总面积的63.85%；风沙土26 816.49hm^2，占该区总面积的24.94%；盐土10 961.21hm^2，占该区总面积的10.19%。栗钙土面积不大，为995.46hm^2，占该区总面积的0.93%。河套平原潮土灌溉农业区不同土壤类型的耕地面积见表8-1。

表8-1　河套平原潮土灌溉农业区不同土壤类型耕地面积

项目	栗钙土	盐土	潮土	沼泽土	风沙土	合计
面积（hm^2）	995.46	10 961.21	68 671.95	92.49	26 816.49	107 537.60
比例（%）	0.93	10.19	63.85	0.09	24.94	100.00

该区为达拉特旗重要农业区，也是国家重要的商品粮基地。该区保护灌溉条件好，精耕细作，种植的作物主要有玉米、小麦、马铃薯、向日葵、甜菜、胡麻、糜子和各种蔬菜

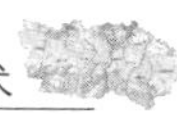

等，农田施有机肥较少，化肥使用量较大。

土地利用存在的问题及改良利用意见：

（1）坚决杜绝城镇建设占用优质耕地。城镇周边绝大多数的土地都是较肥沃的潮土、草甸风沙土。为了合理利用好有限的土地资源，应认真落实耕地保护责任制，城镇建设用地应向土质差的洪积扇区以及含砾石较多的荒地、重度盐碱地、坡地等发展。

（2）黄河水灌溉的地区，土壤次生盐渍化有发展趋势。造成次生盐渍化的原因有：地势低、排水不畅、大水漫灌、不合理施肥以及掠夺式经营管理等，应采取排灌渠系配套，平整土地，制定灌溉限额，杜绝大水漫灌，增施有机肥等措施。

（3）重化肥，轻有机肥，土壤有机质含量低，土壤结构较差。应增种绿肥，扩大肥源，增施有机肥，改善土壤结构，提高土壤肥力。

二、库布齐沙带流动风沙土控牧固沙区

该区位于达拉特旗中南部，北靠黄河冲积平原，呈东西带状分布，耕地分散分布。库布齐沙带是风积沙覆盖在中低丘陵上而形成的沙漠，覆沙厚度 1～20m 不等，沙丘形态有新月形沙丘、蜂窝状沙丘、垄状沙丘和沙丘链。气候属于半干旱至干旱气候区，年均气温 5～7℃，≥10℃积温 2 700℃，无霜期 130d，年降水量 200～350mm，年蒸发量 2 200～2 800mm。

该区耕地总面积为 19 388.95hm²，占全旗耕地总面积的 12.9%。该区面积较大的土壤类型主要为风沙土、潮土，分别为风沙土 11 503.11hm²，占该区总面积的 59.33%；潮土面积 4 368.42hm²，占该区总面积的 22.53%。栗钙土和盐土的面积较小，分别占该区耕地面积的 13.50%和 3.91%。还有一小部分沼泽土，面积为 141.62hm²。库布齐沙带流动风沙土控牧固沙区不同土壤类型的耕地面积见表 8-2。

表 8-2　库布齐沙带流动风沙土控牧固沙区不同土壤类型耕地面积

项　目	栗钙土	盐土	潮土	沼泽土	风沙土	合计
面积（hm²）	758.27	2 617.53	4 368.42	141.62	11 503.11	19 388.95
比例（%）	3.91	13.50	22.53	0.73	59.33	100.00

本区沙带以流沙为主，自然植被少，植物生长稀疏，种植的作物有玉米、马铃薯、各种牧草等，该区以林牧利用为主。

土地利用存在的问题及改良利用意见：

（1）沙漠化面积扩大未得到根本性改变。可采取封沙育草，飞播乔、灌木和牧草，加快植被的覆盖；实施以林业生态工程、退牧还草、水土保持等工程进行综合治理，完善农村牧区集体林权制度。

（2）沙区的耕地，除土质好或有灌溉条件的沟谷耕地外，其余坡耕地或无灌溉条件的旱作耕地退耕种草种树，退耕还林还牧。有洪淤条件的地方，可引洪改造风沙土，营造防风林带。

（3）沙区严禁采伐和滥垦，严格执行禁牧禁垦政策。

三、达拉特南部丘陵栗钙土农牧区

该区地貌为鄂尔多斯高原中部的中低丘陵，水蚀严重，切沟较深，沟壑纵横，梁地地下水缺乏，气候属于半干旱气候区，年均气温6℃左右，≥10℃积温2 400～3 000℃，无霜期110～120d，年降水量300～400mm，年蒸发量2 200～2 500mm。

该区耕地总面积为23 150.59hm²，占全旗耕地总面积的15.4%。该区面积较大的土壤类型主要为栗钙土和风沙土，栗钙土为11 128.63hm²，占该区总面积的48.07%；风沙土为9 160.83hm²，占该区总面积的39.57%。潮土面积不大，占该区总面积的12.24%；盐土面积较小，占该区耕地面积的0.11%。南部丘陵栗钙土农牧区不同土壤类型耕地面积见表8-3。

表8-3 南部丘陵栗钙土农牧区不同土壤类型耕地面积

项　目	栗钙土	盐土	潮土	沼泽土	风沙土	合计
面积（hm²）	11 128.63	26.61	2 834.52	—	9 160.83	23 150.59
比例（%）	48.07	0.11	12.24	—	39.57	100.00

该区为农牧结合区，自然植被由于滥垦和过牧遭到严重破坏。

土壤以栗钙土为主。本区为旱作农业区，气温较低，无霜期短，地广人稀，耕作粗放，产量不高。种植作物为马铃薯、玉米以及生长期短的作物糜子、荞麦、谷子、莜麦、胡麻等。

土地利用存在的问题及改良利用意见：

（1）水土流失严重，土壤贫瘠，成土母质外露。要从控制水土流失入手，因地制宜修筑拦洪泄洪工程。

（2）调整农林用地结构，发展针叶树油松、樟子松及杨、柳、榆树，继续推进矿区移民搬迁和生态自然恢复区人口转移工作。

（3）农田应实行草作轮作，适宜的牧草有沙打旺、草木樨、苜蓿。同时增施有机肥和化肥，恢复提高地力。

第二节　耕地地力评价与改良利用

耕地土壤改良利用只有在耕地地力调查与耕地地力评价的基础上才能得以实现，通过对达拉特旗耕地资源的利用现状以及各等级耕地的属性、障碍因素进行分析，提出了对耕地土壤的改良措施以及今后可持续利用的方向。

一、耕地利用现状与特点

达拉特旗总土地面积为824 107.10hm²，其中耕地面积为150 077.14hm²，占土地面积的18.2%。水浇地面积129 441.07hm²，旱地面积20 636.07hm²，分别占耕地面积的86.2%和13.8%。2013年，达拉特旗农作物播种面积为12.6万hm²，粮食总产61 451.8万kg，农业总产值38.2亿元，其中种植业产值18.9亿元，占农业总产值的49.5%。

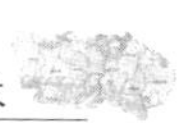

二、耕地地力等级与改良利用

（一）耕地地力等级划分

耕地地力等级划分的主要目的是为了便于了解耕地的地力状况，同时体现生产上的直观性，依据耕地地力评价技术规程和对耕地地力影响较大，与农业生产密切相关的有关因素，将达拉特旗的耕地划分为 5 个等级。不同地力等级耕地面积见表 8-4。

表 8-4　不同地力等级耕地面积

项　目	合计	地力等级				
		一	二	三	四	五
面积（hm^2）	150 077.14	20 389.10	34 216.80	44 461.39	31 810.62	19 199.23
比例（%）	100	13.59	22.80	29.62	21.20	12.79

（二）耕地改良利用分区划分

在耕地地力等级评价的基础上，结合达拉特旗的地形地貌、气候特点、水资源状况以及耕地的生产性能，因地制宜合理利用和配置耕地资源，充分发挥各类耕地的生产潜力，坚持用地与养地相结合，近期和长远相结合，将达拉特旗的耕地分为 3 个改良利用区域，即：宜农耕作区，此区大多为地力评价一、二、三级地；宜农宜牧耕作区，此区大多为地力评价四级地；宜牧宜林耕作区，此区大多为地力评价四、五级地。

三、各分区耕地利用存在的问题及改良利用措施

（一）宜农耕作区

1. 基本情况

分布特征：全旗各镇均有分布。主要分布于沿河井灌区、黄灌区一线，区域内耕地地力评价大多为一、二、三级地，四、五级地分布较少。

土壤类型：耕地土壤类型面积大小依次为潮土、风沙土、盐土、栗钙土。

养分状况：本区耕地土地平整、耕作层深厚、自然条件好，土壤肥沃，养分含量高，是最适宜高效农业发展区域。耕地土壤有机质平均含量为 12.06g/kg，全氮含量平均为 0.67g/kg，有效磷含量平均为 16.20mg/kg，速效钾含量平均为 159.97mg/kg（表 8-5），微量元素中，有效硼平均含量为 0.38mg/kg、有效锌平均含量为 0.67mg/kg、有效铜平均含量为 1.98mg/kg、有效铁平均含量为 11.81mg/kg、有效锰平均含量为 7.28mg/kg，均高于各自临界值（表 8-6）。

表 8-5　宜农耕作区不同土壤类型耕地大量元素养分含量

土壤类型		有机质（g/kg）	全氮（g/kg）	碱解氮（mg/kg）	有效磷（mg/kg）	速效钾（mg/kg）
栗钙土	平均值	9.66	0.53	68.11	9.85	136.59
	变幅	3.0～32.4	0.07～1.71	38.00～109.00	3.10～26.30	59.00～300.00
	标准差	6.58	0.31	22.32	4.58	49.74

（续）

土壤类型		有机质 (g/kg)	全氮 (g/kg)	碱解氮 (mg/kg)	有效磷 (mg/kg)	速效钾 (mg/kg)
盐土	平均值	12.62	0.69	65.80	18.41	170.59
	变幅	2.9～26.1	0.14～2.00	20.00～174.00	1.90～65.10	46～341
	标准差	4.46	0.24	19.72	9.19	46.96
潮土	平均值	12.01	0.67	64.26	16.35	160.06
	变幅	1.10～33.70	0.06～4.12	28.00～239.00	1.30～152.50	44.00～387.00
	标准差	4.45	0.25	18.09	11.94	48.16
沼泽土	平均值	23.80	1.34	65.72	12.43	130.47
	变幅	9.40～30.40	0.64～1.66	28.00～105.00	9.60～15.30	95.00～182.00
	标准差	7.40	0.41	27.14	1.70	30.15
风沙土	平均值	10.10	0.54	60.40	13.96	143.38
	变幅	1.30～37.8	0.08～2.00	15.00～246.00	1.20～78.70	23.00～370.00
	标准差	4.17	0.20	21.24	9.01	46.58
宜农耕作区耕地	平均值	12.06	0.67	62.99	16.20	159.97
	变幅	1.10～37.80	0.06～4.12	15.00～246.00	1.20～152.50	23.00～387.00
	标准差	4.56	0.25	19.42	11.00	49.16

表 8-6　土壤微量元素养分含量

改良利用分区	宜农耕作区	宜农宜牧耕作区	宜牧宜林耕作区	平均
有效硼（mg/kg）	0.38	0.32	0.35	0.37
有效锌（mg/kg）	0.67	0.82	0.80	0.70
有效铜（mg/kg）	1.98	1.09	0.57	1.60
有效铁（mg/kg）	11.81	9.75	8.64	11.30
有效锰（mg/kg）	7.28	7.13	8.61	7.70

适宜作物：本区是达拉特旗农业生产主产区，适宜种植综合效益较好的各类大宗农作物以及瓜果蔬菜和药材。

2. 存在问题

耕作制度：传统的耕作模式费时费力，土壤裸露表面，土壤中水分和营养成分容易流失，对土壤破坏严重，弊端较多。这种习惯性耕作制度主要表现在：一是农民的认知度不高，多数农民对保护性耕作不了解，技术推广难度大；二是基层农机服务组织不健全；三是需要的农机具种类多、农机具价格高，而现有的农机具可靠性不高、性能不稳定；四是秸秆还田技术难度大，未能有效推广；五是病虫草害控制效果不理想。

轮作制度：长期在同一块耕地上种植一种作物的现象普遍存在，造成养分消耗单一、不平衡，致使土壤中一些养分过度消耗得不到补偿。因此，因地制宜进行适宜性作物的轮作是用地养地相结合的一种生物学措施。

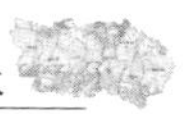

施肥结构：有机肥利用率低、方式不合理；凭经验、习惯施肥仍普遍存在，长期使用单一化肥，氮、磷、钾肥料配比不合理，而且施肥方式多数还是过去那种撒施、表施。

耕地返盐：由于农民的一些耕作习惯、水肥管理的不合理，造成部分耕地土壤出现肥力退化、耕作性能减退以及土壤向盐渍化趋势发展。

农田基础设施：多数农田水利设施滞后，部分农田水利设施老化、损毁现象突出，而且一些水利设施抵御自然灾害能力弱。由于水利化程度偏低，在很大程度上制约着农业的发展。加之建后管护到位难，水土流失现象没有得到较大程度的治理。

3. 改良利用主要措施　本区域内的耕地全部为基本农田保护区，耕地的改良应本着立足农业的可持续发展，切实以保护农田质量为中心，采样各种农艺、工程、生物等措施进行改良和综合利用。

（1）合理轮作　有计划地轮作倒茬，根据作物根系深浅、吸肥特点等合理安排轮作作物，因地制宜实行保护性耕作制度。

（2）改良土壤质地　适当增施腐熟的有机肥，以增加土壤有机质的含量。逐步推行秸秆还田技术，培育并扩大绿肥种植面积。

（3）科学施肥　配方施肥根据土壤养分状况、肥料种类及作物需肥特性，合理确定氮、磷、钾肥的配比及施肥量、施肥方式。化学肥料做基肥时要深施并与有机肥混合，作追肥要“少量多次”，并尽量避免长期施用同一种肥料，特别是含氮肥料。

（4）改造并加快农田水利基础设施建设　建立健全农田基础设施，大力推进喷灌、管灌和滴管等节水技术的推广，加强设施管护，提高农田灌溉保证率，提高水资源的利用率。

（5）达拉特旗的盐渍化土壤是各种成土条件综合作用形成的，但是人为不合理的生产活动是造成土壤次生盐渍化的主要因素之一。盐碱土形成的根本原因在于水肥状况不良，所以在改良初期，重点应放在改善土壤的水肥状况上面。其措施有水利改良措施（灌溉、排水、放淤、种稻、防渗等）、农业改良措施（平整土地、改良耕作、施客土、施肥、播种、轮作、间种套种等）、生物改良措施（种植耐盐植物和牧草、绿肥等）和化学改良措施（施用改良物质，如石膏、磷石膏、亚硫酸钙等）4 个方面。由于每一措施都有一定的适用范围和条件，因此必须因地制宜，综合治理。

（二）宜农宜牧耕作区

1. 基本情况

（1）分布特征。全旗各镇（苏木）均有分布。主要分布于沿河冲积平原与库布齐沙漠北缘结合带一线，区域内耕地地力评价等级大多为四、五级地。三级地分布较少。

（2）土壤类型。耕地土壤类型按面积大小排序依次为风沙土、潮土、盐土、栗钙土、沼泽土。

（3）养分状况。本区耕地较为平整、耕作层深厚、受风沙侵蚀较为频繁。耕地土壤有机质含量平均为 9.13g/kg，全氮含量平均为 0.51g/kg，有效磷含量平均为 13.1mg/kg，速效钾含量平均为 137.63mg/kg（表 8-7）。微量元素中，有效硼平均含量为 0.32mg/kg，有效锌平均含量为 0.82mg/kg，有效铜平均含量为 1.09mg/kg，有效铁平均含量为 9.75mg/kg，有效锰平均含量为 7.13mg/kg，均高于各自临界值。

表 8-7　宜农宜牧耕作区不同土壤类型耕地大量元素养分含量

土壤类型		有机质（g/kg）	全氮（g/kg）	碱解氮（mg/kg）	有效磷（mg/kg）	速效钾（mg/kg）
栗钙土	平均值	8.93	0.46	55.31	12.76	124.64
	变幅	3.60～31.20	0.21～0.99	29.00～115.00	1.20～55.80	46.00～241.00
	标准差	5.14	0.15	14.85	11.13	36.62
盐土	平均值	7.73	0.55	48.92	10.27	143.97
	变幅	2～15	0.24～1.11	19～89	2.00～25.30	67.00～226.00
	标准差	2.56	0.15	15.24	5.06	32.16
草甸土	平均值	8.86	0.57	60.49	13.16	145.81
	变幅	3.80～24.00	0.21～3.42	19～109	2.10～37.20	46.00～293.00
	标准差	3.01	0.13	15.16	7.68	42.84
沼泽土	平均值	10.47	0.58	57.55	14.49	139.20
	变幅	7.10～14.60	0.46～0.80	44～81	8.30～23.90	109.00～194.00
	标准差	2.66	0.13	14.65	6.44	21.00
风沙土	平均值	8.80	0.51	52.36	13.17	138.67
	变幅	2.30～37.90	0.05～2.02	12.00～140.00	1.20～41.00	44.00～280.00
	标准差	4.51	0.19	19.89	7.63	32.83
宜农宜牧耕作区耕地	平均值	9.13	0.51	52.06	13.10	137.63
	变幅	2.00～37.9	0.05～3.42	12～115	1.20～55.80	44～293
	标准差	4.08	0.17	18.81	7.80	35.33

2. 存在问题　农业生产发展障碍因素较多，本区除了具有宜农耕作区存在的问题外，还存在有以下问题：一是耕地土壤耕层浅、养分含量低，沙化现象发生较多，土壤跑水跑肥较多。由于缺乏农田防护林带，农田基础设施薄弱，造成不同程度的水土流失现象。二是耕作粗放，管理粗放，导致土壤生产性能下降。三是农牧业资金以及科技力量投入少，造成一些生产设施得不到配套实施，农业科技在生产中得不到广泛应用，科技成果转化率低。

3. 改良利用主要措施　研究分析限制本区农业生产的限制因素，因地制宜提出土壤改良利用的主次方向及其措施。

（1）精耕细作，合理轮作。该区宜农宜牧，应改变传统的耕作方式，精耕细作，集约化经营。根据土壤状况和气候条件，合理推行粮草轮作制度，发展以养殖牛羊为主的畜牧业。合理的轮作制度不仅可以改善土壤物理性质，还有利于作物根系发育，培肥地力，使得耕地生产力得以可持续提高。

（2）增施有机肥，种植绿肥和秸秆还田。在较为瘠薄的沙质土壤上应发展绿肥种植，改进粮草轮作，以增加土壤中的有机质含量，改善土壤结构，丰富土壤微生物，增强土壤保肥、供肥、蓄水能力，从而改善土壤质地。

（3）合理进行土壤耕作。平整土地，减少地表径流，防止水肥流失；深翻施肥改良土

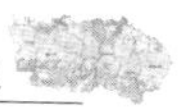

壤结构，配合增施有机肥，扩大活土层，逐步加深耕层。

（4）加强水利设施建设。扩大灌溉面积，为农业增产创造有利的土、肥、水条件。

（5）营造防护林提高土壤水分有效性。改善以农业占绝对优势的土壤利用结构，使本区的经济效益、生态效益得以改善，大力发展田间道路林网化。

（6）测土施肥，合理施用化肥。根据作物的需肥规律、耕作土壤的供肥能力以及作物的目标产量来合理确定氮、磷、钾的施用配比和用量，本着缺多少补多少的方式进行科学施肥。

（三）宜牧宜林耕作区

1. 基本情况

（1）分布特征。全旗各镇（苏木）均有分布。主要分布于库布齐沙漠以南丘陵沟壑地带，区域内耕地地力评价等级大多为三、四、五级地，一、二级地分布面积较大的区域有高头窑、赛乌素、查干沟、沟心召等村。

（2）土壤类型：耕地土壤类型按面积大小排序依次为栗钙土、风沙土、潮土、盐土。

（3）养分状况。本区四、五级耕地有一定的坡度，耕作层浅，部分一、二级地较为平整，耕地受风蚀、水蚀较为频繁。耕地土壤有机质含量平均为 9.4g/kg，全氮含量平均为 0.59g/kg，有效磷含量平均为 17.2mg/kg，速效钾含量平均为 144.62mg/kg（表 8-8）。微量元素中，有效硼平均含量为 0.35mg/kg，有效锌平均含量为 0.80mg/kg，有效铜平均含量为 0.57mg/kg，有效铁平均含量为 8.64mg/kg，有效锰平均含量为 8.61mg/kg，均高于各自临界值。

表 8-8 宜牧宜林耕作区不同土壤类型耕地大量元素养分含量

土壤类型		有机质 (g/kg)	全氮 (g/kg)	碱解氮 (mg/kg)	有效磷 (mg/kg)	速效钾 (mg/kg)
栗钙土	平均值	8.95	0.57	56.09	15.58	138.55
	变幅	3.10～20.40	0.15～1.73	15.00～108.00	1.70～43.30	30.00～294.00
	标准差	3.23	0.23	17.72	9.80	46.47
盐土	平均值	7.97	0.51	49.13	15.53	119.37
	变幅	7.30～8.90	0.45～0.59	43.00～54.00	13.00～16.70	101.00～141.00
	标准差	0.70	0.06	4.44	1.34	16.79
草甸土	平均值	8.98	0.58	57.40	17.71	137.65
	变幅	3.20～19.10	0.17～1.40	18.00～108.00	2.40～39.90	34.00～269.00
	标准差	3.01	0.22	17.77	10.39	50.81
沼泽土	平均值	—	—	—	—	—
	变幅	—	—	—	—	—
	标准差	—	—	—	—	—
风沙土	平均值	9.52	0.60	58.97	18.39	149.35
	变幅	3.4～37.9	0.18～2.02	21.00～113.00	1.80～41.50	46.00～296.00
	标准差	3.15	0.19	17.44	9.98	44.75

（续）

土壤类型		有机质(g/kg)	全氮(g/kg)	碱解氮(mg/kg)	有效磷(mg/kg)	速效钾(mg/kg)
宜牧宜林耕作区耕地	平均值	9.40	0.59	57.55	17.20	144.62
	变幅	3.10～37.90	0.15～2.02	15.00～113.00	1.70～43.30	30.00～296.00
	标准差	3.21	0.22	17.63	9.90	46.80

2. 存在问题

（1）该区域耕地大多瘠薄、干旱，土壤沙化、侵蚀严重，土壤的理化性状差、保水保肥性能低，影响农业生产障碍因素较多，导致农业生产效益低下。

（2）耕作粗放，广种薄收，水土流失较重。

3. 改良利用主要措施 本区域耕地由于多为四、五级地，土壤瘠薄，有机质含量较低。由于水土流失较为严重，土壤肥力及可耕作性在逐步退化。利用方向上要实行退耕还林还牧，保护现有林草植被，禁止毁林开荒；林间草地，实行轮牧，舍饲与放牧相结合，发展畜禽养殖业。

第三节　耕地资源可持续利用对策与建议

一、耕地地力建设与土壤改良利用

耕地地力调查与质量评价的结果表明，达拉特旗的耕地质量总体状况良好，主要表现在以下几个方面：一是达拉特旗境内的地表水和地下水资源虽然比较贫乏，但有流经达拉特旗的178km黄河过境水，为农田灌溉提供了非常有利的条件，目前达拉特旗已建成了比较健全的灌排系统；二是耕地地势平坦，土层深厚，表层质地适中，主要是壤土和黏土，土体结构优良，以通体壤型、通体沙型和紧实型的土壤为主；三是工矿企业、生活废水以及农用化学物资对耕地造成的污染程度比较轻，目前基本上还是一方“净土”。但是在耕地资源的开发利用和农业生产方面还存在许多问题：一是不合理垦殖，掠夺式经营，用养失调，导致耕地土壤肥力和抗逆能力下降，耕地生产力水平降低；二是部分耕地的灌排系统不配套，有灌无排，而且一些地区普遍存在引黄大水漫灌的现象，导致地下水位高，土壤次生盐渍化比较严重；三是山区土壤的水土流失和平原区的风蚀沙化问题；四是灾害性天气发生频繁，如旱涝、冰雹等，此外风沙灾害、霜冻、干热风对农业生产也有一定的影响。上述几方面的原因，导致部分耕地地力下降，中、低产田面积有不断扩大的趋势，严重制约了农业生产的可持续发展。针对存在的问题，下一步要因地制宜确定改良利用方案，科学规划，合理布局，并制定相应的政策法规，做到因土用地，宜农则农，宜牧则牧，在保证耕地地力可持续提高的基础上，实现经济、社会、生态效益的同步发展。

根据达拉特旗的地形地貌、生态条件、土壤区域性特征以及耕地的分布状况，针对各区域耕地质量方面存在的主要问题，提出耕地资源可持续改良利用的对策。

（一）建设沿河高产高效基本农田区

本区属河套冲、洪积平原区，是达拉特旗粮食主产区，各等级耕地在本区插花分布，主要为一、二、三级地，土壤类型主要是潮土、风沙土和盐土，土层深厚，土体结构好，

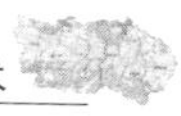

土壤肥沃，耕地的生产性能好。

1. 存在的主要问题

（1）该区地处潜水溢出带和黄灌区交错地带，一些地段区域地下水位浅，矿化度高，土壤有不同程度的盐渍化危害，同时易出现春旱秋涝，造成涝碱相随、旱碱相成的问题。

（2）耕地开垦耕作粗放，水资源利用率低，耕地综合生产能力下降。

（3）部分黄灌区长期引黄灌溉，灌排体系不配套，大水漫灌，有灌无排，地下水位升高，造成土壤次生盐渍化比较严重，盐渍危害已成为制约该区域耕地生产能力的主要障碍因素，加之耕地利用方面耕作粗放，用养失调，土壤养分贫瘠，耕地生产能力降低。

（4）耕地漏水漏肥现象严重，而且该区地处山前洪积地带，易遭受洪涝灾害，在耕地利用方面存在重用轻养，耕地养分入不敷出，土壤肥力下降。

（5）耕地土壤风蚀沙化区域面积扩大，有机质含量较低，土壤瘠薄，耕地综合生产能力不高。

2. 改良利用对策　要从本区的自然条件出发，科学规划，合理利用。根据本区耕地土壤类型特点，提出以下改良利用意见。

（1）全面增施有机肥，提高耕地土壤的有机质含量，进一步改善耕作层土壤结构及土壤水、肥、气、热供求矛盾。

（2）风蚀沙化严重区域建立并推广免耕栽培技术制度和农作物合理轮作制度，改善耕地土壤环境条件，以有效提高耕地生产力，使得耕地生产力得到可持续发展。

（3）盐渍化土壤的改良方面，在现有水利设施的基础上，全面建立健全配套的灌排系统，实行井、渠、管、滴灌相结合的灌溉模式，发展节水灌溉，提高水分利用率，同时，应注重健全完善的排水系统，如明沟、暗管、竖井等；因地制宜进行冲洗排盐，加速盐碱地的改良；实行科学用水，按作物需水规律定时定量灌水，遏制水资源浪费的同时，控制地下水位，使土壤逐步脱盐。采取水利措施的同时，配套农艺、生物等措施，包括平整土地、缩小畦块、深耕深松、精耕细作、改善土壤结构、增施有机肥、种植耐盐牧草、营造农田防护林带等。化学改良主要是施用磷石膏，每年每 667m^2 施用 75～100kg。

（4）结合汛期，疏洪积流，引洪灌淤，改良盐碱地；要通过科学施肥、精耕细作等农艺措施，加速土壤的可耕作性，逐步建成稳产基本农田。

（5）植树造林，乔灌结合，营造农田防护林，改善农田的生态环境。

（6）进一步加大水土保持力度，营造各种牧草、乔灌木等防护林带，积极治理季节性河流的返绿；对分布在孔兑两侧的风蚀沙化严重的沟谷坡地应实行退耕还林还草，防止沙化蔓延。

（二）退耕还林还草综合治理，建立生态恢复型发展区域

本区地处十大孔兑上游，为本旗梁外山区，地形起伏，沟壑交错，土壤瘠薄，侵蚀严重，天然植被稀疏。旱作农业多集中于本区，产量低而不稳。土壤类型主要是栗钙土、风沙土。本次评价结果显示，该区域的耕地主要是三级地、四级地和五级地，且以四、五级地居多。

1. 存在的主要问题

（1）耕地土壤坡度大，自然植被稀疏，侵蚀严重。

（2）本区干旱少雨，耕地瘠薄，耕地水资源匮乏，正常年景粮食平均每 667m^2 产量

仅为100～300kg。

（3）在利用上，一方面存在掠夺式经营，耕作粗放，造成土壤肥力下降；另一方面盲目垦种，自然植被遭到破坏，耕地水土流失比较严重。

2. 改良利用对策

（1）要从本区的自然条件出发，合理规划，科学定位，树立建立生态恢复型区域远景发展规划的思想，严禁毁林毁草开荒，坡度大于10°的坡耕地、受风沙侵蚀的旱耕地以及其他不适宜发展粮食生产活动的耕地坚决退耕还林还草，逐步恢复原有的生态植被，遏制水土流失。

（2）坡度小于10°的耕地，土壤条件、水分条件较好，通过粮草轮作、增施有机肥、科学施用化肥等措施，能够实现用养结合，培肥地力的目的，以逐步建成高产稳产基本农田。

达拉特旗从2000年开始在本区实施国家退耕还林还草工程，截至2013年年底，全旗累计完成退耕还林任务4.89万hm^2。其中：退耕地还林1.88万hm^2（占耕地面积的14.5%），宜林荒山荒地造林3.01万hm^2，涉及全旗8个镇（苏木）的梁外50个自然村1.65万户，退耕人口5.99万人。

二、耕地污染防治

达拉特旗是以农牧业经济为基础，工业经济迅猛发展并占主导地位的农牧业大旗。近年来，各类工矿企业数量和规模逐年扩张，“三废”（废水、废气、固体废弃物）排放量逐年增大，虽然在点源、面源上没有造成大的污染，但控制“三废”排放，积极开展“节能减排”已是一项长期坚持的重点工作。目前，农业生产上化肥、农药的使用基本上还没有对耕地造成面源污染。根据本次耕地环境质量评价结果，19个土壤样点综合污染指数未达到污染程度的警戒线，综合污染等级达到1级标准，属清洁。境内黄河水和地下水8个样点的水质综合评价污染指数都小于0.7，为灌溉用水的1级标准，属清洁。可见达拉特旗耕地质量环境较好，符合发展绿色食品生产的产地环境条件，建议政府充分利用当地良好的耕地环境质量条件，重点发展有机食品、绿色食品产业，把当地建成安全农产品生产基地，提高农产品的市场竞争力。在充分利用当前这个优势发展经济的同时，尤其要更加注重各类工矿企业的“节能减排”工作，注重耕地环境质量建设，保护好目前良好的耕地环境质量，防止耕地环境污染。

（一）建立耕地环境质量监测体系

在工矿企业周围有可能造成点源污染和农业生产水平较高、农用化学物资使用量较大的地区建立长期定位监测点，定期采集样品监测污染状况，发现问题及时解决，并提出控制和消除污染的措施。对接纳工矿企业和城市生活污水的水域进行定期水质监测，特别是用于农田灌溉前要加大监测力度，以防农田受到污染。

（二）加强宣传和农业执法力度

加大对《中华人民共和国农业法》《中华人民共和国农业技术推广法》《中华人民共和国环境保护法》等一系列农业法律的宣传力度，提高全民的环保意识。农业、环保、工商等部门协同配合，组成强有力的执法队伍，坚决打击制售禁用农药和假冒伪劣化肥的行为。

（三）控制“三废”排放

近年来，随着政府招商引资力度的不断加大，工业进入迅猛发展阶段，入住的各类企业数量及其产能不断增加，大型企业工业“三废”排放在逐年增多，这将是造成耕地污染的主要污染源。只有通过控制“三废”的排放才能从根本上防止和预防耕地污染。工业生产上必须排放的“三废”，排放前要进行净化处理，达到国家规定的排放标准。对于重金属污染物，一定要采取强制措施予以禁止。

（四）加强化肥、农药使用方面的管理和新技术推广工作

化肥和农药对耕地的污染，在防治上必须从资源综合管理和有效利用上出发，实现资源的合理配置，提高化肥、农药的利用率，减少资源浪费的同时，减轻污染。一要对化肥和农药的生产、分配、销售、使用方面制定相应的政策法规，并进行严格的质量控制与管理，对农用化学物资的使用量、使用范围应逐步进行规范。二要引进和开发化肥和农药新品种。在农药方面加强高效低毒农药新品种和生物农药的引进和开发生产；在肥料方面，依据本次调查和统计分析结果，安排生产各种作物的专用配方肥，并开发有机肥源。三要大力推广测土配方施肥和病、虫、草害综合防治等技术，提高化肥和农药的利用率。

三、耕地资源的合理配置和种植业结构调整

达拉特旗目前的种植业结构还不尽合理，主要表现在3个方面：一是粮、经、饲结构还需随市场经济的发展进行进一步的调整和优化；二是设施农业发展滞后，应瞄准市场，抢抓机遇，大力发展规模化设施农业；三是农业的产业化水平低。要结合本次耕地地力调查结果，加大调整力度，实现耕地资源的优化配置。建议充分利用达拉特旗的区域优势和现有的比较完善的农业基础设施条件，大力发展特色经济产业和农业区域优势产业。

达拉特旗地处内蒙古自治区核心经济圈——呼和浩特、包头、鄂尔多斯三角区域的中心位置，具有得天独厚的地理区位优势和农业发展优势。具体表现在，一是具有良好的耕地质量和环境质量条件，耕作区域内无污染；二是耕地平坦，有过境黄河水、地下水及各类节水灌溉设施为农田灌溉提供了十分便利的条件；三是大陆性气候四季分明，光热资源十分丰富，进行各种特色保护地农产品生产建设，可以充分利用太阳能等自然资源，提高土地利用率，延长植物生长期，达到周年生产供应的目的；四是农村剩余劳动力资源充足，可以为劳动力密集的特色保护地蔬菜产业发展提供人力保障资源；五是旗境内黑色柏油公路纵横交错，贯通各村，交通十分便利，为各类农产品运输和销售提供了极大的方便。因此，依托上述优势条件，按照合理布局、集中连片、规模经营的发展思路，同时坚持生产与流通相结合的原则，扩大提升基地建设规模。抓好市场建设，全力打造呼和浩特、包头、鄂尔多斯地区重要绿色食品集散地，从而形成生产、流通相互促进的格局，努力扩大外销，大力发展出口创汇农畜产品，加快推进产业化经营，加快推进从传统农业向现代农业转变的进程。

四、作物平衡施肥和绿色食品基地建设

根据耕地地力调查与质量评价结果，达拉特旗耕地土壤肥沃，总体施肥水平较低，耕地土壤基本上没有受到污染，非常适合建设绿色食品生产基地。今后应充分发挥这一地区

优势，紧紧围绕平衡施肥技术，科学合理地增加施肥量，在确保耕地不受污染和农产品优质安全的基础上，充分发挥肥料特别是化肥的增产潜力，提高农产品产量和品质，增加农民收入。

（一）大力开发有机肥源，培肥地力

达拉特旗内有机肥资源丰富，开发潜力很大，应通过多种形式、多种途径开发利用有机肥源，增加有机肥投入，进一步提高耕地土壤的有机质含量。一是加强有机肥的工厂化生产，开发利用畜禽粪便和城市生活垃圾，生产高效、安全的有机肥新产品。二是大力推广秸秆还田技术。三是受盐碱威胁严重、耕地地力较差的耕地，引进适合当地气候条件和较耐盐碱的绿肥品种，推广绿肥单种和间、套种栽培技术，发展农区畜牧业的同时逐步改良盐碱，培肥地力。

（二）充分利用调查成果，生产适合各种作物的专用复混肥

在本次调查过程中，采集了大量土壤样品，分析化验了土壤有机质及各种大、中、微量元素，并调查了采样地块的农户施肥情况。通过调查和分析化验，明确了耕地土壤的养分现状和施肥中存在的问题，因此建议达拉特旗人民政府加大投资力度，与现有肥料加工生产企业建立有效的合作模式，按照农业部门提供的施肥配方，开发生产各种作物的专用配方肥，真正实现因土因作物施肥。

五、加强耕地质量管理的对策与建议

耕地质量管理是一项长期的、综合性的系统工作，既要有技术措施，又要有政策方面的法律、法规做保障。通过本次耕地地力调查与质量评价工作，建立了耕地资源管理信息系统，在此基础上，加强耕地土壤肥力和耕地土壤环境质量的长期定位监测工作，监测数据用于进一步补充完善和更新管理系统，实现耕地资源的动态管理，并以此为依据，提出耕地地力建设和耕地环境质量保护的技术措施。同时在认真贯彻《中华人民共和国环境保护法》《中华人民共和国农业法》《中华人民共和国农业技术推广法》等现有法律、法规的基础上，制定《达拉特旗耕地质量保养管理条例》，规范耕地用养制度，做到依法管理，确保耕地地力的建设与保护，逐步提高耕地质量。在资金方面，应建立耕地保养管理专项资金，加大政府对耕地质量建设的支持力度。各级农业行政主管部门要经常开展耕地保养的宣传工作，形成全民共识，全面提高耕地质量。

第四节　达拉特旗春小麦每 667m^2 产量 400kg 栽培技术要点

一、地块准备

选地：选择中等以上肥力均匀、排灌良好、无杂草的平整耕地。

整地：为确保早春顶凌播种保全苗，冬灌地块要在冬前施足有机肥，灌足过冬水。播种前确保土壤细碎、平整、无坷垃、底墒足。

施有机肥：开春播前施有机肥的区域，应在播种前施足有机肥，根据地力情况每 667m^2 施腐熟的有机肥 2 000～2 500kg。缺硼的地块应结合施有机肥每 667m^2 施硼砂

1kg，办法是硼砂1kg拌土50kg，拌匀后均匀撒入土壤表面，深耕翻。

整畦：水浇地块，要做好渠系配套工作，做好畦便于灌水。畦面的宽窄、长短要根据地势、灌排水、方便机械化连续作业情况而定。

二、选用良种，做好种子处理工作

精选高产矮秆抗倒伏小麦品种。选用经审定推广的高产优良品种，纯度、净度、发芽率应达到国标二级标准。为防止小麦黑穗病的发生，每100kg种子用20%多菌灵1kg，先用水稀释，然后在20～25℃下浸3～4h。

三、适时播种，提高播种质量

达拉特旗春小麦在3月下旬至清明前即可播种。

确定播种量：根据地力高低，调整播种量，每667m^{2}保苗不少于40万～45万株，每667m^{2}用种20～25kg，播种深度3～4cm。播种后要及时镇压，力争苗全、苗齐、苗壮。

确定种肥量：春小麦底肥每667m^{2}使用磷酸二铵17.5kg，硫酸钾10kg，尿素5kg；使用小麦配方肥时应根据其含量计算纯量后确定施用量。种肥在播种时一次性施入。

播种：为提高播种质量，保证合理密度，播种地块要保证足够的墒情，应使用小麦种肥分层播种机进行播种，播种行要直，深度要均匀，覆土平整严实不串风。

四、田间管理

水肥管理：依据小麦需肥特点，进行平衡施肥，小麦第一次施肥应在3叶期，此时结合灌水追施氮肥，每667m^{2}追施尿素12.5kg，使用播种机进行条施。第二次追肥应在拔节期至孕穗期，此期结合灌水每667m^{2}追施尿素5kg，小麦灌浆期根据实际情况喷施磷酸二氢钾（每667m^{2}用量100g）或1%尿素；生育期间如遇缺素症状，应及时喷施相应叶面肥。

化学除草：根据各地块杂草群落的不同，可采用不同的除草剂，在小麦3叶期，使用化学药剂防治杂草，结合灭草，每667m^{2}加尿素0.5kg，可促进小麦分蘖成穗期对氮素营养的需求。

麦田群落调控：生长前期对长势较弱的小麦每667m^{2}叶面喷施喷施宝10g；为了防止倒伏，对密度偏大或有徒长趋势的麦田，或抗倒伏性差的品种，用100g矮壮素，加水50kg喷雾。麦苗3～4片叶时，即分蘖末期、拔节始期喷施效果最好。同时又可预防干热风的危害，延长叶片的功能期，提高产量。

病虫害防治：在小麦生长中期可用菊酯类杀虫剂防治黏虫等虫害。小麦蚜虫，每667m^{2}用10%吡虫啉可湿性粉剂10g防治；小麦白粉病和锈病，每667m^{2}用20%粉锈宁乳剂50g，兑水在发病始期喷雾防治。

五、收获

小麦收获期在7月上中旬，收获的最佳时期为蜡熟期，此时，小麦籽粒的干物质积累到最大值，加工面粉的质量也最好。麦收季节正值雨季，应及时抢收、脱粒、入仓。收获偏晚，麦秆变软，易倒伏落粒造成减产，影响小麦的质量。

第五节　达拉特旗玉米每 667m^2 产量 750kg 栽培技术要点

一、选地与整地

玉米属高秆作物，根系发达，需肥水较多，要获得高产就需要耕地土壤土层疏松、深厚、肥沃，因此，玉米种植地块必须进行深耕翻，同时通过耙耱做到细碎平整、土质松软。

二、播前准备

品种选择：选择适宜在当地种植的适应性广、抗病性强、丰产性好的耐密型优良品种，精选或使用包衣加工处理的种子，其活力和发芽势、发芽率高，同时能减轻病虫危害，出苗齐、全、匀、壮。

肥料准备：磷酸二铵、尿素、硫酸钾、硫酸锌、磷酸二氢钾等。

三、适时早播

足墒播种：土壤水分含量为田间持水量的 70%时才能满足玉米种子发芽需要，土壤含水量低于这一指标，需灌溉造墒后才能播种，播种应均匀、整齐，避免缺苗断垄，提高播种质量。一般情况下，达拉特旗玉米播种时间在 4 月 20 日至 5 月上旬为最佳。

合理密植：玉米种植密度要根据土壤肥力、品种特性、管理水平、种植方式等实际情况而定，做到合理密植。一般大田耐密紧凑型玉米品种每 667m^2 留苗 4 500～4 700 株，采用大小行种植，改善通风透光条件。因此，为保证密度、提高群体整齐度，应适当增加播种量。紧凑型品种的播种量为每 667m^2 3kg 左右，平展型品种为每 667m^2 2.5kg 左右，通常播种深度以 5～6cm 为宜；土壤黏重、墒情好时，可适当浅些，以 4～5cm 较好；质地疏松、易于干燥的沙质土壤，应播种深一些，可增至 5～7cm。

种肥分层：采用玉米种肥分层精量播种机，播种和施底肥一次性完成。

四、施肥管理

玉米株高叶大，是需肥较多的作物，增施肥料对提高产量有很大的效果，因此，要提高玉米产量必须施足基肥。一般每 667m^2 施农家肥 1 500～2 500kg。播种时需带种肥，每 667m^2 用磷酸二铵 15kg，硫酸钾 2.5kg，尿素 5kg；或使用玉米配方肥，根据玉米需肥总量和配方肥各养分含量计算配方肥用量。缺锌地块每 667m^2 增施硫酸锌 1kg 做种肥施入。在肥料运筹上，玉米第一次追肥在拔节至大喇叭口时期追施总氮量的 50%左右，沿幼苗一侧开沟深施 10～15cm，以促根壮苗。拔节期根据苗情情况适当喷施硫酸锌、磷酸二氢钾进行补锌补钾。第二次追肥在抽穗期追施总氮量的 15%～20%，以提高叶片光合能力，增加粒重。根据玉米田间墒情结合施肥合理进行灌溉。

五、田间管理

查苗补缺：出苗后进行查苗补缺，应在3～4叶时，在阴雨或晚间带土移栽，栽后浇水，覆土保墒，成活后追高效化肥，提高大田整齐度。

间苗、定苗：间苗在3～4叶时，去掉过多过密的幼苗，定苗在4～5叶时，去弱留强，合理密植。

中耕除草：结合中耕除草进行培土作业，促根防倒伏。

病虫害防治：病虫害主要有玉米大斑病、玉米小斑病、玉米灰斑病、玉米纹枯病、玉米锈病、玉米茎腐病、红蜘蛛、地老虎、黏虫、玉米螟等。病虫害防治尤其应在玉米生长前期要及时下地巡查，尽早发现，尽早防治。

六、收获

茎叶和苞叶青黄变松，籽粒变硬，表现出固有色泽，已达到完全成熟即可收获。

第六节　达拉特旗马铃薯栽培技术要点

一、选用良种

选用良种是马铃薯高产栽培的一个重要环节。种薯要求薯形整齐，大小适中，表皮光滑细嫩，芽根鲜明，薯块完整，无病虫害，无冻伤的壮龄薯，大小以25～50g为宜。

二、种薯处理

先将种薯放在阳光下晒2～3d，每天3～4h，去除病薯、坏薯。提倡采用整薯播种，大的种薯应进行切块，切块种薯不应小于50g，一般薯块重量20～25g，每个切块应带有1～2个芽眼。切块时每个人应同时准备两把切刀，备75%酒精或0.5%高锰酸钾消毒液一盆，将切刀浸入消毒，切块时两把刀轮换消毒使用。将切好的种薯放在阳光下晾晒，然后用草木灰加入4%～8%甲基托布津或多菌灵均匀拌种，促进切口愈合并消毒。

三、整地施肥

马铃薯适应性较强，但马铃薯是不耐连作的作物。种植马铃薯的地块要选择3年内没有种过马铃薯和其他茄科作物的地块。地块最好选择地势平坦，有灌溉条件，且排水良好、耕层深厚、疏松肥沃的沙土或沙壤土。

前茬作物收获后，立即深翻20～25cm，应做到无大的土块和草茎、根茬，耕层上虚下实。马铃薯对氮、磷、钾养分的吸收比例一般为2.5∶1∶4.5，以钾的吸收量最多，播前结合整地一般每667m^2施优质腐熟农家肥3 000～4 000kg、磷酸二铵25kg、尿素20kg、硫酸钾15kg、硫酸锌1～1.5kg作为基肥。

四、适时播种、合理密植

当10cm土层地温稳定通过7～8℃时即可播种，一般在4月下旬至5月上旬播种。种植密度应根据品种、气候、土壤、栽培方式和目的而定。土壤肥力高或肥水条件较好、高温高湿地区、薯条原料薯或鲜食商品薯宜稀植，反之应适当加大密度。以每 $667m^2$ 3 800～4 500 株为宜。在相同密度下，采用宽窄行、大垄双行和放宽行距、适当增加每穴种薯数的方式较好。

马铃薯适于垄作。采用起垄方式种植可以显著提高马铃薯的产量。采用双行播种机，播种、施肥、覆土、起垄一次完成。行距 65～70cm，覆土 7～8cm，注意薯块不能直接与肥料接触。

五、肥水运筹

试验表明，每产出 1 000kg 马铃薯需 N 4.5～6kg，P_2O_5 1.7～1.9kg，K_2O 8～10kg。施肥应有机肥与无机肥相结合，基肥与追肥相结合，马铃薯吸收的肥料 80%以上来自基肥，在栽培上要特别重视基肥的施用。

1. 基肥 完全腐熟的厩肥随耕翻施入，计划施氮总量的 30%～40%＋计划施磷总量的 100%＋计划施钾总量的 100%＋计划施微量元素肥料总量的 100%，在起垄时开沟深施。

2. 追肥 追肥用量应以田间营养诊断为基础，结合基肥用量来确定。马铃薯出齐苗后要抓紧早追肥，每 $667m^2$ 施用速效氮肥 15～20kg，可结合灌溉和中耕条施于行间。当马铃薯进入发棵期，并见到花蕾时，每 $667m^2$ 可施草木灰 100kg 或硫酸钾 10kg，这样可防止薯秧早衰。马铃薯开花后，主要以叶面喷施方式追施磷钾肥，每隔 8～15d 每 $667m^2$ 叶面喷施 0.3%～9.5%磷酸二氢钾溶液 50kg，连续 2～3 次，若出现缺氮现象，可增加 100～150g 尿素喷施。通过根外追肥可明显提高块茎的产量，增进块茎的品质和耐储性。

3. 施好叶面肥，适当使用生长调节剂 幼苗期、结薯期各喷施一次生长素，膨大期喷施两次 0.3%磷酸二氢钾＋1.25mg/kg 膨大素溶液。

4. 浇水 浇水应遵照前期湿润，结薯期多水，后期爽水的原则。播种至出苗保持土壤相对湿度 70%～75%，结薯期保持土壤相对湿度 80%～85%，采收前 10d 土壤相对湿度应降到 70%左右。

六、适时定苗培土

马铃薯齐苗后选择最壮的 2～3 株保留，及时剪除多余弱小苗，以利高产和结大薯。平作马铃薯生长期要培土两次，第一次在苗齐后 10d 内，苗高 15～20cm 时进行重培土，厚度 7cm 以上；第二次培土在封行前进行，主要对第一次培土厚度不够的部位补土，培土时应尽量避免损伤茎叶。

七、病虫害防治

马铃薯需重点防治蚜虫、螨、地老虎、蝼蛄、青枯病、环腐病、晚疫病。

施基肥时每 $667m^2$ 拌入丁硫克百威 3kg 防治各类地下害虫；齐苗后及时喷施扑虱蚜＋杀螨特防治蚜虫和螨害；结合叶面施肥每 $667m^2$ 喷施 72%农用链霉素 200～300g，预防青枯病、环腐病；封垄后当平均气温在 15℃以上且阴雨天 3d 左右时，用 80%大生 600 倍

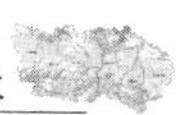

液喷雾，隔10d重喷一次预防晚疫病，发现中心病株及时喷施50%烯酰吗啉或53%金雷多米尔500倍液，每隔7d喷一次，连喷2～3次进行防治。其他病虫害依田间发生情况防治。

八、收获

当植株大部分茎叶枯黄，块茎易与匍匐茎分离，周皮变厚，块茎干物质含量最大时，为食用和加工块茎的最适收获期，种用块茎应提前5～7d收获，以免受低温霜冻危害降低种性。

收获应选晴朗干燥天气进行，收前1～2d割掉茎叶和清除田间残留的枝叶，机械收获时要提前10～15d杀秧，以促进块茎成熟和表皮老化，便于收获。收获过程中尽量避免机械损伤和长时间曝晒薯块。

第七节　达拉特旗露地辣（甜）椒高产栽培技术

随着辣（甜）椒的商品化，种植辣（甜）椒的区域和面积也日益扩大。近年来达拉特旗辣（甜）椒生产发展迅速，农民种植辣（甜）椒效益可观。现将露地辣（甜）椒栽培技术介绍如下，供参考。

一、品种选择

主要根据市场需要选择品种，选用抗病、优质、丰产、耐储运、商品性好、适应市场强的品种。目前达拉特旗主栽甜椒品种主要有鹿椒1号、慧丰9号、帅椒6号等；辣椒品种有鹿椒6号、鹿椒9号、灏华8号等。

二、育苗

培育适龄壮苗是辣（甜）椒丰产、稳产的基础。在一般育苗条件下，要使幼苗定植时达到现大蕾的生理苗龄，必须适当早播，采用温室播种和温室或改良阳畦分苗的育苗设施。采用有土育苗时，早熟和中早熟品种育苗期一般为85～100d；在温室条件和营养条件较好时采用穴盘育苗，用128孔穴盘，培育日历苗龄60～70d现小蕾的幼苗较合适，穴盘育苗的具体做法分为以下几步。

1. 基质准备　辣（甜）椒的穴盘育苗选用128孔穴盘。基质材料的配制比例为草炭∶蛭石＝2∶1。配制时每立方米基质中加入15-15-15氮磷钾三元复合肥2.5～2.8kg，或每立方米基质中加入硫酸铵1～1.5kg、过磷酸钙1.5～2.5kg、硫酸钾2～2.5kg。基质与肥料充分混合搅拌均匀后过筛装盘。

2. 播种催芽　播种之前要检测种子发芽率，发芽率＞90%。播种方式采用精量播种，单株定植每穴一粒，双株定植每穴两粒。人工播种可采取干籽直播，播种深度为0.5～1cm，播种后覆盖蛭石或基质，浇透水并使水滴从穴盘底孔流出。温室温度控制在25～30℃，最佳温度为28℃，空气相对湿度＞90%。当出苗率＞70%时，适当降低育苗温室的温度，白天气温控制在23～26℃，夜间控制在12～15℃。

3. 育苗管理　辣（甜）椒的穴盘育苗需要在1～2片真叶展开时抓紧时间进行补苗。辣（甜）椒育苗的水分供应要及时，每次浇水都要浇透浇匀。但不可太勤，一般是3～5d浇水1次。10d左右追施营养液1次。基质中水分含量要控制在70%～80%，环境温度控制在白天23～27℃、夜间13～18℃。育苗时要经常通风，以增强幼苗的抗逆性，使幼苗生长健壮。通风过程应逐渐加强，以免伤苗。育苗期间应经常检查，及时防治病虫害。辣（甜）椒主要病虫害是猝倒病、立枯病和蚜虫。防治猝倒病的主要方法是基质消毒、控制浇水、通风排湿，也可使用百菌清或多菌灵等药剂进行防治；防治蚜虫的主要方法是喷施5%啶虫脒、5%吡虫啉等药剂。

三、整地施肥

辣（甜）椒不宜连作。应选择排灌方便的壤土或沙壤土，定植前深耕土地，施入充足的基肥，每667m^{2}施腐熟农家肥5 000～7 500kg、过磷酸钙30～40kg、尿素20 kg、硫酸钾15～20 kg。按100cm垄距起垄，垄高15cm，垄面宽50cm。

四、定植移栽

定植期因各地气候不同而异，原则是当地晚霜过后应及早定植，正常情况下当10cm土温稳定在12℃左右时即可定植。达拉特旗一般在3月中下旬播种育苗，5月中下旬定植。辣（甜）椒苗定植应选阴天或晴天15:00后进行，起苗前1d浇透水，起苗时尽量多带宿根土，运送过程中要注意别伤了苗叶、根，尽量不栽萎蔫苗。辣（甜）椒定植不宜过深，以与子叶节平齐为标准。辣（甜）椒的栽植密度依品种及生长期长短而不同，一般每667m^{2}定植3 000～3 300穴（双株），行距60～70cm，株距30～33cm，栽后即可覆土浇水。

五、田间管理

根据辣（甜）椒喜温、喜肥、喜水及高温易得病、水涝易死秧、肥多易烧根等特点，定植后采收前主要是促根、促秧；开始采收至盛果期要促秧攻果；进入高温季节后要着重保根、保秧。

1. 中耕除草　定植成活后，及时浅中耕一次。植株开始生长，着重中耕一次。植株封行以前，再中耕一次。中耕结合除草和培土。

2. 水肥管理　等辣（甜）椒3～5d缓苗后可浇一次缓苗水，水量可稍大些，以后一直到坐果前不需再浇水。门椒坐果后，结合浇水每667m^{2}施尿素15kg。一般结果前期7d左右浇1次水，结果盛期4～5d浇1次水。隔一水追一次肥，每667m^{2}施用尿素5～10kg、硫酸钾8～10kg。

3. 植株调整　进入盛果期后，温、光条件优越，肥水充足，枝叶繁茂，影响通风透光。结果中后期，及时摘除老叶、黄叶、病叶，并将基部消耗养分但又不能结果成熟的侧枝尽早抹去，如密度过大，在对椒上发出的两杈中选留一杈，进行双干整枝。

4. 定植后病虫害防治

（1）农业防治。及时拔除重病株，摘除病叶、病果，带出田外烧毁或深埋。

（2）黄板诱杀蚜虫。用100cm×20cm纸板，涂上黄色漆，同时涂一层机油，或悬挂

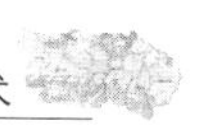

黄色黏虫胶纸，挂在行间或株间，高出植株顶部，每 667m² 30～40 块，当黄板上粘满蚜虫时，再重涂一层机油，一般 7～10d 重涂 1 次。

（3）药剂防治。在晴朗天气可喷雾防治，注意轮换用药，合理混用。

①疫病：发病初期，用 64%杀毒矾可湿性粉剂 500 倍液，或 58%雷多米尔·锰锌可湿性粉剂 500 倍液、70%乙膦·锰锌可湿性粉剂 500 倍液喷雾。中后期发现中心病株后，用 50%甲霜铜可湿性粉剂 800 倍液、72.2%普利克水剂 600～800 倍液、64%杀毒矾可湿性粉剂 500 倍液，或 58%雷多米尔·锰锌可湿性粉剂 500 倍液喷雾与浇灌病株根部并举。

②炭疽病：发病初期用 10%世高水分散颗粒剂 800～1 500 倍液、50%混杀硫悬浮剂 500 倍液、80%炭疽福美可湿性粉剂 600～800 倍液、1∶200 倍波尔多液防治。

③病毒病：早期防治蚜虫，用 10%吡虫啉可湿性粉剂 400 倍液，或 25%阿克泰水分散粒剂 5 000～10 000 倍液，或 40%乳油 1 000～2 000 倍液喷雾防治。初发病用 20%病毒 A 可湿性粉剂 400 倍液，或 1.5%植病灵乳剂 1 000 倍液，隔 7～10d 喷 1 次，连喷 3～4 次。

④疮痂病：发病初期用 72%农用链霉素可溶性粉剂 4 000 倍液、50%琥胶肥酸铜可湿性粉剂（DT）500 倍液、新植霉素 4 000～5 000 倍液、14%络氨铜水剂 300 倍液，或 77%可杀得可湿性微粒粉剂 500 倍液喷雾，间隔 7～10d 喷 1 次，连喷 2～3 次。

六、采收

春季辣（甜）椒多以嫩果为产品，一般在果实膨大充分、果皮油绿发亮、果肉变硬时进行采收。门椒、对椒应及时早采，以利植株继续开花坐果，可多次采收，一直到霜降节气前。

达拉特旗人民政府，2006. 达拉特旗志［M］. 呼和浩特：远方出版社.

内蒙古自治区土壤普查办公室，内蒙古土壤肥料工作站，1994. 内蒙古土壤［M］. 北京：科学出版社.

内蒙古自治区土壤普查办公室，内蒙古土壤肥料工作站，1994. 内蒙古土种志［M］. 北京：中国农业出版社.

全国农业技术推广服务中心，2006. 耕地地力评价指南［M］. 北京：中国农业科学技术出版社.

张福锁，2006. 测土配方施肥技术要览［M］. 北京：中国农业大学出版社.

郑海春，2006. “3414”肥料肥效田间试验的实践［M］. 呼和浩特：内蒙古人民出版社.

附录1　耕地资源数据册

附表1　达拉特旗耕地土壤类型面积统计表

土类	亚类	土属	土种	代码	全区 面积(hm²)	全区 (%)	吉格斯太镇	白泥井镇	王爱召镇	树林召镇	展旦召苏木	昭君镇	恩格贝镇	中和西镇
栗钙土	栗钙土	侵蚀黄沙土	轻度侵蚀黄沙土	1	2 793.63	1.86	449.37			91.65	826.3	1 197.8	216.74	11.77
			中度侵蚀黄沙土	2	168.25	0.11	14.45	28.34		31.38	26.19	23.99	43.9	
			轻度侵蚀栗黄土	3	1 182.72	0.79	74.65			236.68	115.61	422.29	333.49	
			轻度侵蚀红黄土	4	28.12	0.02		1.64		26.48				
			强度侵蚀披沙石土	5	2 465.20	1.64		249.24		73.86	845.17	1 160.40	136.53	
		合计			6 637.92	4.42	538.47	279.22		460.05	1 813.27	2 804.48	730.66	11.77
		侵蚀栗淤土	轻度侵蚀栗淤土	6	166.59	0.11	3.03	45.18				55.14	63.24	
			中度侵蚀栗沙土	7	89.77	0.06		1.95	1.77	49.80		36.25		
		侵蚀栗红土	轻度侵蚀栗红土	8	305.62	0.20	305.62							
		沙化栗钙土	严重沙化栗钙土	9	1 208.46	0.81		365.51	64.3	9.23	230.22	144.72	340.08	54.40
		侵蚀结土	强度侵蚀结土	10	445.02	0.30						156.78	288.24	
	合计				8 853.38	5.90	847.12	691.86	66.07	519.08	2 043.49	3 197.37	1 422.22	66.17
	淡栗钙土	侵蚀淡黄沙土	轻度侵蚀淡黄沙土	11	416.95	0.28		386.05					18.82	12.08
			轻度侵蚀淡栗黄土	12	85.24	0.06		0.15					85.09	
			中度侵蚀淡栗黄土	13	21.82	0.01							21.82	
			强度侵蚀淡披沙石土	14	372.16	0.25	32.48						225.64	114.04

（续）

土类	亚类	土属	土种	代码	全区面积（hm²）	全区（%）	吉格斯太镇	白泥井镇	王爱召镇	树林召镇	展旦召苏木	昭君镇	恩格贝镇	中和西镇
栗钙土	淡栗钙土	合计			896.17	0.60	32.48	386.20					351.37	126.12
		侵蚀淡栗淤土	轻度侵蚀淡栗淤土	15	72.16	0.05							70.56	1.60
		沙化淡栗钙土	严重沙化淡栗钙土	16	174.18	0.12							87.67	86.51
	合计				1 142.51	0.76	32.48	386.2					509.60	214.23
	粗骨性栗钙土	粗骨性栗钙土	粗骨性栗钙土	17	455.29	0.30				54.68	86.50	38.23	192.87	83.01
	合计				455.29	0.30				54.68	86.50	38.23	192.87	83.01
	草甸栗钙土	灌淤栗钙土	薄层灌淤栗钙土	18	677.82	0.45	155.9	181.67	218.39	121.86				
		洪淤土	壤质洪淤土	19	1 459.42	0.97	203.35	363.61		134.98	70.23	687.25		
			沙质洪淤土	20	290.75	0.19		136.64		49.42	36.21		68.48	
			黏质洪淤土	21	3.19							3.19		
		合计			1 753.36	1.17	203.35	500.25		184.40	106.44	690.44	68.48	
	合计				2 431.18	1.62	359.25	681.92	218.39	306.26	106.44	690.44	68.48	
合计					12 882.36	8.58	1 238.85	1 759.98	284.46	880.02	2 236.43	3 926.04	2 193.17	363.41
风沙土	固定沙丘风沙土	固定沙丘风沙土	固定沙丘风沙土	22	8 729.96	5.82	1 795.91	1 374.54	491.84	238.94	1 328.64	1 074.74	2 382.97	42.38
		冲积固定沙丘风沙土	冲积固定沙丘风沙土	23	16 981.31	11.32	3 956.29	2 499.96	5 380.11	130.09	2 502.3	2 174.72	337.84	
	合计				25 711.27	17.13	5 752.2	3 874.50	5 871.95	369.03	3 830.94	3 249.46	2 720.81	42.38
	半固定沙丘土	半固定沙丘风沙土	半固定沙丘风沙土	24	8 473.58	5.65	1 239.99	269.52	1 493.93	442.55	513.20	388.08	1 718.02	2 408.29
		冲积半固定沙丘风沙土	冲积半固定沙丘风沙土	25	9 317.91	6.21			518.78	6 656.41	1 932.01		13.48	197.23
	合计				17 791.49	11.85	1 239.99	269.52	2 012.71	7 098.96	2 445.21	388.08	1 731.50	2 605.52
	流动风沙土	流动沙丘风沙土	流动沙丘风沙土	26	3 452.81	2.30	459.93	121.90	224.67	90.22	725.54	357.30	535.04	938.21

（续）

土类	亚类	土属	土种	代码	全区 面积(hm²)	全区 (%)	吉格斯太镇	白泥井镇	王爱召镇	树林召镇	展旦召苏木	昭君镇	恩格贝镇	中和西镇
风沙土	流动风沙土	冲积流动沙丘风沙土	冲积流动沙丘风沙土	27	524.86	0.35			310.29		134.84	79.73		
	合计				3 977.67	2.65	459.93	121.90	534.96	90.22	860.38	437.03	535.04	938.21
合计					47 480.43	31.64	7 452.12	4 265.92	8 419.62	7 558.21	7 136.53	4 074.57	4 987.35	3 586.11
潮土	灌淤草甸土	冲积平原灌淤草甸土	沙土	28	9 247.08	6.16		1 988.84	1 270.97	2 685.33	1 102.17	56.36	2 007.74	135.67
			沙盖垆	29	125.02	0.08					87.33			37.69
			沫土	30	8 504.6	5.67		3 509.64	1 818.44	822.51	1 433.31		712.75	207.95
			两黄土	31	5 837.13	3.89		1 765.64	977.92	1 227.26	1 436.24	0.81	335.22	94.04
			硬两黄土	32	9 102.26	6.07	937.74	605.36	649.42	3 208.52	1 128.74	1 444.64	552.77	575.07
			红泥	33	3 703.60	2.47		139.35	326.06	1 317.75	1 075.68	245.70	341.34	257.72
		合计			36 519.69	24.33	937.74	8 008.83	5 042.81	9 261.37	6 263.47	1 747.51	3 949.82	1 308.14
		沙化灌淤草甸土	极严重沙化灌淤草甸土	34	706.02	0.47		250.18	302.74	153.1				
	合计				37 225.71	24.80	937.74	8 259.01	5 345.55	9 414.47	6 263.47	1 747.51	3 949.82	1 308.14
	盐化草甸土	冲积平原黑盐化土	黑盐化土	35	14 573.16	9.71	781.53	769.75	4 511.69	1 762.32	163.74	3 478.72	152.74	2 952.67
		冲积平原蓬松盐化土	蓬松盐化土	36	13 011.24	8.67	133.54		4 412.96	3 290.19	990.17	4 184.38		
		冲积平原马尿盐化土	马尿盐化土	37	9 295.91	6.19	1 586.62	1 070.47	805.19	875.24	465.59	1 861.56	2 203.00	428.24
		丘间洼地黑盐化土	丘间洼地轻度黑盐化土	38	340.75	0.23	46.68	164.37	129.7					

（续）

土类	亚类	土属	土种	代码	全区 面积(hm²)	全区 (%)	吉格斯太镇	白泥井镇	王爱召镇	树林召镇	展旦召苏木	昭君镇	恩格贝镇	中和西镇
潮土	盐化草甸土	丘间洼地黑盐化土	丘间洼地中度黑盐化土	39	417.21	0.28	9.60		407.61					
			丘间洼地重度黑盐化土	40	183.53	0.12					183.53			
		合计			941.49	0.63	56.28	164.37	537.31		183.53			
	合计				37 821.80	25.20	2 557.97	2 004.59	10 267.15	5 927.75	1 803.03	9 524.66	2 355.74	3 380.91
	灰色草甸土	丘间洼地灰淤土	灰淤土	41	411.66	0.27			130.75			264.13	16.78	
			沙底灰淤土	42	178.88	0.12						177.51	1.37	
			灰淤沙土	43	229.05	0.15	51.73	15.01		9.58		99.51		53.22
		合计			819.59	0.55	51.73	15.01	130.75	9.58		541.15	18.15	53.22
		沙化灰淤土	严重沙化灰淤土	44	7.79	0.01								7.79
	合计				827.38	0.55	51.73	15.01	130.75	9.58		541.15	18.15	61.01
合计					75 874.89	50.56	3 547.44	10 278.61	15 743.45	15 351.8	8 066.5	11 813.32	6 323.71	4 750.06
盐土	草甸盐土	黑盐土	黑盐土	45	6 809.28	4.54	135.29	120.25	927.9	973.56	1 104.25	2 981.72		566.31
		蓬松盐土	蓬松盐土	46	6 386.37	4.26	1 208.96		3 437.73	1 186.39	553.29			
	合计				13 195.65	8.79	1 344.25							
	苏打盐土	马尿盐土	马尿盐土	47	409.70	0.27			335.75	1.36	72.59			
合计					13 605.35	9.07	1 344.25		335.75	1.36	72.59			
沼泽土	泥炭沼泽土	埋藏泥炭沼泽土	埋藏泥炭沼泽土	48	234.11	0.16					34.65	54.87	52.1	92.49
合计					234.11	0.16					34.65	54.87	52.1	92.49

附表 2　达拉特旗不同土壤类型耕地养分含量统计表

土类	亚类	土属	土种	代码	pH	有机质 (g/kg)	全氮 (g/kg)	有效磷 (mg/kg)	速效钾 (mg/kg)	有效硼 (mg/kg)	有效锌 (mg/kg)	有效铜 (mg/kg)	有效铁 (mg/kg)	有效锰 (mg/kg)	缓效钾 (mg/kg)
栗钙土	栗钙土	侵蚀黄沙土	轻度侵蚀黄沙土	1	8.45	9.79	0.56	16.81	149.98	0.34	0.76	0.61	8.74	9.46	493.40
			中度侵蚀黄沙土	2	8.36	8.51	0.55	14.48	147.73	0.42	0.65	0.56	8.78	9.54	465.17
			轻度侵蚀栗黄土	3	8.43	9.25	0.66	20.38	142.93	0.39	0.63	0.83	8.80	9.47	478.19
			轻度侵蚀红黄土	4	8.23	11.26	0.85	23.75	146.75	0.33	1.48	0.73	8.81	6.14	443.88
			强度侵蚀披沙石土	5	8.37	9.98	0.58	17.77	154.24	0.34	0.66	0.56	8.78	9.77	477.50
		平均			8.37	9.76	0.64	18.64	148.33	0.36	0.84	0.66	8.78	8.88	471.63
		侵蚀栗淤土	轻度侵蚀栗淤土	6	8.63	7.15	0.52	15.63	122.66	0.41	0.72	0.46	8.52	9.41	451.05
			中度侵蚀栗沙土	7	8.60	7.58	0.41	16.22	141.20	0.35	1.38	0.61	8.43	7.48	446.00
		侵蚀栗红土	轻度侵蚀栗红土	8	8.83	6.97	0.37	4.68	91.14	0.33	1.19	0.71	9.12	7.99	436.72
		沙化栗钙土	严重沙化栗钙土	9	8.54	9.81	0.53	13.37	144.25	0.33	0.83	0.72	9.03	8.49	487.44
		侵蚀结土	强度侵蚀结土	10	8.70	8.36	0.52	13.18	165.39	0.48	0.60	1.47	10.11	10.64	683.17
	平均				8.51	8.87	0.56	15.63	140.63	0.37	0.89	0.73	8.91	8.84	486.25
	淡栗钙土	侵蚀淡黄沙土	轻度侵蚀淡黄沙土	11	8.51	7.36	0.55	13.11	125.00	0.39	0.39	0.70	10.28	8.54	470.17
			轻度侵蚀淡栗黄土	12	8.51	7.05	0.58	14.67	122.60	0.39	0.46	0.37	7.73	9.53	457.07
			中度侵蚀淡栗黄土	13	8.51	6.83	0.58	11.61	109.88	0.38	0.44	0.33	7.71	8.99	440.88
			强度侵蚀淡披沙石土	14	8.52	7.85	0.58	13.29	125.53	0.36	0.46	0.53	8.95	8.60	476.85
		平均			8.51	7.27	0.57	13.17	120.75	0.38	0.44	0.48	8.67	8.92	461.24

（续）

土类	亚类	土属	土种	代码	pH	有机质 (g/kg)	全氮 (g/kg)	有效磷 (mg/kg)	速效钾 (mg/kg)	有效硼 (mg/kg)	有效锌 (mg/kg)	有效铜 (mg/kg)	有效铁 (mg/kg)	有效锰 (mg/kg)	缓效钾 (mg/kg)
栗钙土	淡栗钙土	侵蚀淡栗淤土	轻度侵蚀淡栗淤土	15	8.50	6.76	0.57	13.74	127.91	0.39	0.47	0.37	7.69	9.40	462.45
		沙化淡栗钙土	严重沙化淡栗钙土	16	8.50	8.12	0.55	13.58	131.36	0.39	0.45	0.75	11.05	8.17	489.50
	平均				8.51	7.33	0.57	13.33	123.71	0.38	0.45	0.51	8.90	8.87	466.15
	粗骨性栗钙土	粗骨性栗钙土	粗骨性栗钙土	17	8.37	9.11	0.62	15.80	133.74	0.36	0.51	0.51	8.67	9.43	469.00
	平均				8.37	9.11	0.62	15.80	133.74	0.36	0.51	0.51	8.67	9.43	469.00
	草甸栗钙土	灌淤栗钙土	薄层灌淤栗钙土	18	8.33	10.86	0.64	24.87	137.68	0.28	1.75	0.52	8.32	5.79	466.36
		洪淤土	壤质洪淤土	19	8.67	8.11	0.47	13.96	130.86	0.31	1.00	0.99	9.57	8.89	484.51
			沙质洪淤土	20	8.40	8.25	0.68	18.85	108.95	0.35	1.12	0.55	8.20	7.31	414.50
			黏质洪淤土	21	8.40	7.50	0.56	24.40	143.00	0.37	0.64	0.59	9.86	12.99	506.67
		平均			8.49	7.95	0.57	19.07	127.60	0.34	0.92	0.71	9.21	9.73	468.56
	平均				8.45	8.68	0.59	20.52	130.12	0.33	1.13	0.66	8.99	8.75	468.01
平均					8.49	8.40	0.57	15.91	133.47	0.37	0.79	0.64	8.91	8.86	476.21
风沙土	固定沙丘风沙土	固定沙丘风沙土	固定沙丘风沙土	22	8.55	9.23	0.51	14.98	139.21	0.32	0.92	0.83	9.78	7.72	493.52
		冲积固定沙丘风沙土	冲积固定沙丘风沙土	23	8.61	9.42	0.50	13.03	133.27	0.37	0.61	0.96	9.40	6.10	500.07
	平均				8.58	9.33	0.51	14.01	136.24	0.35	0.77	0.90	9.59	6.91	496.80
	半固定沙丘土	半固定沙丘风沙土	半固定沙丘风沙土	24	8.44	9.27	0.53	14.35	136.19	0.32	0.81	0.95	9.53	7.29	464.31
		冲积半固定沙丘风沙土	冲积半固定沙丘风沙土	25	8.54	9.57	0.56	17.57	138.90	0.33	0.72	1.50	10.50	6.45	534.50
	平均				8.49	9.42	0.55	15.96	137.55	0.33	0.77	1.23	10.02	6.87	499.41

（续）

土类	亚类	土属	土种	代码	pH	有机质 (g/kg)	全氮 (g/kg)	有效磷 (mg/kg)	速效钾 (mg/kg)	有效硼 (mg/kg)	有效锌 (mg/kg)	有效铜 (mg/kg)	有效铁 (mg/kg)	有效锰 (mg/kg)	缓效钾 (mg/kg)
风沙土	流动风沙土	流动沙丘风沙土	流动沙丘风沙土	26	8.54	10.17	0.56	14.38	155.92	0.31	0.76	1.10	11.05	8.09	557.45
		冲积流动沙丘风沙土	冲积流动沙丘风沙土	27	8.30	12.48	0.49	10.35	144.26	0.29	0.52	3.57	13.84	5.99	556.03
	平均				8.42	11.33	0.53	12.37	150.09	0.30	0.64	2.34	12.45	7.04	556.74
平均					8.50	10.02	0.53	14.11	141.29	0.32	0.72	1.49	10.68	6.94	517.65
潮土	灌淤草甸土	冲积平原灌淤草甸土	沙土	28	8.55	9.05	0.53	15.83	143.18	0.38	0.79	1.12	9.79	7.46	542.58
			沙盖垆	29	8.55	13.68	0.55	23.50	190.69	0.41	0.34	1.06	9.37	4.79	635.00
			沫土	30	8.53	11.33	0.62	17.58	146.63	0.35	0.64	1.03	9.86	6.37	579.51
			两黄土	31	8.53	11.47	0.66	16.25	156.31	0.35	0.67	1.15	10.80	6.66	606.24
			硬两黄土	32	8.53	12.67	0.72	16.03	163.03	0.42	0.64	1.80	13.35	7.09	717.69
			红泥	33	8.59	15.07	0.82	18.02	189.85	0.47	0.67	1.94	16.54	7.78	703.00
		平均			8.55	12.21	0.65	17.87	164.95	0.40	0.63	1.35	11.62	6.69	630.67
		沙化灌淤草甸土	极严重沙化灌淤草甸土	34	8.49	11.49	0.62	16.08	159.90	0.34	0.45	0.85	8.18	4.79	587.77
	平均				8.54	12.11	0.65	17.61	164.23	0.39	0.60	1.28	11.13	6.42	624.54
	盐化草甸土	冲积平原黑盐化土	黑盐化土	35	8.43	13.92	0.76	16.61	180.22	0.42	0.61	2.75	14.30	8.00	691.75
		冲积平原蓬松盐化土	蓬松盐化土	36	8.43	13.22	0.77	18.06	159.55	0.51	0.74	3.29	14.06	8.09	746.06
		冲积平原马尿盐化土	马尿盐化土	37	8.58	9.36	0.55	13.78	144.31	0.40	0.81	1.07	9.47	8.68	551.97
		丘间洼地黑盐化土	丘间洼地轻度黑盐化土	38	8.70	8.07	0.41	9.60	105.19	0.24	1.54	0.59	8.85	7.06	410.27

（续）

土类	亚类	土属	土种	代码	pH	有机质 (g/kg)	全氮 (g/kg)	有效磷 (mg/kg)	速效钾 (mg/kg)	有效硼 (mg/kg)	有效锌 (mg/kg)	有效铜 (mg/kg)	有效铁 (mg/kg)	有效锰 (mg/kg)	缓效钾 (mg/kg)
潮土	盐化草甸土	丘间洼地黑盐化土	丘间洼地中度黑盐化土	39	8.60	12.26	0.50	7.71	111.39	0.27	2.33	0.42	8.26	5.51	432.24
			丘间洼地重度黑盐化土	40	8.39	7.13	0.39	14.07	119.53	0.37	0.39	1.69	9.59	8.89	535.76
		平均			8.56	9.15	0.43	10.46	112.04	0.29	1.42	0.90	8.90	7.15	459.42
	平均				8.52	10.66	0.56	13.31	136.70	0.37	1.07	1.64	10.76	7.71	561.34
	灰色草甸土	丘间洼地灰淤土	灰淤土	41	8.55	8.62	0.53	11.16	164.94	0.33	0.59	2.02	10.89	7.27	504.23
			沙底灰淤土	42	8.57	7.50	0.44	15.08	167.67	0.58	0.63	0.58	9.39	11.76	617.33
			灰淤沙土	43	8.49	16.19	0.83	12.12	170.38	0.30	0.52	1.80	14.74	8.03	613.15
		平均			8.54	10.77	0.60	12.79	167.66	0.40	0.58	1.47	11.67	9.02	578.24
		沙化灰淤土	严重沙化灰淤土	44	8.88	10.80	0.51	14.59	169.20	0.36	0.59	2.46	23.10	9.44	588.00
	平均				8.62	10.78	0.58	13.24	168.05	0.39	0.58	1.72	14.53	9.13	580.68
平均					8.55	11.28	0.60	15.06	155.41	0.38	0.76	1.51	11.80	7.51	591.91
盐土	草甸盐土	黑盐土	黑盐土	45	8.54	11.98	0.64	13.79	164.56	0.40	0.59	2.53	13.25	7.36	644.47
		蓬松盐土	蓬松盐土	46	8.48	12.92	0.76	19.69	174.95	0.51	0.71	2.82	14.16	7.67	710.39
	平均				8.51	12.45	0.70	16.74	169.76	0.46	0.65	2.68	13.71	7.52	677.43
	苏打盐土	马尿盐土	马尿盐土	47	8.57	7.22	0.47	16.58	191.35	0.38	1.16	0.89	8.29	7.77	517.30
平均					8.53	10.71	0.62	16.69	176.95	0.43	0.82	2.08	11.90	7.60	624.05
沼泽土	泥炭沼泽土	埋藏泥炭沼泽土	埋藏泥炭沼泽土	48	8.58	14.16	0.85	16.33	131.81	0.32	0.47	2.35	13.94	8.66	709.14
平均					8.58	14.16	0.85	16.33	131.81	0.32	0.47	2.35	13.94	8.66	709.14

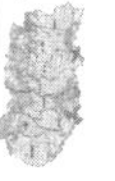

附表3　达拉特旗各镇(苏木)不同土壤类型耕地养分含量统计表

吉格斯太镇不同土壤类型耕地养分含量

土类	亚类	土属	土种	序号	pH	有机质(g/kg)	全氮(g/kg)	有效磷(mg/kg)	速效钾(mg/kg)	有效硼(mg/kg)	有效锌(mg/kg)	有效铜(mg/kg)	有效铁(mg/kg)	有效锰(mg/kg)	缓效钾(mg/kg)
栗钙土	栗钙土	侵蚀黄沙土	轻度侵蚀黄沙土	1	8.72	8.51	0.43	6.85	114.63	0.11	1.14	0.67	8.77	7.91	465.35
			中度侵蚀黄沙土	2	8.62	8.62	0.51	5.42	115.20	0.16	0.75	0.75	10.13	9.01	462.60
			轻度侵蚀栗黄土	3	8.84	8.84	0.36	5.48	117.38	0.12	1.06	0.74	9.33	8.03	454.31
			强度侵蚀披沙石土	4	8.90	6.20	0.32	3.75	81.00	0.10	1.28	0.70	9.21	8.07	420.00
		平均			8.77	8.04	0.41	5.38	107.05	0.12	1.06	0.72	9.36	8.26	450.57
		侵蚀栗淤土	轻度侵蚀栗淤土	5	9.00	4.90	0.23	3.90	98.00	0.09	1.38	0.67	8.38	7.33	407.00
		侵蚀栗红土	轻度侵蚀栗红土	6	8.83	6.97	0.37	4.68	91.14	0.11	1.19	0.71	9.12	7.99	436.72
	平均				8.82	7.34	0.37	5.01	102.89	0.11	1.13	0.71	9.16	8.06	441.00
	草甸栗钙土	灌淤栗钙土	薄层灌淤栗钙土	7	8.77	5.35	0.34	2.82	62.23	0.05	1.47	0.66	8.44	7.35	458.62
		洪淤土	壤质洪淤土	8	8.80	7.31	0.38	3.79	91.67	0.09	1.46	0.59	8.36	7.47	438.90
		平均			8.80	7.31	0.38	3.79	91.67	0.09	1.46	0.59	8.36	7.47	438.90
	平均				8.79	6.33	0.36	3.31	76.95	0.07	1.47	0.63	8.40	7.41	448.76
平均					8.81	7.09	0.37	4.59	96.41	0.10	1.22	0.69	8.97	7.90	442.94
风沙土	固定沙丘风沙土	固定沙丘风沙土	固定沙丘风沙土	9	8.72	6.82	0.38	8.61	112.84	0.09	0.66	0.74	9.79	8.26	452.74
		冲积固定沙丘风沙土	冲积固定沙丘风沙土	10	8.78	8.39	0.41	12.00	116.19	0.13	0.63	0.71	9.99	6.78	431.34
	平均				8.75	7.61	0.40	10.31	114.52	0.11	0.65	0.73	9.89	7.52	442.04
	半固定沙丘土	半固定沙丘风沙土	半固定沙丘风沙土	11	8.78	6.20	0.36	6.20	103.47	0.07	0.93	0.71	9.43	8.04	434.35
	平均				8.78	6.20	0.36	6.20	103.47	0.07	0.93	0.71	9.43	8.04	434.35
	流动风沙土	流动沙丘风沙土	流动沙丘风沙土	12	8.72	6.75	0.40	7.53	132.09	0.06	1.01	0.69	9.49	8.32	429.56
	平均				8.72	6.75	0.40	7.53	132.09	0.06	1.01	0.69	9.49	8.32	429.56
平均					8.75	7.04	0.39	8.59	116.15	0.09	0.81	0.71	9.68	7.85	437.00

（续）

吉格斯太镇不同土壤类型耕地养分含量

土类	亚类	土属	土种	序号	pH	有机质(g/kg)	全氮(g/kg)	有效磷(mg/kg)	速效钾(mg/kg)	有效硼(mg/kg)	有效锌(mg/kg)	有效铜(mg/kg)	有效铁(mg/kg)	有效锰(mg/kg)	缓效钾(mg/kg)
潮土	灌淤草甸土	冲积平原灌淤草甸土	硬两黄土	13	8.78	9.06	0.51	11.59	134.37	0.19	0.58	0.73	10.60	6.28	580.55
		平均			8.78	9.06	0.51	11.59	134.37	0.19	0.58	0.73	10.60	6.28	580.55
	平均				8.78	9.06	0.51	11.59	134.37	0.19	0.58	0.73	10.60	6.28	580.55
	盐化草甸土	冲积平原黑盐化土	黑盐化土	14	8.97	9.78	0.50	16.97	144.59	0.18	0.78	0.71	10.45	6.50	506.48
		冲积平原蓬松盐化土	蓬松盐化土	15	8.97	7.50	0.39	11.16	136.00	0.11	0.49	72.00	10.07	7.62	483.54
		冲积平原马尿盐化土	马尿盐化土	16	8.74	8.20	0.42	8.91	119.13	0.14	0.94	0.68	9.41	7.68	490.34
		丘间洼地黑盐化土	丘间洼地轻度黑盐化土	17	8.88	5.66	0.35	10.25	112.46	0.09	0.48	0.78	10.02	7.82	440.08
			丘间洼地中度黑盐化土	18	8.80	5.60	0.42	8.30	86.00	0.10	0.46	0.80	11.28	9.14	435.00
		平均			8.84	5.63	0.39	9.28	99.23	0.10	0.47	0.79	10.65	8.48	437.54
	平均				8.87	7.35	0.42	11.12	119.64	0.12	0.63	14.99	10.25	7.75	471.09
	灰色草甸土	丘间洼地灰淤土	灰淤沙土	19	8.77	10.22	0.32	7.19	99.31	0.18	0.45	0.79	10.45	9.55	482.77
		平均			8.77	10.22	0.32	7.19	99.31	0.18	0.45	0.79	10.45	9.55	482.77
	平均				8.77	10.22	0.32	7.19	99.31	0.18	0.45	0.79	10.45	9.55	482.77
平均					8.84	8.00	0.42	10.62	118.84	0.14	0.60	10.93	10.33	7.80	488.39
盐土	草甸盐土	黑盐土	黑盐土	20	8.74	7.94	0.39	8.85	95.19	0.09	0.61	0.65	8.23	7.07	422.33
		蓬松盐土	蓬松盐土	21	8.86	8.43	0.49	12.38	115.59	0.14	0.47	0.78	11.42	8.55	561.27
	平均				8.80	8.19	0.44	10.62	105.39	0.12	0.54	0.72	9.83	7.81	491.80
平均					8.80	8.19	0.44	10.62	105.39	0.12	0.54	0.72	9.83	7.81	491.80

（续）

白泥井镇不同土壤类型耕地养分含量

土类	亚类	土属	土种	序号	pH	有机质(g/kg)	全氮(g/kg)	有效磷(mg/kg)	速效钾(mg/kg)	有效硼(mg/kg)	有效锌(mg/kg)	有效铜(mg/kg)	有效铁(mg/kg)	有效锰(mg/kg)	缓效钾(mg/kg)
栗钙土	栗钙土	侵蚀黄沙土	轻度侵蚀黄沙土	1	8.84	5.83	0.37	8.60	92.50	0.09	1.57	0.47	7.65	5.80	410.97
			中度侵蚀黄沙土	2	9.00	4.90	0.23	3.90	98.00	0.09	1.41	0.58	7.97	6.64	406.60
			轻度侵蚀栗黄土	3	8.80	6.40	0.50	12.90	98.00	0.09	1.40	0.50	7.76	6.13	407.00
			轻度侵蚀红黄土	4	9.00	4.90	0.23	3.90	98.00	0.09	1.42	0.67	8.37	7.32	407.00
			强度侵蚀披沙石土	5	8.96	5.10	0.28	6.43	90.29	0.09	1.51	0.51	7.74	6.21	398.65
		平均			8.92	5.43	0.32	7.15	95.36	0.09	1.46	0.55	7.90	6.42	406.04
		侵蚀栗淤土	轻度侵蚀栗淤土	6	8.88	5.84	0.36	7.94	92.22	0.09	1.40	0.61	8.07	6.81	369.33
			中度侵蚀栗沙土	7	9.10	4.25	0.19	3.35	74.50	0.09	1.34	0.69	8.57	7.64	376.50
		沙化栗钙土	严重沙化栗钙土	8	8.77	6.04	0.37	8.30	108.30	0.09	1.63	0.48	7.63	6.36	427.37
	平均				8.92	5.41	0.32	6.92	93.98	0.09	1.46	0.56	7.97	6.61	400.43
	草甸栗钙土	灌淤栗钙土	薄层灌淤栗钙土	9	8.13	11.97	0.83	29.40	145.17	0.11	1.76	0.49	8.12	5.28	448.00
		洪淤土	壤质洪淤土	10	8.96	5.54	0.28	5.63	97.63	0.09	1.72	0.51	7.94	6.57	406.24
			沙质洪淤土	11	8.66	7.03	0.54	13.45	90.65	0.09	1.53	0.48	7.62	5.68	400.06
		平均			8.81	6.29	0.41	9.54	94.14	0.09	1.63	0.50	7.78	6.13	403.15
	平均				8.58	8.18	0.55	16.16	111.15	0.10	1.67	0.49	7.89	5.84	418.10
平均					8.83	6.16	0.38	9.44	98.66	0.09	1.52	0.54	7.95	6.40	405.25
风沙土	固定沙丘风沙土	固定沙丘风沙土	固定沙丘风沙土	12	8.46	9.11	0.56	14.72	132.08	0.09	1.97	0.47	7.75	6.48	431.22
		冲积固定沙丘风沙土	冲积固定沙丘风沙土	13	8.57	7.08	0.44	13.28	137.40	0.10	0.58	0.59	7.03	4.49	441.24
	平均				8.52	8.10	0.50	14.00	134.74	0.09	1.28	0.53	7.39	5.49	436.23

（续）

白泥井镇不同土壤类型耕地养分含量

土类	亚　类	土　属	土　种	序号	pH	有机质(g/kg)	全氮(g/kg)	有效磷(mg/kg)	速效钾(mg/kg)	有效硼(mg/kg)	有效锌(mg/kg)	有效铜(mg/kg)	有效铁(mg/kg)	有效锰(mg/kg)	缓效钾(mg/kg)
风沙土	半固定沙丘土	半固定沙丘风沙土	半固定沙丘风沙土	14	8.33	8.54	0.48	12.45	157.80	0.11	1.87	0.47	7.49	6.58	426.05
	流动风沙土	流动沙丘风沙土	流动沙丘风沙土	15	8.45	7.83	0.41	10.28	122.36	0.11	2.31	0.44	7.76	6.71	406.00
平均					8.45	8.14	0.47	12.68	137.41	0.10	1.68	0.49	7.51	6.07	426.13
潮土	灌淤草甸土	冲积平原灌淤草甸土	沙土	16	8.47	6.56	0.42	13.29	136.83	0.12	0.72	0.56	8.17	6.02	472.00
			沫土	17	8.57	8.60	0.50	15.75	136.49	0.11	0.51	0.48	6.85	5.75	472.05
			两黄土	18	8.67	8.34	0.56	16.63	158.82	0.10	0.70	0.61	6.33	5.36	539.08
			硬两黄土	19	8.48	9.78	0.63	19.20	166.46	0.14	0.68	0.70	11.45	9.95	569.50
			红泥	20	8.56	9.56	0.56	13.29	168.13	0.16	0.72	0.75	12.22	10.77	538.25
		平均			8.55	8.57	0.53	15.63	153.35	0.13	0.67	0.62	9.00	7.57	518.18
		沙化灌淤草甸土	极严重沙化灌淤草甸土	21	8.38	9.33	0.56	16.55	162.67	0.09	0.52	0.48	8.23	6.56	614.00
	平均				8.52	8.70	0.54	15.79	154.90	0.12	0.64	0.60	8.88	7.40	534.15
	盐化草甸土	冲积平原黑盐化土	黑盐化土	22	8.81	9.35	0.56	19.11	168.13	0.12	0.74	0.79	5.43	6.34	555.87
		冲积平原马尿盐化土	马尿盐化土	23	8.69	7.80	0.48	13.42	128.04	0.10	1.30	0.53	7.25	5.77	457.81
		丘间洼地黑盐化土	丘间洼地轻度黑盐化土	24	8.62	8.96	0.41	8.14	106.00	0.08	2.70	0.40	7.42	7.12	322.60
	平均				8.71	8.70	0.48	13.56	134.06	0.10	1.58	0.57	6.70	6.41	445.43
	灰色草甸土	丘间洼地灰淤土	灰淤沙土	25	8.30	9.13	0.57	12.60	190.75	0.08	1.80	0.51	7.89	7.00	596.50
平均					8.56	8.74	0.53	14.80	152.23	0.11	1.04	0.58	8.12	7.06	513.77
盐土	草甸盐土	黑盐土	黑盐土	26	8.63	8.80	0.54	20.27	154.20	0.09	1.07	0.60	9.27	8.56	549.70
平均					8.63	8.80	0.54	20.27	154.20	0.09	1.07	0.60	9.27	8.56	549.70

（续）

王爱召镇不同土壤类型耕地养分含量

土类	亚类	土属	土种	序号	pH	有机质 (g/kg)	全氮 (g/kg)	有效磷 (mg/kg)	速效钾 (mg/kg)	有效硼 (mg/kg)	有效锌 (mg/kg)	有效铜 (mg/kg)	有效铁 (mg/kg)	有效锰 (mg/kg)	缓效钾 (mg/kg)
栗钙土	栗钙土	侵蚀栗淤土	中度侵蚀栗沙土	1	8.20	13.20	0.68	33.40	180.00	0.11	1.90	0.51	8.11	5.50	484.00
		沙化栗钙土	严重沙化栗钙土	2	8.53	17.70	0.45	4.86	152.71	0.07	0.83	0.44	7.30	2.61	394.86
	平均				8.37	15.45	0.57	19.13	166.36	0.09	1.37	0.48	7.71	4.06	439.43
	草甸栗钙土	灌淤栗钙土	薄层灌淤栗钙土	3	8.20	13.15	0.67	33.93	182.46	0.11	1.95	0.44	8.27	5.03	486.17
平均					8.31	14.68	0.60	24.06	171.72	0.10	1.56	0.46	7.89	4.38	455.01
风沙土	固定沙丘风沙土	固定沙丘风沙土	固定沙丘风沙土	4	8.34	12.61	0.61	22.24	158.30	0.10	1.78	0.45	8.24	4.64	505.76
		冲积固定沙丘风沙土	冲积固定沙丘风沙土	5	8.47	10.72	0.58	13.97	144.89	0.11	0.65	0.77	8.42	4.36	523.71
	平均				8.41	11.67	0.60	18.11	151.60	0.11	1.22	0.61	8.33	4.50	514.74
	半固定沙丘土	半固定沙丘风沙土	半固定沙丘风沙土	6	8.32	8.89	0.46	14.48	129.67	0.11	1.21	0.74	7.33	5.47	380.27
		冲积半固定沙丘风沙土	冲积半固定沙丘风沙土	7	8.35	12.44	0.66	13.19	192.86	0.08	1.01	0.70	10.95	8.38	688.51
	平均				8.34	10.67	0.56	13.84	161.27	0.10	1.11	0.72	9.14	6.93	534.39
	流动风沙土	流动沙丘风沙土	流动沙丘风沙土	8	8.42	10.51	0.51	17.78	143.62	0.11	1.34	0.57	7.81	4.31	434.45
		冲积流动沙丘风沙土	冲积流动沙丘风沙土	9	8.15	13.90	0.47	9.61	127.61	0.09	0.44	4.24	13.90	4.62	534.10
	平均				8.29	12.21	0.49	13.70	135.62	0.10	0.89	2.41	10.86	4.47	484.28
平均					8.34	11.51	0.55	15.21	149.49	0.10	1.07	1.25	9.44	5.30	511.13
潮土	灌淤草甸土	冲积平原灌淤草甸土	沙土	10	8.46	9.58	0.60	16.12	155.74	0.11	1.10	0.64	8.04	6.51	539.35
			沫土	11	8.51	11.50	0.60	14.74	151.12	0.12	0.72	0.68	9.27	5.62	534.53
			两黄土	12	8.36	12.87	0.71	13.05	163.44	0.12	0.84	0.65	9.70	6.78	482.82
			硬两黄土	13	8.46	13.53	0.67	12.66	173.30	0.10	0.62	0.56	9.28	5.76	589.22
			红泥	14	9.02	12.16	0.58	14.95	151.97	0.16	0.55	1.14	11.09	4.35	497.65

（续）

王爱召镇不同土壤类型耕地养分含量

土类	亚类	土属	土种	序号	pH	有机质 (g/kg)	全氮 (g/kg)	有效磷 (mg/kg)	速效钾 (mg/kg)	有效硼 (mg/kg)	有效锌 (mg/kg)	有效铜 (mg/kg)	有效铁 (mg/kg)	有效锰 (mg/kg)	缓效钾 (mg/kg)
潮土	灌淤草甸土	平均			8.56	11.93	0.63	14.30	159.11	0.12	0.77	0.73	9.48	5.80	528.71
		沙化灌淤草甸土	极严重沙化灌淤草甸土	15	8.47	11.65	0.64	14.87	157.71	0.12	0.48	0.48	7.85	5.55	563.74
	平均				8.55	11.88	0.63	14.40	158.88	0.12	0.72	0.69	9.21	5.76	534.55
	盐化草甸土	冲积平原黑盐化土	黑盐化土	16	8.24	14.28	0.70	14.66	169.92	0.15	0.69	3.24	12.37	6.43	590.56
		冲积平原蓬松盐化土	蓬松盐化土	17	8.32	13.71	0.78	20.37	164.92	0.19	0.75	3.70	14.99	7.95	711.12
		冲积平原马尿盐化土	马尿盐化土	18	8.46	11.98	0.53	12.98	131.16	0.11	1.32	1.27	9.05	4.62	482.60
		丘间洼地黑盐化土	丘间洼地轻度黑盐化土	19	8.46	11.44	0.51	9.45	92.88	0.06	2.53	0.41	7.84	5.78	416.63
			丘间洼地中度黑盐化土	20	8.59	12.42	0.50	7.70	112.03	0.09	2.37	0.42	8.18	5.42	432.18
		平均			8.53	11.93	0.51	8.58	102.46	0.08	2.45	0.42	8.01	5.60	424.41
	平均				8.41	12.77	0.60	13.03	134.18	0.12	1.53	1.81	10.49	6.04	526.62
	灰色草甸土	丘间洼地灰淤土	灰淤土	21	8.24	9.55	0.52	17.24	172.67	0.11	1.01	0.66	8.16	5.97	410.67
平均					8.47	12.06	0.61	14.07	149.74	0.12	1.08	1.15	9.65	5.90	520.92
盐土	草甸盐土	黑盐土	黑盐土	22	8.15	16.64	0.77	16.72	186.24	0.17	0.75	3.77	13.57	7.17	675.32
		蓬松盐土	蓬松盐土	23	8.36	14.00	0.81	20.34	178.33	0.18	0.77	3.54	14.91	7.96	737.20
	平均				8.26	15.32	0.79	18.53	182.29	0.18	0.76	3.66	14.24	7.57	706.26
	苏打盐土	马尿盐土	马尿盐土	24	8.60	6.01	0.44	17.57	191.63	0.13	1.29	0.76	7.61	7.42	475.37
平均					8.37	12.22	0.67	18.21	185.40	0.16	0.94	2.69	12.03	7.52	629.30

（续）

树林召镇不同土壤类型耕地养分含量

土类	亚类	土属	土种	序号	pH	有机质 (g/kg)	全氮 (g/kg)	有效磷 (mg/kg)	速效钾 (mg/kg)	有效硼 (mg/kg)	有效锌 (mg/kg)	有效铜 (mg/kg)	有效铁 (mg/kg)	有效锰 (mg/kg)	缓效钾 (mg/kg)
栗钙土	栗钙土	侵蚀黄沙土	轻度侵蚀黄沙土	1	7.93	13.61	1.05	24.07	106.91	0.10	0.99	0.71	8.92	7.69	386.36
			中度侵蚀黄沙土	2	8.08	12.05	0.89	19.38	176.75	0.11	1.09	0.79	9.27	6.13	442.75
			轻度侵蚀栗黄土	3	8.01	12.65	1.04	26.94	123.08	0.11	1.15	0.70	8.85	6.75	398.64
			轻度侵蚀红黄土	4	7.97	13.38	1.06	30.37	163.00	0.11	1.50	0.75	8.95	5.74	456.17
			强度侵蚀披沙石土	5	7.94	13.19	1.15	29.10	105.53	0.10	1.22	0.72	8.98	7.23	377.53
		平均			7.99	12.98	1.04	25.97	135.05	0.11	1.19	0.73	8.99	6.71	412.29
		侵蚀栗淤土	中度侵蚀栗沙土	6	8.20	13.10	0.67	32.90	179.00	0.11	1.87	0.51	8.11	5.49	481.00
		沙化栗钙土	严重沙化栗钙土	7	8.33	9.80	0.51	6.63	206.67	0.12	0.53	0.83	9.35	5.58	463.00
	平均				8.07	12.54	0.91	24.20	151.56	0.11	1.19	0.72	8.92	6.37	429.35
	粗骨性栗钙土	粗骨性栗钙土	粗骨性栗钙土	8	7.73	15.06	1.48	38.44	82.56	0.11	1.35	0.63	8.47	6.42	364.44
	草甸栗钙土	灌淤栗钙土	薄层灌淤栗钙土	9	7.98	13.40	1.13	35.35	103.00	0.11	1.50	0.58	8.47	6.00	400.25
		洪淤土	壤质洪淤土	10	7.90	13.50	1.16	35.40	127.00	0.10	1.66	0.70	8.68	5.67	445.00
			沙质洪淤土	11	7.90	13.67	1.32	35.31	72.00	0.10	1.45	0.66	8.56	6.15	363.11
		平均			7.90	13.59	1.24	35.36	99.50	0.10	1.56	0.68	8.62	5.91	404.06
	平均				7.93	13.52	1.20	35.35	100.67	0.11	1.54	0.65	8.57	5.94	402.79
平均					8.00	13.04	1.04	28.54	131.41	0.11	1.30	0.69	8.78	6.26	416.20
风沙土	固定沙丘风沙土	固定沙丘风沙土	固定沙丘风沙土	12	8.24	11.22	0.70	22.34	166.71	0.12	1.20	0.71	8.80	5.59	458.05
		冲积固定沙丘风沙土	冲积固定沙丘风沙土	13	8.75	15.16	0.71	23.96	116.88	0.22	1.02	1.07	10.80	3.81	489.56
	平均				8.50	13.19	0.71	23.15	141.80	0.17	1.11	0.89	9.80	4.70	473.81
	半固定沙丘土	半固定沙丘风沙土	半固定沙丘风沙土	14	8.30	8.33	0.56	15.88	141.36	0.09	0.87	0.87	8.72	5.84	439.44
		冲积半固定沙丘风沙土	冲积半固定沙丘风沙土	15	8.54	9.68	0.58	20.62	130.36	0.11	0.75	1.60	9.70	5.97	509.66
	平均				8.42	9.01	0.57	18.25	135.86	0.10	0.81	1.24	9.21	5.91	474.55
	流动风沙土	流动沙丘风沙土	流动沙丘风沙土	16	8.13	12.63	0.68	35.17	191.43	0.12	1.78	0.53	8.25	5.27	501.14

（续）

树林召镇不同土壤类型耕地养分含量

土类	亚类	土属	土种	序号	pH	有机质(g/kg)	全氮(g/kg)	有效磷(mg/kg)	速效钾(mg/kg)	有效硼(mg/kg)	有效锌(mg/kg)	有效铜(mg/kg)	有效铁(mg/kg)	有效锰(mg/kg)	缓效钾(mg/kg)
平均					8.39	11.40	0.65	23.59	149.35	0.13	1.12	0.96	9.25	5.30	479.57
潮土	灌淤草甸土	冲积平原灌淤草甸土	沙土	17	8.39	9.96	0.64	26.49	140.30	0.11	0.88	1.25	9.35	5.79	534.53
			沫土	18	8.50	13.13	0.68	29.62	130.24	0.11	0.68	1.93	11.34	6.65	522.12
			两黄土	19	8.49	11.72	0.66	24.31	140.08	0.11	0.67	1.31	12.42	5.11	654.79
			硬两黄土	20	8.51	14.54	0.83	23.06	169.40	0.15	0.65	2.18	15.90	5.05	770.95
			红泥	21	8.65	15.66	0.85	24.63	192.19	0.18	0.67	1.93	21.15	6.69	719.41
		平均			8.51	13.00	0.73	25.62	154.44	0.13	0.71	1.72	14.03	5.86	640.36
		沙化灌淤草甸土	极严重沙化灌淤草甸土	22	8.58	12.13	0.58	19.24	164.75	0.10	0.34	2.07	9.08	1.74	642.75
	平均				8.52	12.86	0.71	24.56	156.16	0.13	0.65	1.78	13.21	5.17	640.76
	盐化草甸土	冲积平原黑盐化土	黑盐化土	23	8.72	14.92	0.79	23.89	186.92	0.11	0.50	3.05	15.72	4.10	752.06
		冲积平原蓬松盐化土	蓬松盐化土	24	8.42	14.36	0.85	22.43	170.93	0.17	0.77	1.83	14.47	6.09	820.00
		冲积平原马尿盐化土	马尿盐化土	25	8.11	13.82	1.06	29.31	116.86	0.11	1.27	1.13	10.78	6.01	544.86
	平均				8.42	14.37	0.90	25.21	158.24	0.13	0.85	2.00	13.66	5.40	705.64
	灰色草甸土	丘间洼地灰淤土	灰淤沙土	26	8.27	9.53	0.62	24.10	122.00	0.11	0.98	0.75	9.02	5.35	477.67
平均					8.46	12.98	0.76	24.71	153.37	0.13	0.74	1.74	12.92	5.26	643.91
盐土	草甸盐土	黑盐土	黑盐土	27	8.66	12.90	0.66	22.65	190.12	0.12	0.86	2.19	11.17	5.59	626.22
		蓬松盐土	蓬松盐土	28	8.52	13.86	0.89	23.03	180.98	0.16	0.71	2.34	14.68	5.74	778.16
	平均				8.59	13.38	0.78	22.84	185.55	0.14	0.79	2.27	12.93	5.67	702.19
	苏打盐土	马尿盐土	马尿盐土	29	8.10	6.60	0.56	11.70	93.00	0.12	0.48	4.15	14.16	6.91	425.00
平均					8.43	11.12	0.70	19.13	154.70	0.13	0.68	2.89	13.34	6.08	609.79

（续）

展旦召苏木不同土壤类型耕地养分含量

土类	亚类	土属	土种	序号	pH	有机质(g/kg)	全氮(g/kg)	有效磷(mg/kg)	速效钾(mg/kg)	有效硼(mg/kg)	有效锌(mg/kg)	有效铜(mg/kg)	有效铁(mg/kg)	有效锰(mg/kg)	缓效钾(mg/kg)
栗钙土	栗钙土	侵蚀黄沙土	轻度侵蚀黄沙土	1	8.18	12.35	0.61	17.14	176.91	0.29	0.46	0.61	8.99	10.32	492.79
			中度侵蚀黄沙土	2	7.86	8.84	0.48	6.16	164.62	0.38	0.47	0.60	8.97	10.73	457.69
			轻度侵蚀栗黄土	3	8.05	12.14	0.62	15.83	168.57	0.32	0.44	0.60	8.99	10.07	490.48
			强度侵蚀披沙石土	4	8.14	11.30	0.58	13.34	158.53	0.31	0.45	0.63	9.00	10.10	449.79
		平均			8.06	11.16	0.57	13.12	167.16	0.33	0.46	0.61	8.99	10.31	472.69
		沙化栗钙土	严重沙化栗钙土	5	8.25	12.79	0.58	12.11	182.39	0.29	0.43	0.67	8.99	9.84	442.45
	平均				8.10	11.48	0.57	12.92	170.20	0.32	0.45	0.62	8.99	10.21	466.64
	粗骨性栗钙土	粗骨性栗钙土	粗骨性栗钙土	6	8.08	12.01	0.59	16.46	170.12	0.31	0.47	0.60	8.95	10.80	505.95
	草甸栗钙土	洪淤土	壤质洪淤土	7	8.16	12.25	0.63	19.47	171.57	0.28	0.45	0.60	9.00	10.27	511.43
			沙质洪淤土	8	8.30	4.25	0.31	7.35	154.13	0.49	0.39	0.66	8.64	9.90	443.88
		平均			8.23	8.25	0.47	13.41	162.85	0.39	0.42	0.63	8.82	10.09	477.66
平均					8.13	10.74	0.55	13.48	168.36	0.33	0.45	0.62	8.94	10.25	474.31
风沙土	固定沙丘风沙土	固定沙丘风沙土	固定沙丘风沙土	9	8.47	11.47	0.51	14.63	176.59	0.41	0.54	1.14	12.56	8.84	582.15
		冲积固定沙丘风沙土	冲积固定沙丘风沙土	10	8.53	9.36	0.52	13.37	140.58	0.38	0.46	1.49	10.52	8.14	584.93
	平均				8.50	10.42	0.52	14.00	158.59	0.40	0.50	1.32	11.54	8.49	583.54
	半固定沙丘土	半固定沙丘风沙土	半固定沙丘风沙土	11	8.27	9.23	0.49	15.13	145.20	0.36	0.51	1.33	11.10	8.15	497.83
		冲积半固定沙丘风沙土	冲积半固定沙丘风沙土	12	8.59	8.11	0.49	12.28	143.91	0.34	0.55	1.34	10.07	6.59	547.84
	平均				8.43	8.67	0.49	13.71	144.56	0.35	0.53	1.34	10.59	7.37	522.84
	流动风沙土	流动沙丘风沙土	流动沙丘风沙土	13	8.47	13.45	0.69	20.89	214.00	0.35	0.57	1.69	13.00	7.51	654.18
		冲积流动沙丘风沙土	冲积流动沙丘风沙土	14	8.50	10.74	0.54	12.33	172.67	0.32	0.69	2.62	14.15	8.38	605.04
	平均				8.49	12.10	0.62	16.61	193.34	0.34	0.63	2.16	13.58	7.95	629.61
平均					8.47	10.39	0.54	14.77	165.49	0.36	0.55	1.60	11.90	7.94	578.66

（续）

展旦召苏木不同土壤类型耕地养分含量

土类	亚类	土属	土种	序号	pH	有机质(g/kg)	全氮(g/kg)	有效磷(mg/kg)	速效钾(mg/kg)	有效硼(mg/kg)	有效锌(mg/kg)	有效铜(mg/kg)	有效铁(mg/kg)	有效锰(mg/kg)	缓效钾(mg/kg)
潮土	灌淤草甸土	冲积平原灌淤草甸土	沙土	15	8.59	10.69	0.54	16.75	150.93	0.37	0.56	1.74	11.54	7.74	596.74
			沙盖垆	16	8.53	16.74	0.66	29.66	227.40	0.38	0.24	1.08	8.93	3.97	699.70
			沫土	17	8.53	11.04	0.68	17.31	136.04	0.31	0.56	1.10	10.67	6.28	707.21
			两黄土	18	8.61	11.93	0.70	15.39	160.52	0.30	0.55	1.50	11.45	7.17	686.09
			硬两黄土	19	8.54	12.38	0.70	16.40	165.08	0.33	0.54	1.14	11.26	6.80	737.52
			红泥	20	8.50	15.37	0.83	17.37	208.65	0.35	0.66	2.39	13.43	7.12	677.19
		平均			8.55	13.03	0.69	18.81	174.77	0.34	0.52	1.49	11.21	6.51	684.08
	盐化草甸土	冲积平原黑盐化土	黑盐化土	21	8.66	11.75	0.61	15.96	147.22	0.33	0.49	1.91	11.52	6.55	643.26
		冲积平原蓬松盐化土	蓬松盐化土	22	8.63	12.80	0.68	16.23	163.69	0.33	0.61	1.43	11.47	4.69	742.30
		冲积平原马尿盐化土	马尿盐化土	23	8.43	10.92	0.53	18.47	181.71	0.33	0.48	0.87	9.96	9.15	577.92
		丘间洼地黑盐化土	丘间洼地重度黑盐化土	24	8.39	7.13	0.39	14.07	119.53	0.37	0.39	1.69	9.59	5.81	535.76
	平均				8.53	10.65	0.55	16.18	153.04	0.34	0.49	1.48	10.64	6.55	624.81
平均					8.54	12.08	0.63	17.76	166.08	0.34	0.51	1.49	10.98	6.53	660.37
盐土	草甸盐土	黑盐土	黑盐土	25	8.56	9.94	0.57	12.80	125.29	0.39	0.39	1.09	10.06	4.87	583.25
		蓬松盐土	蓬松盐土	26	8.61	10.96	0.61	25.99	177.79	0.34	0.66	1.67	11.78	6.61	654.71
	平均				8.59	10.45	0.59	19.40	151.54	0.37	0.53	1.38	10.92	5.74	618.98
	苏打盐土	马尿盐土	马尿盐土	27	8.48	13.40	0.60	12.42	206.33	0.28	0.62	0.98	10.72	9.64	742.33
平均					8.55	11.43	0.59	17.07	169.80	0.34	0.56	1.25	10.85	7.04	660.10
沼泽土	泥炭沼泽土	埋藏泥炭沼泽土	埋藏泥炭沼泽土	28	8.35	13.85	0.61	16.50	184.50	0.35	0.25	0.78	9.51	4.65	661.00
平均					8.35	13.85	0.61	16.50	184.50	0.35	0.25	0.78	9.51	4.65	661.00

（续）

昭君镇不同土壤类型耕地养分含量

土类	亚类	土属	土种	序号	pH	有机质 (g/kg)	全氮 (g/kg)	有效磷 (mg/kg)	速效钾 (mg/kg)	有效硼 (mg/kg)	有效锌 (mg/kg)	有效铜 (mg/kg)	有效铁 (mg/kg)	有效锰 (mg/kg)	缓效钾 (mg/kg)
栗钙土	栗钙土	侵蚀黄沙土	轻度侵蚀黄沙土	1	8.40	10.11	0.63	25.07	177.26	0.42	0.52	0.66	8.99	11.29	564.77
			中度侵蚀黄沙土	2	8.51	8.19	0.60	21.76	145.25	0.50	0.48	0.40	8.57	10.27	480.92
			轻度侵蚀栗黄土	3	8.47	9.96	0.65	27.75	171.77	0.40	0.52	1.56	9.39	10.92	558.84
			强度侵蚀披沙石土	4	8.42	10.49	0.66	27.34	183.18	0.41	0.52	0.50	9.00	11.13	555.99
		平均			8.45	9.69	0.64	25.48	169.37	0.43	0.51	0.78	8.99	10.90	540.13
		侵蚀栗淤土	轻度侵蚀栗淤土	5	8.41	10.05	0.65	29.62	179.45	0.47	0.63	0.58	9.86	12.56	560.36
			中度侵蚀栗沙土	6	8.40	3.10	0.32	8.10	198.00	0.55	0.44	0.64	8.80	11.11	512.00
		沙化栗钙土	严重沙化栗钙土	7	8.45	9.14	0.62	24.81	161.59	0.47	0.50	0.45	8.91	10.71	516.26
		侵蚀结土	强度侵蚀结土	8	8.68	8.72	0.55	12.95	158.48	0.42	0.64	1.88	12.41	11.03	751.91
	平均				8.47	8.72	0.59	22.18	171.87	0.46	0.53	0.83	9.49	11.13	562.63
	粗骨性栗钙土	粗骨性栗钙土	粗骨性栗钙土	9	8.30	13.92	0.74	30.67	223.67	0.27	0.51	0.58	9.00	11.25	628.33
	草甸栗钙土	洪淤土	壤质洪淤土	10	8.59	8.78	0.57	20.41	152.20	0.36	0.55	1.54	11.14	10.46	541.41
			黏质洪淤土	11	8.40	7.50	0.56	24.40	143.00	0.67	0.64	0.59	9.86	12.99	506.67
		平均			8.50	8.14	0.57	22.41	147.60	0.51	0.60	1.07	10.50	11.73	524.04
平均					8.46	9.09	0.60	22.99	172.17	0.45	0.54	0.85	9.63	11.25	561.59
风沙土	固定沙丘风沙土	固定沙丘风沙土	固定沙丘风沙土	12	8.71	8.04	0.50	17.55	147.63	0.40	0.53	1.83	11.52	9.53	561.62
		冲积固定沙丘风沙土	冲积固定沙丘风沙土	13	8.68	8.34	0.47	10.33	135.84	0.45	0.53	2.35	11.44	9.04	548.01
	平均				8.70	8.19	0.49	13.94	141.74	0.43	0.53	2.09	11.48	9.29	554.82
	半固定沙丘土	半固定沙丘风沙土	半固定沙丘风沙土	14	8.45	10.21	0.67	31.21	190.07	0.44	0.56	0.58	9.39	11.88	583.59
	流动风沙土	流动沙丘风沙土	流动沙丘风沙土	15	8.70	7.21	0.42	12.66	154.60	0.35	0.53	1.15	11.14	10.09	587.75
		冲积流动沙丘风沙土	冲积流动沙丘风沙土	16	8.88	6.26	0.44	8.42	177.80	0.30	0.51	1.26	11.72	8.53	544.40
	平均				8.79	6.74	0.43	10.54	166.20	0.33	0.52	1.21	11.43	9.31	566.08

（续）

昭君镇不同土壤类型耕地养分含量

土类	亚类	土属	土种	序号	pH	有机质(g/kg)	全氮(g/kg)	有效磷(mg/kg)	速效钾(mg/kg)	有效硼(mg/kg)	有效锌(mg/kg)	有效铜(mg/kg)	有效铁(mg/kg)	有效锰(mg/kg)	缓效钾(mg/kg)
平均					8.68	8.01	0.50	16.03	161.19	0.39	0.53	1.43	11.04	9.81	565.07
潮土	灌淤草甸土	冲积平原灌淤草甸土	沙土	17	8.75	7.80	0.40	8.55	124.50	0.50	0.57	1.95	11.27	9.87	460.00
			两黄土	18	8.50	9.00	0.46	8.10	127.00	0.60	0.70	1.52	10.86	12.40	470.00
			硬两黄土	19	8.41	12.89	0.86	11.92	148.95	0.40	0.77	5.24	12.92	12.15	842.56
			红泥	20	8.47	15.87	1.15	14.14	188.66	0.61	0.90	1.95	14.64	12.74	955.38
		平均			8.53	11.39	0.72	10.68	147.28	0.53	0.74	2.67	12.42	11.79	681.99
	盐化草甸土	冲积平原黑盐化土	黑盐化土	21	8.44	13.02	0.83	9.31	165.77	0.48	0.74	4.08	12.70	10.95	843.43
		冲积平原蓬松盐化土	蓬松盐化土	22	8.59	11.54	0.74	8.45	132.92	0.40	0.76	5.08	12.80	12.48	795.78
		冲积平原马尿盐化土	马尿盐化土	23	8.46	10.01	0.65	20.43	160.03	0.40	0.62	1.87	10.37	11.78	618.80
	平均				8.50	11.52	0.74	12.73	152.91	0.43	0.71	3.68	11.96	11.74	752.67
	灰色草甸土	丘间洼地灰淤土	灰淤土	24	8.66	8.35	0.52	8.07	163.88	0.31	0.45	2.68	12.20	7.41	540.29
			沙底灰淤土	25	8.58	7.38	0.41	14.26	170.60	0.61	0.66	0.61	9.71	12.19	643.80
			灰淤沙土	26	8.47	7.78	0.43	16.11	155.75	0.39	0.57	1.80	9.50	10.83	616.19
		平均			8.57	7.84	0.45	12.81	163.41	0.44	0.56	1.70	10.47	10.14	600.09
平均					8.53	10.36	0.65	11.93	153.81	0.47	0.67	2.68	11.70	11.28	678.62
盐土	草甸盐土	黑盐土	黑盐土	27	8.77	8.47	0.53	10.58	144.59	0.42	0.50	3.12	11.86	8.23	619.22
平均					8.77	8.47	0.53	10.58	144.59	0.42	0.50	3.12	11.86	8.23	619.22
沼泽土	泥炭沼泽	埋藏泥炭沼泽土	埋藏泥炭沼泽土	28	9.30	7.80	0.49	9.19	128.00	0.41	0.44	2.56	11.97	7.18	640.14
平均					9.30	7.80	0.49	9.19	128.00	0.41	0.44	2.56	11.97	7.18	640.14

（续）

恩格贝镇不同土壤类型耕地养分含量

土类	亚类	土属	土种	序号	pH	有机质(g/kg)	全氮(g/kg)	有效磷(mg/kg)	速效钾(mg/kg)	有效硼(mg/kg)	有效锌(mg/kg)	有效铜(mg/kg)	有效铁(mg/kg)	有效锰(mg/kg)	缓效钾(mg/kg)
栗钙土	栗钙土	侵蚀黄沙土	轻度侵蚀黄沙土	1	8.67	6.50	0.54	10.66	94.04	0.44	0.41	0.26	7.95	8.60	404.04
			中度侵蚀黄沙土	2	8.50	9.08	0.64	25.50	159.44	0.46	0.48	0.50	8.28	10.27	498.89
			轻度侵蚀栗黄土	3	8.58	6.99	0.56	15.96	128.28	0.44	0.45	0.41	8.18	9.69	452.87
			强度侵蚀披沙石土	4	8.56	7.61	0.58	17.93	135.65	0.45	0.46	0.37	8.24	9.67	464.77
		平均			8.58	7.55	0.58	17.51	129.35	0.45	0.45	0.39	8.16	9.56	455.14
		侵蚀栗淤土	轻度侵蚀栗淤土	5	8.63	6.27	0.54	11.99	106.35	0.44	0.43	0.31	8.00	8.96	417.75
		沙化栗钙土	严重沙化栗钙土	6	8.60	8.83	0.57	18.13	134.77	0.42	0.51	0.92	8.62	10.06	576.49
		侵蚀结土	强度侵蚀结土	7	8.71	8.16	0.51	13.31	169.27	0.51	0.58	1.23	8.82	10.42	644.61
	平均				8.61	7.63	0.56	16.21	132.54	0.45	0.47	0.57	8.30	9.67	494.20
	淡栗钙土	侵蚀淡黄沙土	轻度侵蚀淡黄沙土	8	8.52	6.99	0.58	13.83	120.27	0.39	0.43	0.34	7.71	8.94	454.82
			轻度侵蚀淡栗黄土	9	8.51	7.05	0.58	14.67	122.60	0.39	0.46	0.37	7.73	9.35	457.07
			中度侵蚀淡栗黄土	10	8.51	6.83	0.58	11.61	109.88	0.38	0.44	0.33	7.71	8.99	440.88
			强度侵蚀淡披沙石土	11	8.50	7.59	0.60	14.13	124.78	0.38	0.46	0.35	7.56	9.00	467.01
		平均			8.51	7.12	0.59	13.56	119.38	0.38	0.45	0.35	7.68	9.07	454.95
		侵蚀淡栗淤土	轻度侵蚀淡栗淤土	12	8.51	6.72	0.57	13.88	128.35	0.40	0.46	0.37	7.73	9.42	461.85
		沙化淡栗钙土	严重沙化淡栗钙土	13	8.52	7.25	0.58	14.67	119.77	0.40	0.45	0.36	7.73	9.19	451.37
	平均				8.51	7.07	0.58	13.80	120.94	0.39	0.45	0.35	7.70	9.15	455.50
	粗骨性栗钙土	粗骨性栗钙土	粗骨性栗钙土	14	8.56	6.65	0.56	13.17	111.53	0.41	0.44	0.35	7.89	9.15	432.76
	平均				8.56	6.65	0.56	13.17	111.53	0.41	0.44	0.35	7.89	9.15	432.76
	草甸栗钙土	洪淤土	沙质洪淤土	15	8.50	8.93	0.64	24.77	156.00	0.46	0.47	0.46	8.73	10.20	493.33
平均					8.56	7.43	0.58	15.61	128.07	0.42	0.46	0.46	8.06	9.46	474.57
风沙土	固定沙丘风沙土	固定沙丘风沙土	固定沙丘风沙土	16	8.49	8.89	0.63	19.88	133.25	0.38	0.42	0.41	7.96	8.96	480.19
		冲积固定沙丘风沙土	冲积固定沙丘风沙土	17	8.83	7.02	0.33	10.56	120.51	0.37	0.66	1.07	9.89	9.98	520.86

（续）

恩格贝镇不同土壤类型耕地养分含量

土类	亚类	土属	土种	序号	pH	有机质(g/kg)	全氮(g/kg)	有效磷(mg/kg)	速效钾(mg/kg)	有效硼(mg/kg)	有效锌(mg/kg)	有效铜(mg/kg)	有效铁(mg/kg)	有效锰(mg/kg)	缓效钾(mg/kg)
风沙土	平均				8.66	7.96	0.48	15.22	126.88	0.37	0.54	0.74	8.93	9.47	500.53
	半固定沙丘土	半固定沙丘风沙土	半固定沙丘风沙土	18	8.50	8.47	0.63	19.00	127.19	0.36	0.43	0.41	7.95	8.77	479.20
		冲积半固定沙丘风沙土	冲积半固定沙丘风沙土	19	8.60	2.60	0.35	2.20	107.00	0.40	0.63	1.72	16.42	8.97	404.00
	平均				8.55	5.54	0.49	10.60	117.10	0.38	0.53	1.07	12.19	8.87	441.60
	流动风沙土	流动沙丘风沙土	流动沙丘风沙土	20	8.58	11.76	0.70	18.29	148.61	0.30	0.60	1.31	10.30	11.49	751.35
平均					8.60	7.75	0.53	13.99	127.31	0.36	0.55	0.98	10.50	9.63	527.12
潮土	灌淤草甸土	冲积平原灌淤草甸土	沙土	21	8.80	7.63	0.42	6.84	131.46	0.46	0.66	1.02	10.23	9.92	543.07
			沫土	22	8.73	9.85	0.45	8.44	177.49	0.62	0.71	1.60	10.24	11.00	735.59
			两黄土	23	8.77	7.16	0.41	7.09	146.68	0.48	0.63	1.06	8.94	10.36	558.29
			硬两黄土	24	8.77	10.49	0.60	6.27	174.30	0.58	0.77	1.62	11.49	11.22	671.05
			红泥	25	8.70	11.25	0.44	7.09	130.95	0.50	0.70	1.72	12.89	10.80	689.18
		平均			8.75	9.28	0.46	7.15	152.18	0.53	0.69	1.40	10.76	10.66	639.44
	平均				8.75	9.28	0.46	7.15	152.18	0.53	0.69	1.40	10.76	10.66	639.44
	盐化草甸土	冲积平原黑盐化土	黑盐化土	26	8.83	9.46	0.49	5.61	154.46	0.62	0.66	1.52	11.79	10.64	708.38
		冲积平原马尿盐化土	马尿盐化土	27	8.69	8.03	0.53	10.53	153.80	0.48	0.59	0.97	9.26	9.86	587.58
	平均				8.76	8.75	0.51	8.07	154.13	0.55	0.63	1.25	10.53	10.25	647.98
	灰色草甸土	丘间洼地灰淤土	灰淤土	28	8.54	8.02	0.58	18.88	150.60	0.43	0.46	0.50	8.13	10.06	482.00
			沙底灰淤土	29	8.50	8.10	0.58	19.20	153.00	0.43	0.47	0.39	7.78	9.63	485.00
		平均			8.52	8.06	0.58	19.04	151.80	0.43	0.47	0.45	7.96	9.85	483.50
	平均				8.52	8.06	0.58	19.04	151.80	0.43	0.47	0.45	7.96	9.85	483.50
平均					8.70	8.89	0.50	9.99	152.53	0.51	0.63	1.16	10.08	10.39	606.68
沼泽土	泥炭沼泽土	埋藏泥炭沼泽土	埋藏泥炭沼泽土	30	8.50	12.42	0.72	22.99	116.12	0.31	0.59	1.45	10.03	11.70	814.76
平均					8.50	12.42	0.72	22.99	116.12	0.31	0.59	1.45	10.03	11.70	814.76

（续）

中和西镇不同土壤类型耕地养分含量

土类	亚类	土属	土种	序号	pH	有机质 (g/kg)	全氮 (g/kg)	有效磷 (mg/kg)	速效钾 (mg/kg)	有效硼 (mg/kg)	有效锌 (mg/kg)	有效铜 (mg/kg)	有效铁 (mg/kg)	有效锰 (mg/kg)	缓效钾 (mg/kg)
栗钙土	栗钙土	侵蚀黄沙土	轻度侵蚀黄沙土	1	8.79	6.49	0.27	7.31	86.43	0.41	0.68	1.22	12.24	8.60	443.57
		平均			8.79	6.49	0.27	7.31	86.43	0.41	0.68	1.22	12.24	8.60	443.57
		沙化栗钙土	严重沙化栗钙土	2	8.56	16.58	0.86	10.01	156.33	0.28	0.42	2.17	21.36	7.93	659.53
	平均				8.68	11.54	0.57	8.66	121.38	0.35	0.55	1.70	16.80	8.27	551.55
	淡栗钙土	侵蚀淡黄沙土	轻度侵蚀淡黄沙土	3	8.50	8.70	0.46	10.50	142.33	0.39	0.25	2.03	19.70	7.07	529.00
			强度侵蚀淡披沙石土	4	8.53	8.14	0.57	12.34	126.39	0.34	0.46	0.73	10.52	8.15	488.00
		平均			8.52	8.42	0.52	11.42	134.36	0.37	0.36	1.38	15.11	7.61	508.50
		侵蚀淡栗淤土	轻度侵蚀淡栗淤土	5	8.50	7.20	0.60	12.40	123.50	0.36	0.60	0.39	7.23	9.22	468.50
		沙化淡栗钙土	严重沙化淡栗钙土	6	8.49	8.71	0.54	12.84	139.27	0.38	0.44	1.01	13.31	7.47	515.50
	平均				8.51	8.19	0.54	12.02	132.87	0.37	0.44	1.04	12.69	7.98	500.25
	粗骨性栗钙土	粗骨性栗钙土	粗骨性栗钙土	7	8.51	7.96	0.60	13.77	123.16	0.36	0.52	0.60	9.52	8.54	480.18
	平均				8.51	7.96	0.60	13.77	123.16	0.36	0.52	0.60	9.52	8.54	480.18
平均					8.55	9.11	0.56	11.31	128.20	0.36	0.48	1.16	13.41	8.14	512.04
风沙土	固定沙丘风沙土	固定沙丘风沙土	固定沙丘风沙土	8	8.48	11.77	0.65	11.43	131.21	0.35	0.44	1.59	14.08	7.07	518.86
	平均				8.48	11.77	0.65	11.43	131.21	0.35	0.44	1.59	14.08	7.07	518.86
	半固定沙丘土	半固定沙丘风沙土	半固定沙丘风沙土	9	8.49	11.79	0.65	11.94	142.55	0.32	0.54	1.49	12.30	7.55	535.43
		冲积半固定沙丘风沙土	冲积半固定沙丘风沙土	10	8.70	9.59	0.48	7.88	143.23	0.29	0.63	2.10	20.73	8.76	556.60
	平均				8.60	10.69	0.57	9.91	142.89	0.31	0.59	1.80	16.52	8.16	546.02
	流动风沙土	流动沙丘风沙土	流动沙丘风沙土	11	8.48	10.37	0.57	12.05	147.09	0.36	0.52	1.17	12.54	7.60	536.34
平均					8.54	10.88	0.59	10.83	141.02	0.33	0.53	1.59	14.91	7.75	536.81

（续）

中和西镇不同土壤类型耕地养分含量

土类	亚类	土属	土种	序号	pH	有机质 (g/kg)	全氮 (g/kg)	有效磷 (mg/kg)	速效钾 (mg/kg)	有效硼 (mg/kg)	有效锌 (mg/kg)	有效铜 (mg/kg)	有效铁 (mg/kg)	有效锰 (mg/kg)	缓效钾 (mg/kg)
潮土	灌淤草甸土	冲积平原灌淤草甸土	沙土	12	8.54	3.76	0.33	3.00	119.38	0.50	0.48	1.49	14.68	10.54	424.67
			沙盖垆	13	8.60	3.47	0.19	2.97	68.33	0.49	0.69	1.02	10.86	7.52	419.33
			沫土	14	8.42	16.09	1.01	15.35	228.13	0.37	0.44	1.78	16.62	9.37	820.83
			两黄土	15	8.46	11.94	0.75	10.88	205.25	0.48	0.27	2.54	21.05	6.62	795.00
			硬两黄土	16	8.25	13.09	0.69	6.81	174.61	0.21	0.64	1.83	18.65	9.92	816.34
			红泥	17	8.35	16.49	0.89	8.13	191.51	0.42	0.61	1.67	16.32	10.36	728.15
		平均			8.44	10.81	0.64	7.86	164.54	0.41	0.52	1.72	16.36	9.06	667.39
	平均				8.44	10.81	0.64	7.86	164.54	0.41	0.52	1.72	16.36	9.06	667.39
	盐化草甸土	冲积平原黑盐化土	黑盐化土	18	8.44	14.65	0.85	20.16	204.83	0.38	0.45	2.00	17.97	9.92	762.94
		冲积平原马尿盐化土	马尿盐化土	19	8.43	10.89	0.62	12.39	151.19	0.34	0.60	0.87	10.57	8.78	594.75
	平均				8.44	12.77	0.74	16.28	178.01	0.36	0.53	1.44	14.27	9.35	678.85
	灰色草甸土	丘间洼地灰淤土	灰淤沙土	20	8.44	23.62	1.26	11.05	205.29	0.18	0.35	2.40	20.01	6.54	673.71
		沙化灰淤土	严重沙化灰淤土	21	8.88	10.80	0.51	14.59	169.20	0.36	0.59	2.46	23.10	9.44	588.00
	平均				8.66	17.21	0.89	12.82	187.25	0.27	0.47	2.43	21.56	7.99	630.86
平均					8.48	12.48	0.71	10.53	171.77	0.37	0.51	1.81	16.98	8.90	662.37
盐土	草甸盐土	黑盐土	黑盐土	22	8.44	14.85	0.79	11.02	200.32	0.36	0.53	2.17	20.21	9.29	757.95
平均					8.44	14.85	0.79	11.02	200.32	0.36	0.53	2.17	20.21	9.29	757.95
沼泽土	泥炭沼泽土	埋藏泥炭沼泽土	埋藏泥炭沼泽土	23	8.37	19.63	1.17	12.34	143.56	0.30	0.38	3.40	19.51	6.58	633.13
平均					8.37	19.63	1.17	12.34	143.56	0.30	0.38	3.40	19.51	6.58	633.13

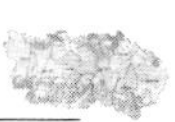

附表 4　达拉特旗耕地土壤养分分级面积统计表

有机质	含量(g/kg)	≥30	20～30	15～20	10～15	5～10	<5
	面积(hm^2)	111.15	1 746.81	18 125.20	59 043.03	64 952.20	6 098.75
	占耕地总面积(%)	0.07	1.16	12.08	39.34	43.28	4.06
全氮	含量(g/kg)	≥1.0	0.8～1.0	0.6～0.8	0.4～0.6	0.2～0.4	<0.2
	面积(hm^2)	8 452.21	18 576.25	44 702.45	58 456.10	18 740.68	1 149.45
	占耕地总面积(%)	5.63	12.38	29.79	38.95	12.49	0.77
有效磷	含量(mg/kg)	≥40	30～40	20～30	10～20	5～10	<5
	面积(hm^2)	2 479.32	9 348.22	27 302.19	66 055.67	36 263.64	8 628.10
	占耕地总面积(%)	1.65	6.23	18.19	44.01	24.16	5.75
速效钾	含量(mg/kg)	≥200	150～200	100～150	50～100	30～50	<30
	面积(hm^2)	20 595.54	50 489.28	61 845.72	17 042.76	102.30	1.54
	占耕地总面积(%)	13.72	33.64	41.21	11.36	0.07	0.00
有效硼	含量(mg/kg)	≥2.0	1.0～2.0	0.5～1.0	0.25～0.5	<0.25	—
	面积(hm^2)	—	1 892.76	24 080.32	103 081.81	21 022.25	—
	占耕地总面积(%)	—	1.26	16.05	68.69	14.01	—
有效铜	含量(mg/kg)	≥1.8	1.0～1.8	0.5～1.0	0.2～0.5	<0.2	—
	面积(hm^2)	40 331.56	28 682.48	58 147.32	22 191.21	724.57	—
	占耕地总面积(%)	26.87	19.11	38.74	14.79	0.48	—
有效铁	含量(mg/kg)	≥15	10.0～15.0	5～10.0	2.5～5.0	<2.5	—
	面积(hm^2)	24 553.76	55 826.30	67 391.59	2 120.56	184.93	—
	占耕地总面积(%)	16.36	37.20	44.90	1.41	0.12	—
有效锌	含量(mg/kg)	≥3.0	1.0～3.0	0.5～1.0	0.3～0.5	<0.3	—
	面积(hm^2)	626.48	22 980.51	79 769.51	43 140.59	3 560.05	—
	占耕地总面积(%)	0.42	15.31	53.15	28.75	2.37	—
有效锰	含量(mg/kg)	≥20	10～20	7～10	5～7	1～5	<1
	面积(hm^2)	27 901.76	59 266.94	37 021.88	25 249.29	637.27	—
	占耕地总面积(%)	18.59	39.49	24.67	16.82	0.42	—

附表 5　达拉特旗各镇(苏木)耕地土壤养分分级面积统计表

中和西镇耕地土壤养分分级面积							
有机质	含量(g/kg)	≥30	20～30	15～20	10～15	5～10	<5
	面积(hm^2)	106.28	284.56	2 098.99	2 850.09	3 505.52	512.94
	占耕地面积(%)	1.14	3.04	22.43	30.45	37.46	5.48
全氮	含量(g/kg)	≥1.0	0.8～1.0	0.6～0.8	0.4～0.6	0.2～0.4	<0.2
	面积(hm^2)	1 077.51	1 889.93	2 670.20	2 866.41	631.76	222.57
	占耕地面积(%)	11.51	20.20	28.53	30.63	6.75	2.38
有效磷	含量(g/kg)	≥40	30～40	20～30	10～20	5～10	<5
	面积(hm^2)	177.59	71.43	493.65	4 964.52	2 379.70	1 271.49
	占耕地面积(%)	1.90	0.76	5.27	53.05	25.43	13.59
速效钾	含量(g/kg)	≥200	150～200	100～150	50～100	30～50	<30
	面积(hm^2)	2 627.33	4 034.72	2 254.26	42.07	—	—
	占耕地面积(%)	66.37	101.93	56.95	1.06	—	—
有效硼	含量(g/kg)	≥2.0	1.0～2.0	0.5～1.0	0.25～0.5	<0.25	—
	面积(hm^2)	—	15.62	915.25	6 841.92	1 585.59	—
	占耕地面积(%)	—	0.17	9.78	73.11	16.94	—
有效铜	含量(g/kg)	≥1.8	1.0～1.8	0.5～1.0	0.2～0.5	<0.2	—
	面积(hm^2)	3 945.32	2 310.66	1 214.03	1 888.37	—	—
	占耕地面积(%)	42.16	24.69	12.97	20.18	—	—
有效铁	含量(g/kg)	≥15.0	10.0～15.0	5～10.0	2.5～5.0	<2.5	—
	面积(hm^2)	5 143.68	1 434.67	2 780.03	—	—	—
	占耕地面积(%)	54.96	15.33	29.71	—	—	—
有效锌	含量(g/kg)	≥3.0	1.0～3.0	0.5～1.0	0.3～0.5	<0.3	—
	面积(hm^2)	—	0.58	6 407.23	2 299.80	650.77	—
	占耕地面积(%)	—	0.01	68.47	24.57	6.95	—
有效锰	含量(g/kg)	≥20	10～20	7～10	5～7	1～5	<1
	面积(hm^2)	—	2 225.87	6 375.51	734.43	22.57	—
	占耕地面积(%)	—	23.78	68.13	7.85	0.24	—

（续）

恩格贝镇耕地土壤养分分级面积							
有机质	含量(g/kg)	≥30	20～30	15～20	10～15	5～10	<5
	面积(hm²)	—	—	192.40	4 021.09	8 878.13	464.71
	占耕地面积(%)	—	—	1.42	29.66	65.49	3.43
全氮	含量(g/kg)	≥1.0	0.8～1.0	0.6～0.8	0.4～0.6	0.2～0.4	<0.2
	面积(hm²)	20.10	320.68	5 297.65	5 546.92	2 281.16	89.82
	占耕地面积(%)	0.15	2.37	39.08	40.92	16.83	0.66
有效磷	含量(g/kg)	≥40	30～40	20～30	10～20	5～10	<5
	面积(hm²)	10.87	225.23	2 575.08	4 718.39	4 739.89	1 286.87
	占耕地面积(%)	0.08	1.66	19.00	34.81	34.96	9.49
速效钾	含量(g/kg)	≥200	150～200	100～150	50～100	30～50	<30
	面积(hm²)	905.99	4 054.45	6 359.25	2 225.99	10.65	—
	占耕地面积(%)	6.68	29.91	46.91	16.42	0.08	—
有效硼	含量(g/kg)	≥2.0	1.0～2.0	0.5～1.0	0.25～0.5	<0.25	—
	面积(hm²)	—	14.19	3 192.41	10 049.14	300.59	—
	占耕地面积(%)	—	0.10	23.55	74.13	2.22	—
有效铜	含量(g/kg)	≥1.8	1.0～1.8	0.5～1.0	0.2～0.5	<0.2	—
	面积(hm²)	987.58	4 458.44	2 883.81	4 667.45	559.05	—
	占耕地面积(%)	7.29	32.89	21.27	34.43	4.12	—
有效铁	含量(g/kg)	≥15.0	10.0～15.0	5.0～10.0	2.5～5.0	<2.5	—
	面积(hm²)	466.82	4 016.06	9 028.66	44.79	—	—
	占耕地面积(%)	3.44	29.62	66.60	0.33	—	—
有效锌	含量(g/kg)	≥3.0	1.0～3.0	0.5～1.0	0.3～0.5	<0.3	—
	面积(hm²)	—	15.00	7 108.40	6 432.93	—	—
	占耕地面积(%)	—	0.11	52.44	47.45	—	—
有效锰	含量(g/kg)	≥20	10～20	7～10	5～7	1～5	<1
	面积(hm²)	—	5 222.33	8 230.25	103.75	—	—
	占耕地面积(%)	—	38.52	60.71	0.77	—	—

（续）

昭君镇耕地土壤养分分级面积							
有机质	含量(g/kg)	≥30	20～30	15～20	10～15	5～10	<5
	面积(hm^2)	—	13.91	2 021.91	9 327.28	10 559.05	928.37
	占耕地面积(%)	—	0.06	8.85	40.82	46.21	4.06
全氮	含量(g/kg)	≥1.0	0.8～1.0	0.6～0.8	0.4～0.6	0.2～0.4	<0.2
	面积(hm^2)	1 496.72	3 818.63	7 565.41	7 375.70	2 352.18	241.88
	占耕地面积(%)	6.55	16.71	33.11	32.28	10.29	1.06
有效磷	含量(g/kg)	≥40	30～40	20～30	10～20	5～10	<5
	面积(hm^2)	118.32	1 632.21	2 979.37	6 877.92	9 551.92	1 690.78
	占耕地面积(%)	0.52	7.14	13.04	30.10	41.80	7.40
速效钾	含量(g/kg)	≥200	150～200	100～150	50～100	30～50	<30
	面积(hm^2)	3 395.17	8 096.01	9 083.76	2 221.47	54.11	—
	占耕地面积(%)	14.86	35.43	39.75	9.72	0.24	—
有效硼	含量(g/kg)	≥2.0	1.0～2.0	0.5～1.0	0.25～0.5	<0.25	—
	面积(hm^2)	—	5.54	5 245.03	15 064.99	2 534.96	—
	占耕地面积(%)	—	0.02	22.95	65.93	11.09	—
有效铜	含量(g/kg)	≥1.8	1.0～1.8	0.5～1.0	0.2～0.5	<0.2	—
	面积(hm^2)	13 083.99	3 655.49	4 299.57	1 811.47	—	—
	占耕地面积(%)	57.26	16.00	18.82	7.93	—	—
有效铁	含量(g/kg)	≥15.0	10.0～15.0	5.0～10.0	2.5～5.0	<2.5	—
	面积(hm^2)	1 924.35	15 463.09	5 439.75	23.33	—	—
	占耕地面积(%)	8.42	67.67	23.81	0.10	—	—
有效锌	含量(g/kg)	≥3.0	1.0～3.0	0.5～1.0	0.3～0.5	<0.3	—
	面积(hm^2)	—	839.60	16 482.94	5 512.86	15.12	—
	占耕地面积(%)	—	3.67	72.13	24.13	0.07	—
有效锰	含量(g/kg)	≥20	10～20	7～10	5～7	1～5	<1
	面积(hm^2)	—	15 816.82	6 003.77	1 029.93	—	—
	占耕地面积(%)	—	69.22	26.27	4.51	—	—

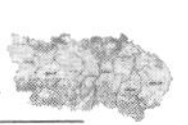

（续）

展旦召苏木耕地土壤养分分级面积							
有机质	含量(g/kg)	≥30	20～30	15～20	10～15	5～10	<5
	面积(hm²)	—	113.44	2 788.23	9 122.70	6 595.97	583.90
	占耕地面积(%)	—	0.59	14.52	47.50	34.35	3.04
全氮	含量(g/kg)	≥1.0	0.8～1.0	0.6～0.8	0.4～0.6	0.2～0.4	<0.2
	面积(hm²)	868.37	1 516.26	5 121.20	9 998.37	1 687.41	12.63
	占耕地面积(%)	4.52	7.90	26.67	52.06	8.79	0.07
有效磷	含量(g/kg)	≥40	30～40	20～30	10～20	5～10	<5
	面积(hm²)	400.27	762.04	2 997.37	9 326.10	5 297.78	420.68
	占耕地面积(%)	2.08	3.97	15.61	48.56	27.59	2.19
速效钾	含量(g/kg)	≥200	150～200	100～150	50～100	30～50	<30
	面积(hm²)	3 700.22	7 349.84	7 228.72	924.93	0.53	—
	占耕地面积(%)	19.27	38.27	37.64	4.82	0.00	—
有效硼	含量(g/kg)	≥2.0	1.0～2.0	0.5～1.0	0.25～0.5	<0.25	—
	面积(hm²)	—	—	506.92	17 364.31	1 333.01	—
	占耕地面积(%)	—	—	2.64	90.42	6.94	—
有效铜	含量(g/kg)	≥1.8	1.0～1.8	0.5～1.0	0.2～0.5	<0.2	—
	面积(hm²)	4 593.35	5 407.99	8 601.49	601.41	—	—
	占耕地面积(%)	23.92	28.16	44.79	3.13	—	—
有效铁	含量(g/kg)	≥15.0	10.0～15.0	5.0～10.0	2.5～5.0	<2.5	—
	面积(hm²)	1 679.30	11 178.45	6 346.49	—	—	—
	占耕地面积(%)	8.74	58.21	33.05	—	—	—
有效锌	含量(g/kg)	≥3.0	1.0～3.0	0.5～1.0	0.3～0.5	<0.3	—
	面积(hm²)	—	328.68	10 361.22	6 459.84	2 054.50	—
	占耕地面积(%)	—	1.71	53.95	33.64	10.70	—
有效锰	含量(g/kg)	≥20	10～20	7～10	5～7	1～5	<1
	面积(hm²)	—	3 503.37	7 886.88	3 834.91	3 979.08	—
	占耕地面积(%)	—	18.24	41.07	19.97	20.72	—

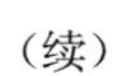

（续）

树林召镇耕地土壤养分分级面积

有机质	含量(g/kg)	≥30	20～30	15～20	10～15	5～10	<5
	面积(hm^2)	—	563.29	5 276.75	13 001.07	6 461.88	648.35
	占耕地面积(%)	—	2.17	20.33	50.10	24.90	2.50
全氮	含量(g/kg)	≥1.0	0.8～1.0	0.6～0.8	0.4～0.6	0.2～0.4	<0.2
	面积(hm^2)	3 432.39	5 675.96	9 494.22	6 737.12	611.65	
	占耕地面积(%)	13.23	21.87	36.58	25.96	2.36	0.00
有效磷	含量(g/kg)	≥40	30～40	20～30	10～20	5～10	<5
	面积(hm^2)	1 559.33	4 533.09	8 635.76	9 664.14	1 486.02	73.00
	占耕地面积(%)	6.01	17.47	33.28	37.24	5.73	0.28
速效钾	含量(g/kg)	≥200	150～200	100～150	50～100	30～50	<30
	面积(hm^2)	4 466.15	8 193.24	11 465.26	1 826.69	—	—
	占耕地面积(%)	17.21	31.57	44.18	7.04	—	—
有效硼	含量(g/kg)	≥2.0	1.0～2.0	0.5～1.0	0.25～0.5	<0.25	—
	面积(hm^2)	—	778.12	3 731.34	18 137.36	3 304.52	—
	占耕地面积(%)	—	3.00	14.38	69.89	12.73	—
有效铜	含量(g/kg)	≥1.8	1.0～1.8	0.5～1.0	0.2～0.5	<0.2	—
	面积(hm^2)	6 776.42	11 690.54	6 829.94	642.15	12.29	—
	占耕地面积(%)	26.11	45.05	26.32	2.47	0.05	—
有效铁	含量(g/kg)	≥15.0	10.0～15.0	5.0～10.0	2.5～5.0	<2.5	—
	面积(hm^2)	7 509.05	7 496.49	10 915.32	30.48	—	—
	占耕地面积(%)	28.94	28.89	42.06	0.12	—	—
有效锌	含量(g/kg)	≥3.0	1.0～3.0	0.5～1.0	0.3～0.5	<0.3	—
	面积(hm^2)	—	6 342.85	12 613.11	6 892.98	102.40	—
	占耕地面积(%)	—	24.44	48.60	26.56	0.39	—
有效锰	含量(g/kg)	≥20	10～20	7～10	5～7	1～5	<1
	面积(hm^2)	—	44.82	3 183.38	15 997.32	6 424.49	301.33
	占耕地面积(%)	—	0.17	12.27	61.64	24.76	1.16

（续）

王爱召镇耕地土壤养分分级面积							
有机质	含量(g/kg)	≥30	20～30	15～20	10～15	5～10	<5
	面积(hm^2)	4.87	771.61	5 292.50	14 655.47	8 194.89	229.57
	占耕地面积(%)	0.02	2.65	18.16	50.28	28.11	0.79
全氮	含量(g/kg)	≥1.0	0.8～1.0	0.6～0.8	0.4～0.6	0.2～0.4	<0.2
	面积(hm^2)	1 270.50	5 023.62	9 813.37	11 653.97	1 375.40	12.05
	占耕地面积(%)	4.36	17.23	33.67	39.98	4.72	0.04
有效磷	含量(g/kg)	≥40	30～40	20～30	10～20	5～10	<5
	面积(hm^2)	92.23	1 202.11	6 996.46	14 387.17	5 688.00	782.94
	占耕地面积(%)	0.32	4.12	24.00	49.36	19.51	2.69
速效钾	含量(g/kg)	≥200	150～200	100～150	50～100	30～50	<30
	面积(hm^2)	4 083.94	10 740.09	12 556.07	1 767.27	—	1.54
	占耕地面积(%)	14.01	36.85	43.08	6.06	—	—
有效硼	含量(g/kg)	≥2.0	1.0～2.0	0.5～1.0	0.25～0.5	<0.25	—
	面积(hm^2)	—	1 067.50	6 464.99	16 276.01	5 340.41	—
	占耕地面积(%)	—	3.66	22.18	55.84	18.32	—
有效铜	含量(g/kg)	≥1.8	1.0～1.8	0.5～1.0	0.2～0.5	<0.2	—
	面积(hm^2)	10 944.90	1 121.19	10 235.89	6 846.93	—	—
	占耕地面积(%)	37.55	3.85	35.12	23.49	—	—
有效铁	含量(g/kg)	≥15.0	10.0～15.0	5.0～10.0	2.5～5.0	<2.5	—
	面积(hm^2)	7 830.56	6 766.51	14 423.45	128.39	—	—
	占耕地面积(%)	26.86	23.21	49.48	0.44	—	—
有效锌	含量(g/kg)	≥3.0	1.0～3.0	0.5～1.0	0.3～0.5	<0.3	—
	面积(hm^2)	286.16	7 561.97	14 184.68	6 689.51	426.59	—
	占耕地面积(%)	0.98	25.94	48.66	22.95	1.46	—
有效锰	含量(g/kg)	≥20	10～20	7～10	5～7	1～5	<1
	面积(hm^2)	—	298.20	13 067.82	6 769.46	8 790.33	223.10
	占耕地面积(%)	—	1.02	44.83	23.22	30.16	0.77

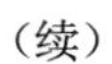
（续）

白泥井镇耕地土壤养分分级面积							
有机质	含量(g/kg)	≥30	20～30	15～20	10～15	5～10	<5
	面积(hm^2)	—	—	222.31	3 373.72	11 502.44	1 326.29
	占耕地面积(%)	—	—	1.35	20.54	70.03	8.07
全氮	含量(g/kg)	≥1.0	0.8～1.0	0.6～0.8	0.4～0.6	0.2～0.4	<0.2
	面积(hm^2)	286.62	302.29	3 363.20	8 285.93	3 786.71	400.01
	占耕地面积(%)	1.75	1.84	20.48	50.45	23.05	2.44
有效磷	含量(g/kg)	≥40	30～40	20～30	10～20	5～10	<5
	面积(hm^2)	111.06	884.82	1 997.12	10 614.38	2 031.42	785.96
	占耕地面积(%)	0.68	5.39	12.16	64.62	12.37	4.79
速效钾	含量(g/kg)	≥200	150～200	100～150	50～100	30～50	<30
	面积(hm^2)	756.07	5 455.30	6 998.28	3 215.11	—	—
	占耕地面积(%)	4.60	33.21	42.61	19.57	—	—
有效硼	含量(g/kg)	≥2.0	1.0～2.0	0.5～1.0	0.25～0.5	<0.25	—
	面积(hm^2)	—	—	547.71	12 747.43	3 129.62	—
	占耕地面积(%)	—	—	3.33	77.61	19.05	—
有效铜	含量(g/kg)	≥1.8	1.0～1.8	0.5～1.0	0.2～0.5	<0.2	—
	面积(hm^2)	—	9.26	10 848.85	5 413.42	153.23	—
	占耕地面积(%)	—	0.06	66.05	32.96	0.93	—
有效铁	含量(g/kg)	≥15.0	10.0～15.0	5.0～10.0	2.5～5.0	<2.5	—
	面积(hm^2)	—	1 848.67	12 497.59	1 896.57	184.93	—
	占耕地面积(%)	—	11.26	76.09	11.55	1.13	—
有效锌	含量(g/kg)	≥3.0	1.0～3.0	0.5～1.0	0.3～0.5	<0.3	—
	面积(hm^2)	340.32	4 439.75	8 840.42	2 502.76	301.51	—
	占耕地面积(%)	2.07	27.03	53.82	15.24	1.84	—
有效锰	含量(g/kg)	≥20	10～20	7～10	5～7	1～5	<1
	面积(hm^2)	—	679.30	4 007.85	6 671.22	5 041.56	24.83
	占耕地面积(%)	—	4.14	24.40	40.62	30.69	0.15

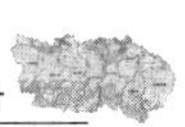

（续）

吉格斯太镇耕地土壤养分分级面积							
有机质	含量(g/kg)	≥30	20～30	15～20	10～15	5～10	<5
	面积(hm²)	—	—	232.11	2 691.61	9 254.32	1 404.62
	占耕地面积(%)	—	—	1.71	19.82	68.13	10.34
全氮	含量(g/kg)	≥1.0	0.8～1.0	0.6～0.8	0.4～0.6	0.2～0.4	<0.2
	面积(hm²)	—	28.88	1 377.20	5 991.68	6 014.41	170.49
	占耕地面积(%)	—	0.21	10.14	44.11	44.28	1.26
有效磷	含量(g/kg)	≥40	30～40	20～30	10～20	5～10	<5
	面积(hm²)	9.65	37.29	627.38	5 503.05	5 088.91	2 316.38
	占耕地面积(%)	0.07	0.27	4.62	40.52	37.47	17.05
速效钾	含量(g/kg)	≥200	150～200	100～150	50～100	30～50	<30
	面积(hm²)	660.67	2 565.63	5 900.12	4 419.23	37.01	—
	占耕地面积(%)	4.86	18.89	43.44	32.54	0.27	—
有效硼	含量(g/kg)	≥2.0	1.0～2.0	0.5～1.0	0.25～0.5	<0.25	—
	面积(hm²)	—	11.79	3 476.67	6 600.65	3 493.55	—
	占耕地面积(%)	—	0.09	25.60	48.60	25.72	—
有效铜	含量(g/kg)	≥1.8	1.0～1.8	0.5～1.0	0.2～0.5	<0.2	—
	面积(hm²)	—	28.91	13 233.74	320.01	—	—
	占耕地面积(%)	—	0.21	97.43	2.36	—	—
有效铁	含量(g/kg)	≥15.0	10.0～15.0	5.0～10.0	2.5～5.0	<2.5	—
	面积(hm²)	—	7 622.36	5 960.30	—	—	—
	占耕地面积(%)	—	56.12	43.88	—	—	—
有效锌	含量(g/kg)	≥3.0	1.0～3.0	0.5～1.0	0.3～0.5	<0.3	—
	面积(hm²)	—	3 452.08	3 771.51	6 349.91	9.16	—
	占耕地面积(%)	—	25.42	27.77	46.75	0.07	—
有效锰	含量(g/kg)	≥20	10～20	7～10	5～7	1～5	<1
	面积(hm²)	—	111.05	10 511.48	1 880.86	991.26	88.01
	占耕地面积(%)	—	0.82	77.39	13.85	7.30	0.65

附表 6　达拉特旗各等级耕地养分分级面积统计表

一级地养分分级面积							
有机质	含量(g/kg)	≥30	20~30	15~20	10~15	5~10	<5
	面积(hm^2)	1.12	1 017.53	9 648.99	8 000.22	1 721.24	—
	占一级地面积(%)	0.01	4.99	47.32	39.24	8.44	—
全氮	含量(g/kg)	≥1.0	0.8~1.0	0.6~0.8	0.4~0.6	0.2~0.4	<0.2
	面积(hm^2)	3 794.52	7 654.47	6 598.98	2 175.03	166.10	—
	占一级地面积(%)	18.61	37.54	32.37	10.67	0.81	—
有效磷	含量(g/kg)	≥40	30~40	20~30	10~20	5~10	<5
	面积(hm^2)	1 379.18	3 335.10	9 253.66	5 628.10	773.03	20.03
	占一级地面积(%)	6.76	16.36	45.39	27.60	3.79	0.10
速效钾	含量(g/kg)	≥200	150~200	100~150	50~100	30~50	<30
	面积(hm^2)	9 313.80	7 784.28	2 969.35	321.67	—	—
	占一级地面积(%)	45.68	38.18	14.56	1.58	—	—
有效硼	含量(g/kg)	≥2.0	1.0~2.0	0.5~1.0	0.25~0.5	<0.25	—
	面积(hm^2)	—	763.78	4 770.43	13 504.92	1 349.97	—
	占一级地面积(%)	—	3.75	23.40	66.24	6.62	—
有效铜	含量(g/kg)	≥1.8	1.0~1.8	0.5~1.0	0.2~0.5	<0.2	—
	面积(hm^2)	8 924.84	6 142.14	4 217.96	1 104.16	—	—
	占一级地面积(%)	43.77	30.12	20.69	5.42	—	—
有效铁	含量(g/kg)	≥15.0	10.0~15.0	5.0~10.0	2.5~5.0	<2.5	—
	面积(hm^2)	9 132.82	6 250.11	4 882.47	87.11	36.59	—
	占一级地面积(%)	44.79	30.65	23.95	0.43	0.18	—
有效锌	含量(g/kg)	≥3.0	1.0~3.0	0.5~1.0	0.3~0.5	<0.3	—
	面积(hm^2)	—	2 283.38	13 697.85	3 929.42	478.45	—
	占一级地面积(%)	—	11.20	67.18	19.27	2.35	—
有效锰	含量(g/kg)	≥20	10~20	7~10	5~7	1~5	<1
	面积(hm^2)	—	2 221.89	7 581.39	6 167.39	4 331.46	86.97
	占一级地面积(%)	—	10.90	37.18	30.25	21.24	0.43

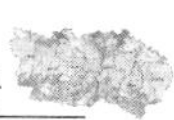

（续）

二级地养分分级面积							
有机质	含量(g/kg)	≥30	20～30	15～20	10～15	5～10	<5
	面积(hm²)	21.56	518.76	7 093.14	20 789.50	5 681.21	112.63
	占二级地面积(%)	0.06	1.52	20.73	60.76	16.60	0.33
全氮	含量(g/kg)	≥1.0	0.8～1.0	0.6～0.8	0.4～0.6	0.2～0.4	<0.2
	面积(hm²)	3 491.84	7 831.79	14 403.66	7 832.71	644.18	12.62
	占二级地面积(%)	10.21	22.89	42.10	22.89	1.88	0.04
有效磷	含量(g/kg)	≥40	30～40	20～30	10～20	5～10	<5
	面积(hm²)	751.67	3 580.93	8 014.17	15 407.94	5 718.77	743.32
	占二级地面积(%)	2.20	10.47	23.42	45.03	16.71	2.17
速效钾	含量(g/kg)	≥200	150～200	100～150	50～100	30～50	<30
	面积(hm²)	6 720.91	16 043.86	10 695.28	756.75	—	—
	占二级地面积(%)	19.64	46.89	31.26	2.21	—	—
有效硼	含量(g/kg)	≥2.0	1.0～2.0	0.5～1.0	0.25～0.5	<0.25	—
	面积(hm²)	—	907.57	6 492.39	22 890.09	3 926.75	—
	占二级地面积(%)	—	2.65	18.97	66.90	11.48	—
有效铜	含量(g/kg)	≥1.8	1.0～1.8	0.5～1.0	0.2～0.5	<0.2	—
	面积(hm²)	12 747.71	7 498.63	10 378.53	3 591.93	—	—
	占二级地面积(%)	37.26	21.92	30.33	10.50	—	—
有效铁	含量(g/kg)	≥15.0	10.0～15.0	5.0～10.0	2.5～5.0	<2.5	—
	面积(hm²)	9 310.42	12 960.65	11 088.23	799.31	58.19	—
	占二级地面积(%)	27.21	37.88	32.41	2.34	0.17	—
有效锌	含量(g/kg)	≥3.0	1.0～3.0	0.5～1.0	0.3～0.5	<0.3	—
	面积(hm²)	175.49	4 225.70	21 114.52	8 223.51	477.58	—
	占二级地面积(%)	0.51	12.35	61.71	24.03	1.40	—
有效锰	含量(g/kg)	≥20	10～20	7～10	5～7	1～5	<1
	面积(hm²)	—	7 585.32	10 596.78	10 149.62	5 801.70	83.38
	占二级地面积(%)	—	22.17	30.97	29.66	16.96	0.24

（续）

三级地养分分级面积							
有机质	含量(g/kg)	≥30	20～30	15～20	10～15	5～10	<5
	面积(hm^2)	76.52	195.71	1 355.05	23 646.16	18 498.06	689.89
	占三级地面积(%)	0.17	0.44	3.05	53.18	41.60	1.55
全氮	含量(g/kg)	≥1.0	0.8～1.0	0.6～0.8	0.4～0.6	0.2～0.4	<0.2
	面积(hm^2)	1 010.77	2 699.70	16 059.53	20 990.07	3 562.60	138.72
	占三级地面积(%)	2.27	6.07	36.12	47.21	8.01	0.31
有效磷	含量(g/kg)	≥40	30～40	20～30	10～20	5～10	<5
	面积(hm^2)	333.83	2 230.51	8 129.16	21 014.63	10 675.91	2 077.35
	占三级地面积(%)	0.75	5.02	18.28	47.26	24.01	4.67
速效钾	含量(g/kg)	≥200	150～200	100～150	50～100	30～50	<30
	面积(hm^2)	3 524.93	17 334.47	19 848.65	3 743.73	9.61	—
	占三级地面积(%)	7.93	38.99	44.64	8.42	0.02	—
有效硼	含量(g/kg)	≥2.0	1.0～2.0	0.5～1.0	0.25～0.5	<0.25	—
	面积(hm^2)	—	206.98	7 471.11	30 459.41	6 323.89	—
	占三级地面积(%)	—	0.47	16.80	68.51	14.22	—
有效铜	含量(g/kg)	≥1.8	1.0～1.8	0.5～1.0	0.2～0.5	<0.2	—
	面积(hm^2)	11 821.35	7 764.46	18 147.36	6 617.44	110.78	—
	占三级地面积(%)	26.59	17.46	40.82	14.88	0.25	—
有效铁	含量(g/kg)	≥15.0	10.0～15.0	5.0～10.0	2.5～5.0	<2.5	—
	面积(hm^2)	4 446.31	19 092.40	19 948.34	884.19	90.15	—
	占三级地面积(%)	10.00	42.94	44.87	1.99	0.20	—
有效锌	含量(g/kg)	≥3.0	1.0～3.0	0.5～1.0	0.3～0.5	<0.3	—
	面积(hm^2)	268.13	5 784.46	23 233.53	13 837.57	1 337.70	—
	占三级地面积(%)	0.60	13.01	52.26	31.12	3.01	—
有效锰	含量(g/kg)	≥20	10～20	7～10	5～7	1～5	<1
	面积(hm^2)	—	11 248.07	16 306.65	8 798.73	7 902.95	204.99
	占三级地面积(%)	—	25.30	36.68	19.79	17.77	0.46

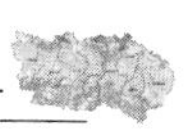

（续）

四级地养分分级面积							
有机质	含量(g/kg)	≥30	20～30	15～20	10～15	5～10	<5
	面积(hm^2)	11.95	14.81	28.02	6 218.49	24 591.24	946.11
	占四级地面积(%)	0.04	0.05	0.09	19.55	77.31	2.97
全氮	含量(g/kg)	≥1.0	0.8～1.0	0.6～0.8	0.4～0.6	0.2～0.4	<0.2
	面积(hm^2)	101.66	245.31	6 209.61	19 583.97	5 466.97	203.10
	占四级地面积(%)	0.32	0.77	19.52	61.56	17.19	0.64
有效磷	含量(g/kg)	≥40	30～40	20～30	10～20	5～10	<5
	面积(hm^2)	14.64	201.68	1 869.92	17 687.91	10 375.33	1 661.14
	占四级地面积(%)	0.05	0.63	5.88	55.60	32.62	5.22
速效钾	含量(g/kg)	≥200	150～200	100～150	50～100	30～50	<30
	面积(hm^2)	781.10	8 413.25	18 506.31	4 105.26	3.16	1.54
	占四级地面积(%)	2.46	26.45	58.18	12.91	0.01	0.00
有效硼	含量(g/kg)	≥2.0	1.0～2.0	0.5～1.0	0.25～0.5	<0.25	—
	面积(hm^2)	—	9.62	3 294.32	23 572.98	4 933.70	—
	占四级地面积(%)	—	0.03	10.36	74.10	15.51	—
有效铜	含量(g/kg)	≥1.8	1.0～1.8	0.5～1.0	0.2～0.5	<0.2	—
	面积(hm^2)	5 185.92	5 097.37	14 166.81	7 318.07	42.45	—
	占四级地面积(%)	16.30	16.02	44.53	23.01	0.13	—
有效铁	含量(g/kg)	≥15.0	10.0～15.0	5.0～10.0	2.5～5.0	<2.5	—
	面积(hm^2)	1 004.93	10 257.63	20 304.70	243.36	—	—
	占四级地面积(%)	3.16	32.25	63.83	0.77	—	—
有效锌	含量(g/kg)	≥3.0	1.0～3.0	0.5～1.0	0.3～0.5	<0.3	—
	面积(hm^2)	178.17	6 358.46	14 388.18	9 920.30	965.51	—
	占四级地面积(%)	0.56	19.99	45.23	31.19	3.04	—
有效锰	含量(g/kg)	≥20	10～20	7～10	5～7	1～5	<1
	面积(hm^2)	—	5 179.46	12 737.71	8 215.57	5 499.44	178.44
	占四级地面积(%)	—	16.28	40.04	25.83	17.29	0.56

（续）

五级地养分分级面积							
有机质	含量(g/kg)	≥30	20～30	15～20	10～15	5～10	<5
	面积(hm²)	—	—	—	388.66	14 460.45	4 350.12
	占五级地面积(%)	—	—	—	2.02	75.32	22.66
全氮	含量(g/kg)	≥1.0	0.8～1.0	0.6～0.8	0.4～0.6	0.2～0.4	<0.2
	面积(hm²)	53.42	144.98	1 430.67	7 874.32	8 900.83	795.01
	占五级地面积(%)	0.28	0.76	7.45	41.01	46.36	4.14
有效磷	含量(g/kg)	≥40	30～40	20～30	10～20	5～10	<5
	面积(hm²)	—	—	35.28	6 317.09	8 720.60	4 126.26
	占五级地面积(%)	—	—	0.18	32.90	45.42	21.49
速效钾	含量(g/kg)	≥200	150～200	100～150	50～100	30～50	<30
	面积(hm²)	254.80	913.42	9 826.13	8 115.35	89.53	—
	占五级地面积(%)	1.33	4.76	51.18	42.27	0.47	—
有效硼	含量(g/kg)	≥2.0	1.0～2.0	0.5～1.0	0.25～0.5	<0.25	—
	面积(hm²)	—	4.81	2 052.07	12 654.41	4 487.94	—
	占五级地面积(%)	—	0.03	10.69	65.91	23.38	—
有效铜	含量(g/kg)	≥1.8	1.0～1.8	0.5～1.0	0.2～0.5	<0.2	—
	面积(hm²)	1 651.74	2 179.88	11 236.66	3 559.61	571.34	—
	占五级地面积(%)	8.60	11.35	58.53	18.54	2.98	—
有效铁	含量(g/kg)	≥15.0	10.0～15.0	5.0～10.0	2.5～5.0	<2.5	—
	面积(hm²)	659.28	7 265.51	11 167.85	106.59	—	—
	占五级地面积(%)	3.43	37.84	58.17	0.56	—	—
有效锌	含量(g/kg)	≥3.0	1.0～3.0	0.5～1.0	0.3～0.5	<0.3	—
	面积(hm²)	4.69	4 328.51	7 335.43	7 229.79	300.81	—
	占五级地面积(%)	0.02	22.55	38.21	37.66	1.57	—
有效锰	含量(g/kg)	≥20	10～20	7～10	5～7	1～5	<1
	面积(hm²)	—	1 667.02	12 044.41	3 690.57	1 713.74	83.49
	占五级地面积(%)	—	8.68	62.73	19.22	8.93	0.43

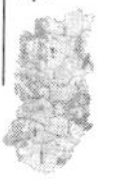

附表 7 达拉特旗各镇(苏木)不同地力等级耕地理化性状统计表

地力等级	pH	有机质 (g/kg)	全氮 (g/kg)	有效磷 (mg/kg)	速效钾 (mg/kg)	有效硼 (mg/kg)	有效锌 (mg/kg)	有效铜 (mg/kg)	有效铁 (mg/kg)	有效锰 (mg/kg)	缓效钾 (mg/kg)	有效土层厚度 (m)
中和西镇不同地力等级耕地理化性状												
一级	8.43	16.44	0.92	32.68	227.13	1.07	0.41	2.06	18.46	10.18	815.34	0.792
二级	8.41	15.63	0.88	10.45	197.53	1.08	0.49	2.02	18.20	9.29	754.73	0.765
三级	8.44	14.95	0.84	10.21	168.85	0.87	0.50	2.08	17.98	8.69	664.39	0.596
四级	8.47	10.14	0.60	13.22	147.25	1.06	0.55	1.01	10.47	7.90	537.87	0.364
五级	8.57	7.06	0.42	8.81	119.42	1.14	0.53	1.19	13.02	7.95	471.34	0.317
恩格贝镇不同地力等级耕地理化性状												
一级	8.71	10.04	0.61	11.45	197.50	1.58	0.54	1.32	9.34	11.18	702.42	0.742
二级	8.59	9.05	0.58	15.33	157.38	1.34	0.58	0.99	9.49	10.42	608.70	0.563
三级	8.59	9.61	0.61	15.32	155.04	1.35	0.56	1.01	9.21	10.30	623.14	0.478
四级	8.65	7.90	0.52	12.98	134.73	1.26	0.55	0.72	8.87	9.67	524.29	0.483
五级	8.68	6.51	0.48	10.29	107.42	1.24	0.50	0.56	8.68	9.04	442.37	0.383
昭君镇不同地力等级耕地理化性状												
一级	8.45	13.16	0.82	26.58	198.98	1.2	0.61	1.33	10.52	11.41	683.70	0.519
二级	8.41	12.93	0.82	18.64	184.97	1.27	0.66	2.72	11.54	11.34	751.02	0.623
三级	8.56	9.98	0.63	17.47	156.09	1.29	0.59	2.41	10.97	10.71	635.14	0.485
四级	8.62	7.93	0.52	13.51	136.41	1.27	0.57	2.22	10.69	10.54	587.27	0.465
五级	8.76	5.79	0.38	8.00	113.70	1.12	0.53	2.72	11.60	9.32	521.90	0.344
展旦召苏木不同地力等级耕地理化性状												
一级	8.55	14.78	0.81	22.32	202.41	0.97	0.60	1.75	12.15	7.25	690.80	0.69
二级	8.46	13.33	0.68	19.34	180.24	0.97	0.56	1.24	11.21	7.69	649.11	0.56

（续）

地力等级	pH	有机质 (g/kg)	全氮 (g/kg)	有效磷 (mg/kg)	速效钾 (mg/kg)	有效硼 (mg/kg)	有效锌 (mg/kg)	有效铜 (mg/kg)	有效铁 (mg/kg)	有效锰 (mg/kg)	缓效钾 (mg/kg)	有效土层厚度 (m)
展旦召苏木不同地力等级耕地理化性状												
三级	8.44	11.14	0.58	15.84	156.21	1.00	0.51	1.19	10.74	8.12	591.89	0.46
四级	8.34	9.06	0.50	10.87	143.67	1.06	0.47	1.20	9.94	8.13	509.57	0.36
五级	8.39	7.63	0.44	7.95	130.60	1.15	0.43	0.87	9.44	8.53	459.86	0.32
树林召镇不同地力等级耕地理化性状												
一级	8.53	15.52	0.88	29.98	189.30	1.39	0.70	1.83	15.36	5.35	720.64	0.72
二级	8.49	13.66	0.78	22.44	156.42	1.20	0.75	2.04	13.75	5.74	693.89	0.62
三级	8.43	11.10	0.67	23.22	133.71	1.04	0.83	1.64	10.82	5.91	558.46	0.44
四级	8.46	8.06	0.53	16.70	125.95	1.01	0.75	1.33	9.03	5.86	487.25	0.33
五级	8.41	5.72	0.56	9.45	130.90	1.02	1.00	0.89	7.76	6.31	415.12	0.31
王爱召镇不同地力等级耕地理化性状												
一级	8.22	16.46	0.85	21.44	196.82	1.55	0.76	3.34	14.01	7.55	702.54	0.67
二级	8.35	13.23	0.72	18.91	165.22	1.51	0.81	2.72	12.37	6.61	636.63	0.63
三级	8.42	11.08	0.57	13.93	145.62	1.01	0.91	1.43	10.14	6.09	534.32	0.54
四级	8.48	9.29	0.49	11.44	130.61	0.97	0.99	0.71	7.99	4.82	458.30	0.35
五级	8.47	7.68	0.46	8.77	112.00	1.01	0.92	0.63	7.90	4.78	403.97	0.32
白泥井镇不同地力等级耕地理化性状												
一级	8.60	10.19	0.62	22.17	174.05	0.95	0.80	0.61	6.59	5.78	596.47	0.77
二级	8.62	9.96	0.61	21.09	155.95	1.06	0.91	0.59	7.63	6.27	535.69	0.74
三级	8.56	8.25	0.53	14.47	136.53	0.96	1.03	0.54	7.75	6.36	461.53	0.60
四级	8.50	7.94	0.49	13.00	134.52	0.87	1.36	0.50	7.60	5.87	440.39	0.43
五级	8.84	5.46	0.31	7.16	97.77	0.83	1.49	0.50	7.63	6.18	407.15	0.34

（续）

地力等级	pH	有机质（g/kg）	全氮（g/kg）	有效磷（mg/kg）	速效钾（mg/kg）	有效硼（mg/kg）	有效锌（mg/kg）	有效铜（mg/kg）	有效铁（mg/kg）	有效锰（mg/kg）	缓效钾（mg/kg）	有效土层厚度（m）
吉格斯太镇不同地力等级耕地理化性状												
一级	9.05	15.58	0.66	20.13	203.25	2.19	0.38	0.90	12.35	4.11	652.50	0.78
二级	8.76	11.11	0.54	18.51	172.90	1.31	0.67	0.77	10.74	7.99	548.13	0.68
三级	8.82	9.04	0.47	12.42	138.16	1.35	0.71	0.72	10.34	7.37	538.75	0.58
四级	8.73	8.39	0.44	10.53	120.90	1.19	0.74	0.70	9.80	7.40	461.56	0.44
五级	8.78	6.49	0.36	7.13	102.59	0.85	0.80	0.71	9.55	7.71	422.36	0.35

附录2　耕地资源图

达拉特旗土壤图
N
W
E
S
中和西镇
恩格贝镇
昭君镇
展旦召苏木
树林召镇
王爱召镇
白泥井镇
吉格斯太镇
图　例
旗界
乡界线
村界线
铁路
公路
丘间洼地中度黑盐化土
丘间洼地轻度黑盐化土
丘间洼地重度黑盐化土
两黄土
严重沙化栗钙土
严重沙化淡栗钙土
严重沙化灰淤土
冲积流动沙丘风沙土
半固定沙丘风沙土
沙质洪淤土
中度侵蚀栗沙土
中度侵蚀栗黄土
中度侵蚀淡栗黄土
中度侵蚀淡黄沙土
中度侵蚀红黄土
中度侵蚀黄沙土
冲积半固定沙丘风沙土
冲积固定沙丘风沙土
轻度侵蚀栗黄土
沙盖垆
固定沙丘风沙土
埋藏泥炭沼泽土
壤质洪淤土
居民地
强度侵蚀披沙石土
强度侵蚀淡披沙石土
强度侵蚀结土
极严重沙化灌淤草甸土
水系
沫土
河堤
河道
泡沼
流动沙丘风沙土
灰淤土
灰淤沙土
沙土
沙底灰淤土
硬两黄土
粗骨性栗钙土
黏质洪淤土
红泥
蓬松盐化土
蓬松盐土
薄层灌淤栗钙土
轻度侵蚀栗淤土
轻度侵蚀栗红土
轻度侵蚀淡栗淤土
轻度侵蚀淡栗黄土
轻度侵蚀淡黄沙土
轻度侵蚀红黄土
轻度侵蚀黄沙土
马尿盐化土
马尿盐土
黑盐化土
黑盐土
0　5 500　11 000　22 000　m
制图单位：鄂尔多斯市达拉特旗农业技术推广中心　制图时间：2014年3月　制图人：马丽

制图单位：鄂尔多斯市达拉特旗农业技术推广中心 制图时间：2014年3月 制图人：马丽

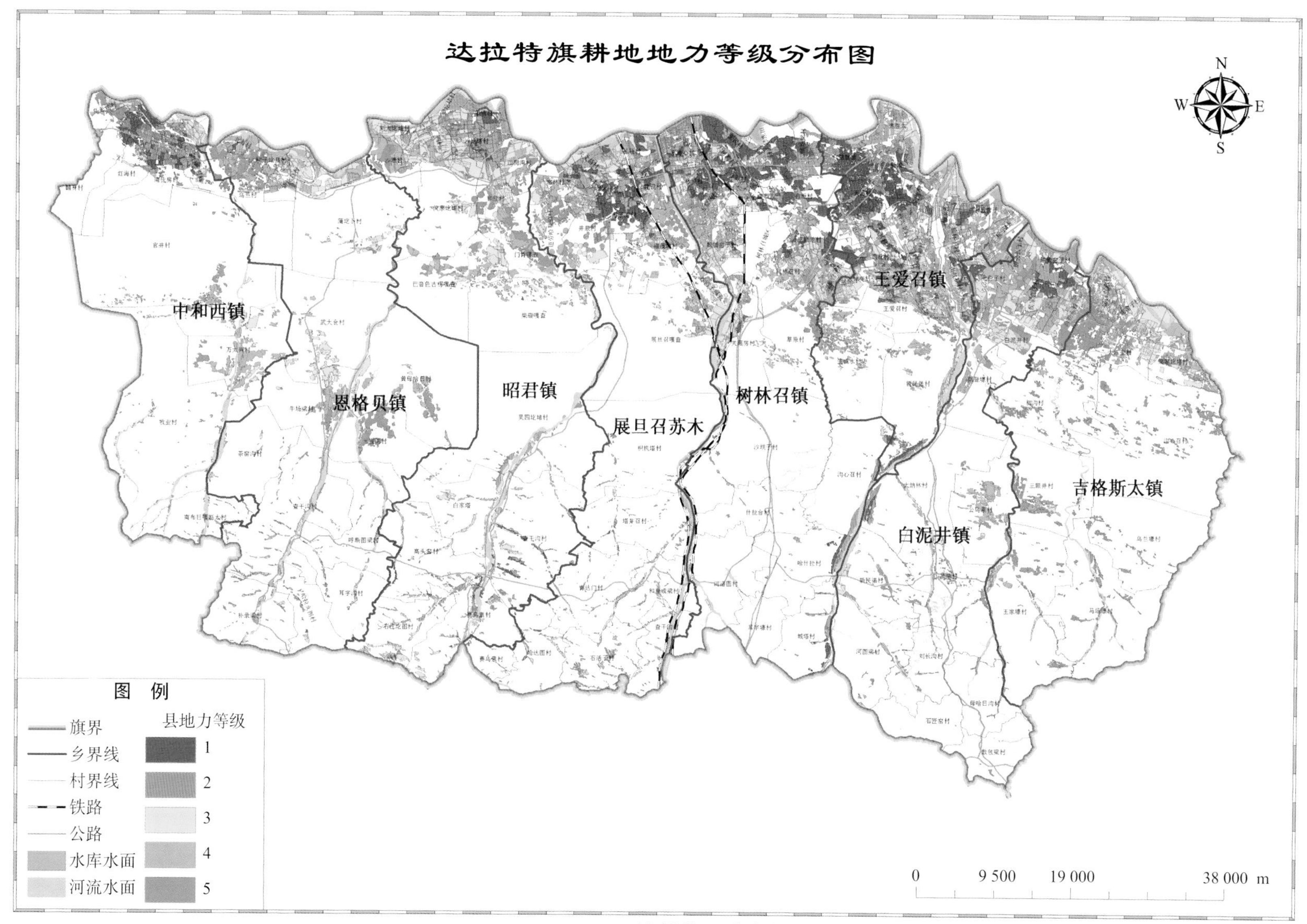
达拉特旗耕地地力等级分布图
N
E
S
W
中和西镇
恩格贝镇
昭君镇
展旦召苏木
树林召镇
王爱召镇
白泥井镇
吉格斯太镇
图 例
旗界
乡界线
村界线
铁路
公路
水库水面
河流水面
县地力等级
1
2
3
4
5
0
9 500
19 000
38 000 m
制图单位：鄂尔多斯市达拉特旗农业技术推广中心 制图时间：2014年3月 制图人：马丽

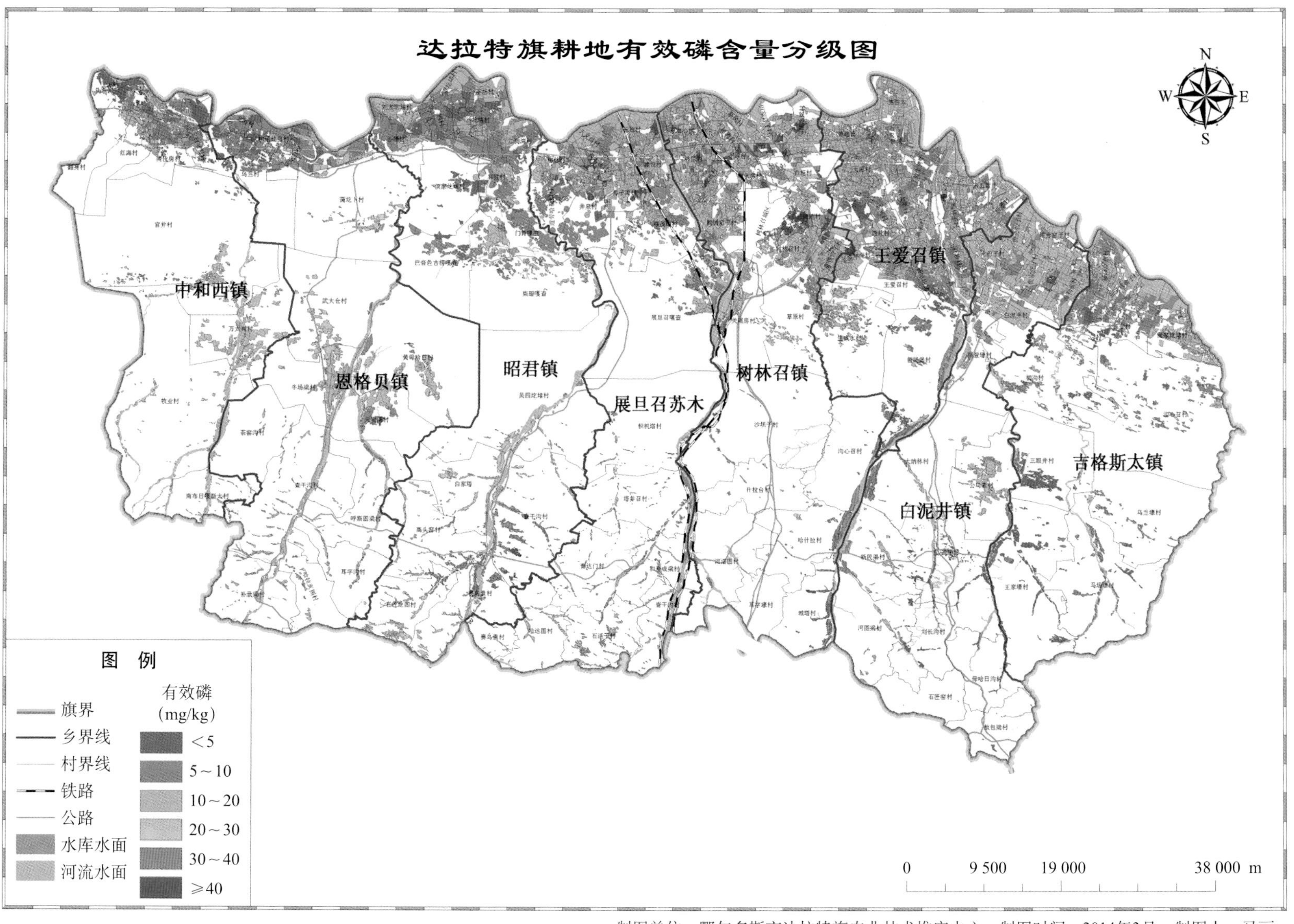

达拉特旗耕地有效磷含量分级图
N
W
E
S
中和西镇
恩格贝镇
昭君镇
展旦召苏木
树林召镇
王爱召镇
白泥井镇
吉格斯太镇
图 例
旗界
乡界线
村界线
铁路
公路
水库水面
河流水面
有效磷
(mg/kg)
<5
5～10
10～20
20～30
30～40
≥40
0
9 500
19 000
38 000 m
制图单位：鄂尔多斯市达拉特旗农业技术推广中心 制图时间：2014年3月 制图人：马丽

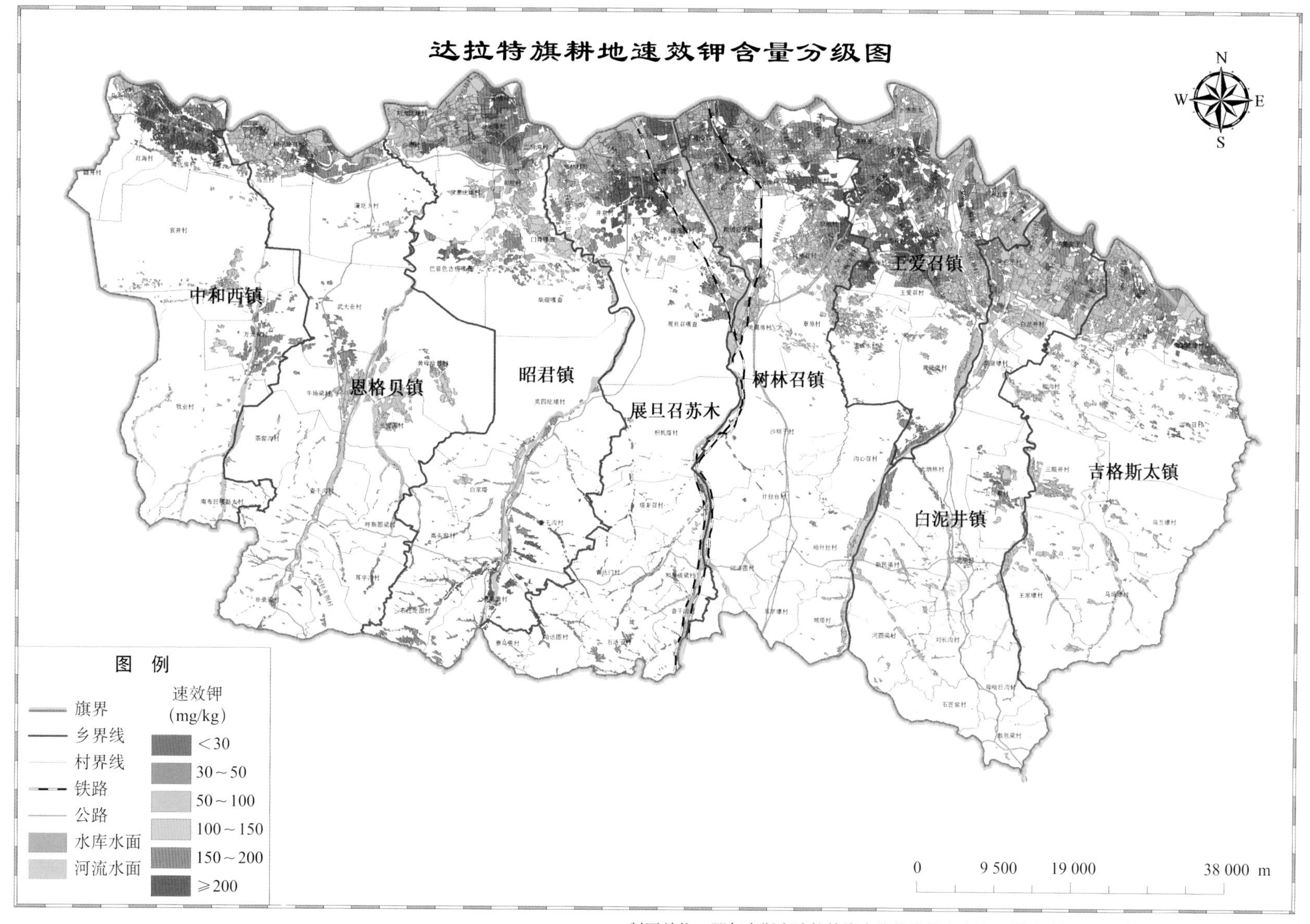
达拉特旗耕地速效钾含量分级图
N
W
E
S
中和西镇
恩格贝镇
昭君镇
展旦召苏木
树林召镇
王爱召镇
白泥井镇
吉格斯太镇
图 例
旗界
乡界线
村界线
铁路
公路
水库水面
河流水面
速效钾
(mg/kg)
<30
30～50
50～100
100～150
150～200
≥200
0
9 500
19 000
38 000 m
制图单位：鄂尔多斯市达拉特旗农业技术推广中心　制图时间：2014年3月　制图人：马丽

制图单位：鄂尔多斯市达拉特旗农业技术推广中心　制图时间：2014年3月　制图人：马丽

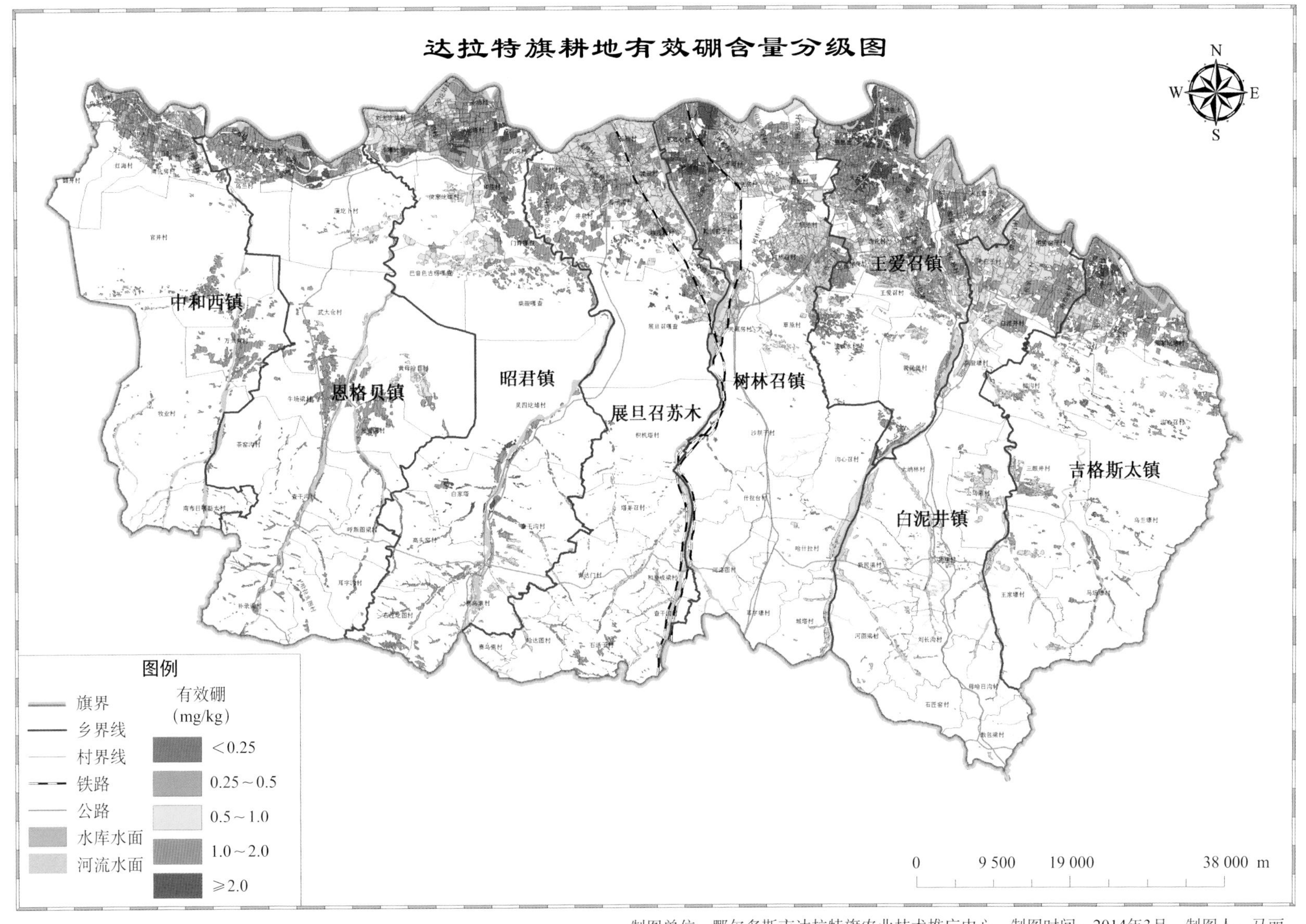
达拉特旗耕地有效硼含量分级图
N
W
E
S
中和西镇
恩格贝镇
昭君镇
展旦召苏木
树林召镇
王爱召镇
白泥井镇
吉格斯太镇
图例
旗界
乡界线
村界线
铁路
公路
水库水面
河流水面
有效硼
(mg/kg)
＜0.25
0.25～0.5
0.5～1.0
1.0～2.0
≥2.0
0
9 500
19 000
38 000 m
制图单位：鄂尔多斯市达拉特旗农业技术推广中心 制图时间：2014年3月 制图人：马丽

制图单位：鄂尔多斯市达拉特旗农业技术推广中心　制图时间：2014年3月　制图人：马丽